五年制高等职业教育公共基础课程教材

总主编 王祖浩

化学 医药卫生类

HUA XUE

化学编写组 编

苏州大学出版社　高等教育出版社

总 主 编　王祖浩
本册主编　许颂安　丁亚明
编　　者　(按姓氏笔画排序)
　　　　　丁文文　丁亚明　包　莉　江俊芳　许颂安　杜良行
　　　　　李明艳　杨　芳　张　振　盛凤军　屠珍珍

图书在版编目(CIP)数据

化学：医药卫生类 / 化学编写组编；许颂安，丁亚明主编. -- 苏州：苏州大学出版社，2024.8
五年制高等职业教育公共基础课程教材 / 王祖浩总主编
ISBN 978-7-5672-4781-9

Ⅰ.①化… Ⅱ.①化…②许…③丁… Ⅲ.①化学-高等职业教育-教材 Ⅳ.①O6

中国国家版本馆 CIP 数据核字(2024)第 089591 号

书　　名：	化学(医药卫生类)
编　　者：	化学编写组
主　　编：	许颂安　丁亚明
责任编辑：	马德芳
助理编辑：	王明晖
装帧设计：	吴　钰
出版发行：	苏州大学出版社(Soochow University Press)
社　　址：	苏州市十梓街1号　邮编：215006
网　　址：	www.sudapress.com
邮　　箱：	sdcbs@suda.edu.cn
联合出品：	高等教育出版社
印　　装：	常熟市华顺印刷有限公司
销售热线：	0512-67481020
开　　本：	890 mm×1 240 mm　1/16　印张：19.75　插页：2　字数：424千
版　　次：	2024年8月第1版
印　　次：	2024年8月第1次印刷
书　　号：	ISBN 978-7-5672-4781-9
定　　价：	58.00元

凡购本社图书发现印装错误，请与本社联系调换。服务热线：0512-67481020

五年制高等职业教育公共基础课程教材
出版说明

　　五年制高等职业教育(简称"五年制高职")是以初中毕业生为招生对象,融中高职于一体,实施五年贯通培养的专科层次职业教育,是现代职业教育体系的重要组成部分。新修订的《中华人民共和国职业教育法》明确,"中等职业学校可以按照国家有关规定,在有关专业实行与高等职业学校教育的贯通招生和培养"。中办、国办发布的《关于深化现代职业教育体系建设改革的意见》明确,"支持优质中等职业学校与高等职业学校联合开展五年一贯制办学"。五年制高职是职业教育贯通培养的一种模式创新,近年来在全国各省份办学规模迅速扩大,越来越受到广泛认可。

　　江苏省解放思想、率先探索,于 2003 年成立江苏联合职业技术学院,专门开展五年贯通高素质长周期技术技能人才培养。办学二十多年来,江苏联合职业技术学院以"一体化设计、一体化实施、一体化治理"的育人理念指导人才培养改革实践,丰富了现代职业教育体系内涵;开发了一整套教学标准,填补了中高职贯通教学标准空白;搭建了一系列协同平台,激发了省域联动集约发展活力。学院主持的"五年贯通'一体化'人才培养体系构建的江苏实践"获评 2022 年职业教育国家级教学成果奖特等奖。

　　为彰显长周期技术技能人才培养特色,不断提升五年制高职人才培养质量,在全国五年制高等职业教育发展联盟成员单位的支持下,江苏联合职业技术学院持续滚动开发了整套五年制高职公共基础课程教材。本套五年制高职公共基础课程教材以习近平新时代中国特色社会主义思想为指导,落实立德树人根本任务,坚持正确的政治方向和价值导向,弘扬社会主义核心价值观;依据教育部《职业院校教材管理办法》和江苏省教育厅《江苏省职业院校教材管理实施细则》等要求,注重系统性、科学性和先进性,突出实践性和适用性,体现职业教育类型特色;以江苏省教育厅 2023 年最新颁布的五年制高职公共基础课程标准为依据,遵循技术技能人才成长的渐进性规律,坚持一体化设计,结构严谨,内容科学,呈现形式灵活多样,配套资源丰富多彩,是为五年制高职量身打造的专用公共基础课程教材。

　　本套五年制高职公共基础课程教材由高等教育出版社、苏州大学出版社联合出版。

五年制高等职业教育发展联盟秘书处
江苏联合职业技术学院
2024 年 7 月

前言

五年制高等职业教育(简称"五年制高职")是指以初中毕业为起点,融中、高职于一体,实施五年贯通培养的专科层次职业教育,是现代职业教育体系的重要组成部分。其公共基础课程的特点是以初中毕业为起点、达到专科层次、为职业教育服务。为体现这一人才培养要求,江苏省教育厅颁布了《五年制高等职业教育化学课程标准(2023年)》(以下简称"化学课标")。本套教材由江苏联合职业技术学院组织,据此课标编写。

五年制高等职业教育中的化学课程,既是各专业学生必修的公共基础课程,也是医药卫生类、农林牧渔类、工程应用类等相关专业学生进一步学习专业课程的基础。化学课程有助于学生形成科学态度与培养社会责任,为学生的职业生涯和终身发展奠定重要基础。教材的编写努力体现以下特色:

1. **落实立德树人根本任务**　教材全面落实立德树人的根本任务,通过相关知识点或"化学与环境""化学与强国""化学与健康""化学与生活""化学与社会"等栏目,以化学知识为支点,选取"载人航天""万米潜海""青蒿素研究"等实例,展示国家的新科技、新成就、新理念;全面贯彻习近平新时代中国特色社会主义思想和党的二十大精神,体现社会主义核心价值观,充分发挥化学课程的育人功能,帮助学生树立正确的世界观、人生观和价值观。

2. **促进学生核心素养全面发展**　教材依据"化学课标"中核心素养的内涵和发展要求,充分挖掘化学课程独特的育人价值,围绕"宏观辨识与微观探析"等5个五年制高等职业教育化学学科的核心素养,通过"预期目标"等内容设置,努力将核心素养的养成与化学知识的学习、实践活动的开展有机融合,促进学生核心素养的全面发展。

3. **优化重组课程结构和内容**　教材根据五年制高等职业教育学生的认知规律、生活经验,以及各课程要素间的内在联系,建构学生学习化学知识的逻辑框架,科学合理地设计课程结构,选择教学内容。通过"温故知新""情境导学""问题解决""科学史话""学习评价""交流讨论""拓展延伸"等栏目,重视情境与活动的设计,力求语言简明、生动,可读性强,以激发学生的学习兴趣。

4. 重视实验实践活动 教材落实"化学课标"中规定的实验,精心设计有科学探究意义的实验活动,设置了"实验探究""实践活动"等栏目,独立出版了配套的《化学实验》教材,让学生在实验、实践活动中体会科学探究过程,形成严谨求实的科学态度,提高科学探究能力,关注实验安全和环境保护。

5. 体现职业教育特色 教材充分体现职业教育特色,满足"化学课标"中"将化学课程置于专业课程体系中"的编写要求,有机融合基础模块和职业模块,设计整体结构和内容体系。教材利用丰富的栏目,合理选取与专业紧密结合的典型案例,为专业人才的培养奠定基础。

教材重视配套资源建设,与本教材配套的《化学学习指导用书》同步出版。教材还配套提供演示文稿、电子教案等教学资源。

本套化学教材平行设置4个类别,分别为通用类、医药卫生类、农林牧渔类、工程应用类,由江苏省五年制高职化学课程标准研制组组长、华东师范大学博士生导师王祖浩教授担任总主编,五年制高职化学课程标准研制组副组长盛凤军为本套教材的顺利出版做了大量工作。本册教材为《化学(医药卫生类)》,由许颂安、丁亚明担任主编,编者分工如下:第一章(丁亚明),第二章(江俊芳、李明艳),第三章(张振),第四章(包莉),第五章(杜良行),第六章(盛凤军、许颂安),第七章(丁文文),第八章(包莉、杨芳),第九章(杜良行),第十章(屠珍珍、包莉),第十一章(屠珍珍、丁亚明、张振)。全书由许颂安、丁亚明、杜良行统稿,王祖浩教授主持全书框架搭建、审阅书稿并提出了修改建议。

为适应教学实际需求,方便教学,实现"化学课标"中基础模块和职业模块的区分和融合,本册教材创新性地在职业模块相关内容页面增加了侧边纹。教材在编写过程中,认真落实了"化学课标"的基本要求,吸收了近年来职业学校化学教学改革的新成果,借鉴了已有相关教材。教材的编写得到了各编者所在单位的大力支持,在此一并表示衷心的感谢!

由于编者水平所限,教材中不足之处在所难免,恳请广大师生及其他读者提出批评和建议。

编 者
2024 年 6 月

目 录

第一章　物质结构 ··· 1

第一节　原子结构 ·· 2
第二节　元素周期律 ·· 8
第三节　化学键 ··· 20
第四节　分子的极性 ·· 23
第五节　分子间作用力与氢键 ····································· 25
第六节　配位键和配位化合物 ····································· 28

第二章　常见的无机物及其应用 ························ 33

第一节　常见非金属单质及其化合物 ·························· 34
第二节　氧化还原反应 ·· 49
第三节　常见金属及其化合物 ···································· 53

第三章　溶液、胶体及渗透压 ···························· 65

第一节　物质的量 ·· 66
第二节　溶液组成的表示方法 ···································· 73
第三节　胶体溶液与高分子化合物溶液 ······················· 81
第四节　溶液的渗透现象与渗透压 ····························· 87

第四章　化学反应速率与化学平衡 ··················· 93

第一节　化学反应速率 ·· 94
第二节　化学平衡 ·· 99

第五章　电解质溶液 ········ 105

- 第一节　弱电解质的解离平衡 ········ 106
- 第二节　离子反应和离子方程式 ········ 112
- 第三节　水的解离和溶液 pH ········ 115
- 第四节　盐类水解 ········ 121
- 第五节　缓冲溶液 ········ 127

第六章　开启有机化学之旅——烃 ········ 135

- 第一节　有机化合物概述 ········ 136
- 第二节　饱和链烃——烷烃 ········ 143
- 第三节　不饱和链烃——烯烃和炔烃 ········ 151
- 第四节　脂环烃 ········ 160
- 第五节　芳香烃 ········ 163

第七章　认识种类繁多的烃的衍生物 ········ 169

- 第一节　卤代烃 ········ 170
- 第二节　醇、酚、醚 ········ 172
- 第三节　醛和酮 ········ 186
- 第四节　羧酸、羟基酸、酮酸 ········ 193
- 第五节　对映异构 ········ 205
- 第六节　胺和酰胺 ········ 210

第八章　维系生命的营养物质——脂类 ········ 223

- 第一节　乙酸乙酯和酯 ········ 224
- 第二节　油脂 ········ 227
- 第三节　类脂 ········ 233

第九章　中草药中常见的活性物质——生物碱 ········ 241

- 第一节　杂环化合物 ········ 242
- 第二节　生物碱 ········ 247

第十章 维系生命的营养物质——糖类 ……………… 253

第一节 单糖 …………………………………………… 254
第二节 二糖 …………………………………………… 263
第三节 多糖 …………………………………………… 266

第十一章 蛋白质、核酸及高分子材料 ……………… 271

第一节 氨基酸 ………………………………………… 272
第二节 蛋白质 ………………………………………… 278
第三节 核酸 …………………………………………… 286
第四节 合成高分子化合物 …………………………… 292

附录一 常见酸、碱、盐的溶解性 ……………………………… 303

附录二 国际单位制的基本单位 ………………………………… 303

附录三 用于构成十进倍数和分数单位的词头 ………………… 303

元素周期表

第一章　物质结构

　　大千世界,芸芸万物,它们组成不同、性质各异、变化万千。是什么决定了物质的性质？物质的性质与其内部结构又有什么关系？让我们一起走进物质的内部世界,认识物质的微观结构,了解这个广袤而神秘的物质世界,探寻其中的奥秘。

● **预期目标**

　　能从宏观和微观结合的视角认识物质结构和性质的关系,理解元素周期律。

　　认识结构变化是元素性质变化的根本原因,理解变化是有条件、有规律的。

　　分析化学变化和原子结构的联系,搜集证据,推理和理解元素性质递变规律和两种典型化学键的形成过程。

　　能设计实验方案,探究元素周期表中元素性质的递变规律。

　　通过对徐光宪、徐寿等科学家生平事迹和成果的了解,学习他们爱国敬业的核心价值观以及探索未知、崇尚真理、严谨求实的科学精神。

第一节 原子结构

> **温故知新**
>
> 我们知道,原子由原子核和核外电子构成,原子核由质子和中子构成。质子、中子和电子是构成原子的基本粒子。你知道这些粒子在所带电荷和质量等方面有何特点吗?

原子由原子核和核外电子构成。原子核位于原子的中心,电子在核外做高速运动。原子很小,其直径的数量级约为 10^{-10} m,原子核的直径更小,约为原子直径的十万分之一,原子核外有一个很大的空间供电子高速运动。

原子核由质子和中子构成。质子带 1 个单位正电荷,电子带 1 个单位负电荷,中子不带电,原子是电中性的。因此,在原子中存在以下等式:

核电荷数=质子数=核外电子数

那么,在原子中,各种基本粒子的质量又有何特点呢?让我们进一步学习原子结构的相关知识。

一、原子的质量数

质子和中子的质量十分接近。质子的质量为 $1.6726×10^{-27}$ kg,中子的质量为 $1.6748×10^{-27}$ kg。由于两者质量很小,计算不方便,所以通常使用它们的相对质量。相对质量是以 ^{12}C 原子质量的 $1/12$($1.6606×10^{-27}$ kg)作为基准,其他粒子与它相比所得的数值。质子和中子的相对质量分别为 1.007 和 1.008,近似整数值均为 1。

电子的质量非常小,约为质子质量的 $1/1836$,故在原子的质量中,电子的质量可以忽略不计,原子的质量主要集中在原子核上。把原子核内所有质子和中子的相对质量取近似整数值并相加,所得的数值称为原子的**质量数**。用符号 A 表示质量数,N 表示中子数,Z 表示质子数,则

质量数(A)= 质子数(Z)+中子数(N)

通常将质子数(Z)写在元素符号的左下角,将质量数(A)写在左上角,即以 $^{A}_{Z}X$ 表示一个质量数为 A、质子数为 Z 的原子。因此,构成原子的微粒间的关系可以表示如下:

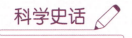

例如，$^{24}_{12}\text{Mg}$ 表示镁原子的质量数为 24，质子数为 12，中子数为 12，核外电子数为 12。

原子失去电子成为阳离子，得到电子成为阴离子。因此，同种元素的原子和离子间的区别只是核外电子数目不同。例如，$^{35}_{17}\text{Cl}$ 及其相应离子的质子数、中子数、质量数都相同，仅核外电子数不同，分别为 17 和 18。

问题解决

我国多座核电站为国家发展发挥了巨大作用，$^{238}_{92}\text{U}$ 是重要的核燃料，说出其核电荷数、质子数、中子数、核外电子数和质量数。

人类对原子结构进行了漫长而艰苦的探索，从 19 世纪末开始，通过不断改进实验手段和方法，对原子结构的研究逐步深入和完善。

科学史话

人类认识原子结构的历程

1803 年，英国科学家道尔顿建立了"原子说"，他认为原子不能再分割。1897 年，英国物理学家汤姆生发现原子中存在带负电荷的电子，他认为原子是一个平均分布着正电荷的粒子，其中镶嵌着许多电子。1911 年，英国物理学家卢瑟福利用 α 粒子散射实验推测在原子的中心有一个带正电荷的核，电子在其周围沿着不同的轨道运转，就像行星围绕太阳运转一样。1913 年，丹麦物理学家玻尔在经典力学的基础上，引入量子论，大胆地提出了新的原子结构模型：原子核外，电子在一系列稳定的轨道上运动，每个轨道都具有一个确定的能量值；核外电子在这些稳定的轨道上运动时，既不放出能量，也不吸收能量。1926—1935 年，现代原子结构模型提出了电子云和原子轨道的概念，使人类对原子结构的认识进入量子时代。

随着现代科学技术的发展，人类对原子的认识过程还会不断深化。

二、同位素

元素是质子数（核电荷数）相同的一类原子的总称。同种元素原子的质子数一定相同,但中子数可以不同。例如,氢元素有3种原子,它们的名称、符号和组成等见表1-1。

表1-1 氢元素的3种不同原子

原子名称	原子符号	质子数	中子数	质量数
氕(piē)	$_1^1H$	1	0	1
氘(dāo)	$_1^2H$ 或 D	1	1	2
氚(chuān)	$_1^3H$ 或 T	1	2	3

化学上把质子数相同而中子数不同的同种元素的不同原子互称为**同位素**,如$_1^1H$、$_1^2H$、$_1^3H$互为同位素。"同位"是指不同原子的质子数相同,在元素周期表中位于相同的位置。

大多数元素都有同位素,氢元素的同位素有$_1^1H$、$_1^2H$、$_1^3H$;碳元素的同位素有$_6^{12}C$、$_6^{13}C$、$_6^{14}C$,其中,$_6^{12}C$就是将其质量的1/12作为原子量标准的碳原子,通常表示为C-12;碘元素的同位素有$_{53}^{127}I$、$_{53}^{131}I$。

同位素可分为**稳定同位素**和**放射性同位素**两类。放射性同位素能自发地放出不可见的α、β或γ射线,这种性质称为**放射性**。稳定同位素没有放射性。放射性同位素又分为天然放射性同位素和人造放射性同位素。

同位素在生活、生产和科学研究中有着重要的用途。例如,^2H和^3H可用于制造氢弹,^{131}I可用于诊断、治疗甲状腺疾病,^{14}C可用于测定一些文物的年代。我国考古专家就是通过^{14}C断代法,把三星堆祭祀坑的年代卡定在距今3 200年至3 000年,解决了30年来关于祭祀坑埋藏年代的争议。

化学与健康

放射性同位素的医学应用

放射性同位素在医学上的应用已有半个多世纪的历史,主要用于疾病诊断治疗、放射性免疫分析等,使用的放射性同位素有^{99}Tc、^{131}I、^{60}Co、^{18}F等。例如,^{131}I可用于甲状腺疾病的诊断和治疗;^{60}Co可用作放射源,用其放出的高能γ射线杀伤体内病变组织中的癌细胞。图1-1是用于扫描的单光子发射计算机断层扫描装置(SPECT)。由于放射性同位素总是不断地发出射线,因此,只要能检测出它

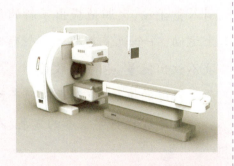

图1-1 单光子发射计算机断层扫描装置

所发出的射线,就能知道它的行踪,其也被称为示踪原子。当示踪原子被注入或食入体内,到达相关的组织和器官时,用仪器对病灶器官进行扫描或照相,以此确定病灶部位和大小。

三、原子核外电子的排布

与原子相比,原子核的体积非常小,原子核外有一个相对很大的空间供电子高速运动。核外电子在这一空间的运动是杂乱无序的,还是有规律的呢?

1. 电子云

电子是质量极小的微观粒子,它在原子核外微小的空间内绕原子核做高速(接近光速)运动,我们无法同时准确地测定电子在某一时刻所处的位置和运动的速率,也不能描画出它运动的轨迹,只能用统计学的方法来描述它在核外某空间出现的机会有多少(数学上称为概率)。

以氢原子为例,氢原子核外只有1个电子,这个电子在核外空间各处都有可能出现,但出现的概率不同。如果我们用小黑点的疏密程度来表示电子出现概率的大小,则氢原子核外电子的运动状态如图1-2所示。

图1-2 氢原子的电子云示意图

图中小黑点密集的地方表示电子出现的概率大,小黑点稀疏的地方表示电子出现的概率小。电子在原子核外一定空间内运动,犹如带负电荷的云雾笼罩在原子核的周围,人们形象地把它称为**电子云**。电子云只是原子核外电子行为统计结果的一种形象化的比喻。

2. 原子核外电子排布规律

在含有多个电子的原子中,电子的能量并不相同,它们的运动区域也不同。通常,能量低的电子在离核较近的区域运动,能量高的电子在离核较远的区域运动,可以认为原子核外电子是分层排布的。人们把核外电子运动的不同区域看成不同的电子层,各电子层由内向外的序数 n 依次为1、2、3、4、5、6、7……分别称为K、L、M、N、O、P、Q……电子层,其对应关系见表1-2。

表1-2 电子层的表示方式和能量高低

电子层 n	1	2	3	4	5	6	7
电子层符号	K	L	M	N	O	P	Q
各电子层能量	低 →						高

电子在原子核外排布时,总是尽量先排在能量最低的电子层,当能量较低的电子层排

满后再依次排入能量较高的电子层。那么,在原子中,核外电子是遵循什么样的规律进行排布的呢？

在同一个原子里,原子核外电子排布的规律可归纳如下：

① 各电子层最多容纳的电子数目为 $2n^2$ 个,即第 1 层最多为 2 个,第 2 层最多为 8 个,第 3 层最多为 18 个……

② 最外层容纳的电子数目不超过 8 个(K 层为最外层时不超过 2 个)。

③ 次外层容纳的电子数目不超过 18 个,倒数第 3 层容纳的电子数目不超过 32 个。

以上规律是相互联系的,不能孤立地理解。例如,当 M 层(第 3 层)不是最外层时,最多可以排布 18 个电子,但当它是最外层时,则最多排布 8 个电子。

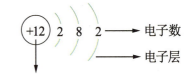

图 1-3 镁的原子结构示意图

例如,镁是 12 号元素,核外有 12 个电子,排布方式是第 1 层 2 个,第 2 层 8 个,第 3 层 2 个(图 1-3)。

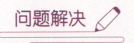

请画出下列元素的原子结构示意图：O、K、Ne。

根据原子的核电荷数和核外电子排布规律,我们可以画出元素的原子结构示意图,1~20 号元素的原子结构示意图见图 1-4。

元素的性质(特别是化学性质)与原子最外层电子数的关系非常密切。稀有气体元素的原子最外层电子数是 8 个(氦是 2 个),这是一种稳定结构,不易发生化学反应。钠、镁、铝等金属元素的原子最外层电子数一般都少于 4 个,在化学反应中容易失去电子使次外层变为最外层,达到 8 个电子(K 层为 2 个电子)的稳定结构；氧、硫、磷、氯等非金属元素的原子最外层电子数一般都多于 4 个,在化学反应中容易得到电子而达到 8 个电子的稳定结构。

氢(H) +1 1							氦(He) +2 2
锂(Li) +3 2 1	铍(Be) +4 2 2	硼(B) +5 2 3	碳(C) +6 2 4	氮(N) +7 2 5	氧(O) +8 2 6	氟(F) +9 2 7	氖(Ne) +10 2 8
钠(Na) +11 2 8 1	镁(Mg) +12 2 8 2	铝(Al) +13 2 8 3	硅(Si) +14 2 8 4	磷(P) +15 2 8 5	硫(S) +16 2 8 6	氯(Cl) +17 2 8 7	氩(Ar) +18 2 8 8
钾(K) +19 2 8 8 1	钙(Ca) +20 2 8 8 2						

图 1-4 1~20 号元素的原子结构示意图

问题解决

请写出 Na⁺ 和 Cl⁻ 的结构示意图,说出两者与相应原子(Na、Cl)结构上的差异。

学习评价

1. 下列关于微粒 $_Z^A X$ 的叙述正确的是(　　)

   A. 质子数为 A　　　　　　　　　　B. 核外电子数为 A

   C. 中子数为 $A-Z$　　　　　　　　　D. 质量数为 Z

2. 下列互为同位素的是(　　)

   A. $_8^{16}O$ 和 $_8^{16}O^{2-}$　　　B. $_{19}^{39}K$ 和 $_{19}^{39}K^+$　　　C. $_{92}^{235}U$ 和 $_{92}^{234}U$　　　D. $_{19}^{40}K$ 和 $_{20}^{40}Ca$

3. 决定元素种类的是(　　)

   A. 质子数　　　　B. 中子数　　　　C. 核外电子数　　　　D. 质量数

4. 决定一种元素具有不同种原子的是(　　)

   A. 质子数　　　　B. 中子数　　　　C. 电子数　　　　D. 核外电子数

5. 放射性同位素 $_6^{14}C$ 在考古中常用于测定文物的年代,下列关于 $_6^{14}C$ 的叙述正确的是(　　)

   A. 质子数为 14　　　　　　　　　　B. 核外电子数为 14

   C. 中子数为 8　　　　　　　　　　　D. 质量数为 6

6. 元素 R 有 3 个电子层,第 1 层和第 3 层的电子数之和等于第 2 层的电子数,画出 R 的原子结构示意图,写出 R 的元素符号和名称。

第二节 元素周期律

> **温故知新**
>
> 同学们在初中化学的学习中对元素周期表已有了初步了解,那么,元素周期表中的元素是如何排列的呢?元素周期表对研究元素性质有何作用呢?

一、元素周期表

为方便研究,科学家把元素按照核电荷数从小到大的顺序进行排序编号,得到**原子序数**。因此,在原子中,原子序数和元素的原子结构存在如下关系:

原子序数 = 核电荷数 = 质子数 = 核外电子数

把电子层数相同的元素按原子序数递增的顺序从左到右排成横行,把最外电子层电子数相同的元素按电子层数递增的顺序由上而下排成纵列,这样制得的一个表叫作**元素周期表**。

1. 周期

元素周期表有 7 行,每一行称为一个**周期**,共有 7 个周期,用 1~7 表示。

> **交流讨论**
>
> 分析第 3 周期元素 $_{11}Na \sim _{18}Ar$ 的原子结构,说出这些元素原子的电子层数和周期序数的关系。

分析发现,第 3 周期所有元素原子的电子层数都等于 3。

每一个周期中元素的电子层数都相同,周期序数等于该周期元素具有的电子层数,即

元素的周期序数 = 该周期元素的电子层数

第 1 周期最短,只有 2 种元素,第 2、3 周期各有 8 种元素,这三个周期称为**短周期**;第 4、5 周期各有 18 种元素,第 6、7 周期各有 32 种元素,这四个周期含元素较多,称为**长周期**。

第6周期中从57号元素镧(La)到71号元素镥(Lu)共15种元素,它们的电子层结构和性质非常相似,总称**镧系元素**;第7周期中从89号元素锕(Ac)到103号元素铹(Lr)共15种元素,它们的电子层结构和性质也十分相似,总称**锕系元素**。为了使表的结构紧凑,将镧系元素和锕系元素分别放在元素周期表的同一格里,并按原子序数递增的顺序,把它们列在元素周期表的下方。

2. 族

元素周期表中有18个纵列,除第8、9、10三列合称为Ⅷ族外,其余15列,每列各为一族。族可分为主族、副族、Ⅷ族和0族。

(1) 主族

由短周期元素和长周期元素共同构成的族叫作**主族**,共有7个主族(本教材将稀有气体列为0族)。主族用罗马数字(Ⅰ、Ⅱ、Ⅲ、Ⅳ、Ⅴ、Ⅵ、Ⅶ)加字母A表示,即ⅠA~ⅦA。

> **交流讨论**
>
> 分析第3周期元素 $_{11}$Na~$_{17}$Cl 的原子结构,说出这些元素原子的最外层电子数和族序数的关系。

分析发现,第3周期元素 $_{11}$Na~$_{17}$Cl 都是主族元素,原子的最外层电子数等于各元素相应的族序数。

对主族而言,元素原子的最外层电子数等于主族元素的族序数,即

主族元素的族序数 = 该主族元素原子的最外层电子数

同一主族的元素的性质具有相似性,人们根据同一族中元素的性质特点,给每个族规定了专有的名称,如ⅦA族的元素统称为卤素。各主族的名称见表1-3。

表1-3 主族名称

主族序号	ⅠA	ⅡA	ⅢA	ⅣA	ⅤA	ⅥA	ⅦA
主族名称	碱金属	碱土金属	硼族	碳族	氮族	氧族	卤族

> **问题解决**
>
> 画出氟和钾的原子结构示意图,并说出两元素在周期表中的位置。你是如何确定主族元素在元素周期表中的位置的?

(2) 0族

元素周期表最右边一列是稀有气体元素,它们的原子均为8个电子(He为2个电子)稳定结构,化学性质不活泼,通常很难与其他物质发生化学反应,称为0族。

(3) 副族和Ⅷ族

完全由长周期元素构成的族叫作副族,共有7个副族。副族用罗马数字加字母B表示,如ⅠB～ⅦB。

元素周期表中第8、9、10三列总称Ⅷ族,和副族一样,也完全由长周期元素构成。通常把Ⅷ族和全部副族元素称为过渡元素。

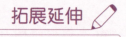

化学元素的中文命名

化学元素的中文命名最早源于我国清末著名科学家徐寿的翻译本《化学鉴原》,该书成书于1871年,是中国第一本近代化学理论教科书。《化学鉴原》中,徐寿对化学元素中文命名的建议主要涉及以下内容:① 沿用古称,如金、银、铁、铜、锡等;② 古字新用,如溴、磷等;③ 新造字,如金属一概用金字旁加上音译汉字合体,如锰、镁等。我国于1932年公布了化学元素命名原则,以《化学鉴原》中的命名方法为基础,完善如下:① 尽量采用左右结构、左形右声的形声字,既便于书写,笔画较少,又便于读音,以谐音为主,会意其次。② 名称的部首能显示其一定的性质。常温下固态金属元素的部首为"钅",常温下液态金属元素的部首为"水"(仅汞);非金属元素根据元素单质在常温下的状态(固、液、气三态)分别用部首"石""氵""气"进行区分。例如,从"氢"字可以判断:氢是非金属,其单质常温下是气体,密度最小。从"氯"字可以判断:氯是非金属,其单质常温下为绿色气体。了解元素中文名称的由来,可以帮助我们从元素名称中获取元素性质、单质状态、外文读音等诸多信息。

二、元素周期律

元素周期表是科学家为了更好地研究元素之间的内在联系和性质的变化规律而制得的。那么,这些元素的性质存在着怎样的变化规律呢?

为方便讨论,把原子序数为1～18的各元素原子的核外电子排布及重要性质列于表1-4。

表1-4　原子序数1~18的各元素性质随原子序数的变化情况

	原子序数	1							2
第1周期	元素名称	氢							氦
	元素符号	H							He
	电子层数	1							1
	最外层电子数	1							2
	原子半径/pm	37							—
	主要化合价	+1							0
第2周期	原子序数	3	4	5	6	7	8	9	10
	元素名称	锂	铍	硼	碳	氮	氧	氟	氖
	元素符号	Li	Be	B	C	N	O	F	Ne
	电子层数	2							
	最外层电子数	1	2	3	4	5	6	7	8
	原子半径/pm	152	89	82	77	75	74	71	—
	金属性和非金属性	活泼金属	金属	非金属	非金属	活泼非金属	很活泼非金属	最活泼非金属	稀有气体
	最高化合价和最低化合价	+1	+2	+3	+4 / −4	+5 / −3	−2	−1	0
第3周期	原子序数	11	12	13	14	15	16	17	18
	元素名称	钠	镁	铝	硅	磷	硫	氯	氩
	元素符号	Na	Mg	Al	Si	P	S	Cl	Ar
	电子层数	3							
	最外层电子数	1	2	3	4	5	6	7	8
	原子半径/pm	186	160	143	117	110	102	99	—
	金属性和非金属性	很活泼金属	活泼金属	金属	非金属	非金属	活泼非金属	很活泼非金属	稀有气体
	最高化合价和最低化合价	+1	+2	+3	+4 / −4	+5 / −3	+6 / −2	+7 / −1	0

交流讨论

观察表1-5中的数据,将表1-5填写完整并讨论:随着原子序数的递增,元素原子的核外电子排布、原子半径、元素的主要化合价(最高或最低化合价)呈现怎样的变化?

表 1-5 1~18 号元素的原子结构

原子序数	电子层数	最外层电子数	原子半径的变化（不考虑稀有气体元素）	最高或最低化合价的变化
1~2		1→2	—	+1⟶0
3~10			152 pm→71 pm 大→小	+1⟶+5 -4⟶-1⟶0
11~18				

1. 原子核外电子排布的周期性变化

1~2 号元素的原子,即从氢到氦,有 1 个电子层,最外层电子数从 1 递增到 2,达到稳定结构。

3~10 号元素的原子,即从锂到氖,有 2 个电子层,最外层电子数从 1 递增到 8,达到稳定结构。

11~18 号元素的原子,即从钠到氩,有 3 个电子层,最外层电子数也从 1 递增到 8,达到稳定结构。

这种每隔一定数目的元素之后,又重复出现前面情况的现象叫"**周期性**"。随着原子序数的递增,原子的核外电子排布呈周期性变化。

2. 原子半径的周期性变化

3~9 号元素和 11~17 号元素,原子半径分别依次递减。随着原子序数的递增,元素的原子半径呈周期性变化。

3. 元素主要化合价的周期性变化

3~9 号元素和 11~17 号元素,最高正化合价都是随着原子序数的递增,从 +1 价递增到 +7 价(氧、氟除外),非金属元素的最低化合价从 -4 价依次递减到 -1 价。随着原子序数的递增,元素的主要化合价(最高化合价和最低化合价)呈周期性变化。

4. 元素的金属性和非金属性的周期性变化

元素的**金属性**是指原子失去电子成为阳离子的趋势。原子越容易失去电子,则生成的阳离子越稳定,该元素的金属性越强。元素的**非金属性**是指原子得到电子成为阴离子的趋势。原子越容易得到电子,则生成的阴离子越稳定,该元素的非金属性越强。

方法导引

判断元素的金属性与非金属性强弱

通常情况下,元素原子失电子能力越强,元素的金属性越强,它的单质越容易从水或酸中置换出氢,该元素最高价氧化物对应的水化物的碱性越强;元素原子得电子能力越强,元素的非金属性越强,它的单质与氢气反应生成气态氢化物越容易,气态氢化物的热稳定性越强,该元素最高价氧化物对应的水化物的酸性越强。

我们以第3周期的元素为例来探讨元素的金属性和非金属性随着原子序数的递增呈现的变化规律。

实验探究

钠、镁、铝金属性的递变

为探究钠、镁、铝的金属性强弱,进行下列实验。

① 切绿豆大小的一块金属钠,用滤纸吸干其表面的煤油。在一只250 mL烧杯中加入少量的水,在水中滴加两滴酚酞溶液,用镊子夹取金属钠放入烧杯中,迅速在烧杯上盖上表面皿,观察实验现象。

② 取一小段镁条,用砂纸打磨除去表面的氧化膜,放入盛有3 mL水的试管中,再向水中滴加两滴酚酞溶液,观察实验现象。然后加热试管,观察实验现象。

③ 取一小段镁条和一小块铝片,用砂纸打磨除去表面的氧化膜,分别放入盛有2 mL盐酸(2 mol/L)的试管中,观察实验现象。

钠与冷水剧烈反应,放出氢气,反应后的溶液能使无色酚酞试液变红。反应方程式如下:

$$2Na+2H_2O == 2NaOH+H_2\uparrow$$

镁不易与冷水反应,但能与热水反应,放出氢气,反应后的溶液能使无色酚酞试液变红。反应方程式如下:

$$Mg+2H_2O \xrightarrow{\Delta} Mg(OH)_2+H_2\uparrow$$

镁、铝都能与盐酸反应,置换出氢气,镁与盐酸的反应比铝与盐酸的反应更剧烈。反应方程式如下:

$$Mg+2HCl = MgCl_2+H_2\uparrow$$
$$2Al+6HCl = 2AlCl_3+3H_2\uparrow$$

从上述实验可以得出,钠、镁、铝三种金属单质与水或酸反应的剧烈程度逐渐减弱,说明钠、镁、铝元素的金属性依次减弱。

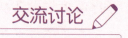

硅、磷、硫、氯非金属性的递变

根据表1-6列出的硅、磷、硫、氯的最高价氧化物对应的水化物及其酸性,交流讨论硅、磷、硫、氯的非金属性的强弱。

表1-6 硅、磷、硫、氯四种元素的最高价氧化物对应的水化物及其酸性

元素	Si	P	S	Cl
最高价氧化物对应的水化物及其酸性	H_2SiO_3 弱酸	H_3PO_4 中强酸	H_2SO_4 强酸	$HClO_4$ 最强酸

硅、磷、硫、氯的非金属性由强到弱的顺序是_____。

硅、磷、硫、氯的最高价氧化物对应的水化物的酸性依次增强,所以其非金属性依次递增。对其他周期主族元素进行研究,也可以得到同样的结论。

同一周期,各元素原子的核外电子层数相同,随着核电荷数的递增,原子半径逐渐减小(稀有气体元素除外),原子核对最外层电子的吸引能力逐渐增强,原子失电子能力逐渐减弱,得电子能力逐渐增强,所以金属性逐渐减弱,非金属性逐渐增强。元素的金属性和非金属性随着原子序数的递增呈周期性变化。

根据大量事实,人们归纳出一条重要规律:元素的性质随着原子序数的递增呈周期性变化。这一规律被称为**元素周期律**。元素周期律揭示了原子结构和元素性质的内在联系。元素周期律是元素原子核外电子排布随着原子序数的递增发生周期性变化的必然结果。

三、元素周期表中同主族元素性质的递变规律

根据元素周期律,元素周期表从左往右,同一周期的主族元素金属性逐渐减弱,非金属性逐渐增强。那么,同主族元素的性质有何变化规律呢?下面以碱金属和卤族元素为例进行探讨。

交流讨论

观察表1-7、表1-8。从碱金属与水反应的现象来看，ⅠA族元素（除氢元素）的金属性随着原子序数的递增有何变化？从卤族元素和氢气的反应现象来看，ⅦA族元素的非金属性随着原子序数的递增有何变化？

表 1-7　碱金属与水反应的现象

碱金属	Li	Na	K	Rb	Cs
与水反应的现象	反应较缓和，放出的热量不能使锂熔化	反应剧烈，放出大量热量，钠熔化成小球	反应很剧烈，伴有燃烧，轻微爆炸	剧烈反应，发生爆炸	剧烈反应，发生爆炸

分析表1-7，ⅠA族元素（除氢元素）的金属性强弱变化规律是_____。

表 1-8　卤素单质与氢气的反应

反应方程式	反应现象
$H_2+F_2 =\!=\!= 2HF$	在暗处能剧烈化合并发生爆炸，生成的氟化氢很稳定
$H_2+Cl_2 \xrightarrow{\text{光照或点燃}} 2HCl$	在光照或点燃的条件下发生反应，生成的氯化氢较稳定
$H_2+Br_2 \xrightarrow{\Delta} 2HBr$	加热至一定温度才能反应，生成的溴化氢不如氯化氢稳定
$H_2+I_2 \xrightarrow{\Delta} 2HI$	不断加热才能缓慢反应，生成的碘化氢不稳定

分析表1-8，卤素的非金属性强弱变化规律是_____。

由表1-7和表1-8可以看出，同一主族元素从上到下，元素的金属性逐渐增强，如Li<Na<K<Rb<Cs，非金属性逐渐减弱，如F>Cl>Br>I。

元素周期表中，主族元素性质的递变规律如图1-5所示。在元素周期表中可以找到金属元素与非金属元素的分界线，虚线左下方是金属元素，虚线右上方是非金属元素。由于元素的金属性和非金属性之间没有严格的界线，位于分界线附近的元素既表现出一定的金属性，又表现出一定的非金属性。

图1-5 元素周期表中元素性质的递变规律

根据元素周期表中元素金属性、非金属性的递变规律(图1-5),写出金属性最强的元素和非金属性最强的元素的符号。

四、元素周期表和元素周期律的应用

元素周期律的发现,对化学的发展有很大的影响。作为元素周期律表现形式的元素周期表,反映了元素之间的内在联系,是学习、研究和应用化学的一个重要工具。

元素的原子结构决定了元素在周期表中的位置,而元素在周期表中的位置反映了元素的原子结构和元素的性质特点。我们可以根据元素在周期表中的位置,推测其原子结构和性质,也可以根据元素的原子结构推测其在元素周期表中的位置和性质。科学家依据元素周期律和元素周期表,对元素性质进行系统研究,可以为新元素的发现及预测它们的性质起到指导作用。

科学史话

门捷列夫的预言

门捷列夫在研究元素周期表时，科学地预言了多种当时尚未发现的元素，为它们在周期表中留下了空格。例如，他认为在铝元素的下方有一个与铝类似的元素"类铝"，并预测了它的性质。在门捷列夫编制出元素周期表6年之后，法国化学家布瓦博得朗发现了这种元素，将它命名为镓。门捷列夫还预言了锗的存在和性质，多年后锗也被发现。更令人惊讶的是，用实验方法测定的一些元素数据竟和门捷列夫的预言几乎完全吻合。

由于元素周期表中位置靠近的元素性质相似，可以借助元素周期表在一定区域内寻找需要的元素或发现物质的新用途。例如，农药中常含有氟、氯、硫、磷、砷等元素，它们都位于元素周期表的右上方，对这个区域的元素进行研究，有利于制造出新品种的农药；在元素周期表中金属与非金属的分界线附近寻找半导体材料，如锗、硅、镓等；在过渡元素（副族和Ⅷ族）中寻找各种优良的催化剂和耐高温、耐腐蚀的合金材料。

性质相似的元素在自然界往往以共生矿的形式存在，因此，利用元素周期表可以有效地指导人们寻找稀有矿产。当希望找到一种有价值的稀有元素时，就可以根据其在周期表中上下左右位置的元素，有针对性地选择那些地壳中元素含量较大或分布比较集中的矿床，往往能够获得事半功倍的效果。如金矿中常伴生铂，铁矿中常伴生钴和镍。

拓展延伸

稀土资源的研究和应用

镧系元素及钪、钇共17种元素统称为稀土元素，它们的化学性质十分相似，多共生在同一矿物中。因其在自然界中含量低，又以氧化物或含氧酸盐矿物共生的形式存在，故叫"稀土"。稀土是制造精密制导武器、火箭卫星、雷达等不可缺少的元素。提炼和加工稀土元素的难度极大，因而稀土元素珍贵稀少。

我国是全球唯一一个拥有完整稀土产业链技术的国家。我国2008年度"国家最高科学技术奖"获得者徐光宪院士提出的适用于稀土溶剂萃取分离的串级萃取理论，引导了稀土分离技术的全面革新，使我国稀土分离技术达到国际先进水平，促进我国实现了从稀土资源大国向高纯稀土生产大国的飞跃。

化学与健康

生命元素

生命元素是指在活的有机体中，维持其正常的生物功能不可缺少的那些元素。自然界天然存在的元素中有28种元素是维持生命活动所必需的，称为"生命必需元素"。存在于人体中的各种元素的含量差异很大，通常把人体中元素含量高于0.01%的元素称为常量元素，如氧、碳、氢、氮、钙、磷、硫、钾、钠、氯、镁等；把人体中元素含量低于0.01%的元素称为微量元素，如铁、碘、铜、锌、锰、钴、铬、钼、镍、钒、硒、砷、氟、锡、硼、硅、锂等。在人体非必需元素中，有些元素，尤其是重金属元素如铅、汞、镉、锑、铊等，被认为对人体有害，称为有害元素或有毒元素。表1-9列出了人体内部分微量元素的主要生物功能、缺乏症状和主要食物来源。

表1-9 人体内的部分微量元素

元素	主要生物功能	缺乏症状	主要食物来源
铁	参与构成血红蛋白、含铁酶及铁蛋白等，向机体各组织细胞输送氧，并参与氧化还原反应等	低色素贫血，心悸、心动过速、指甲扁平	动物肝脏、瘦肉、蔬菜、黑木耳等
氟	参与骨骼、牙齿的硬化	龋齿，心肌障碍	海产品、茶叶等
锌	多种酶的成分，促进细胞的正常分化和发育，参与机体免疫功能	发育障碍，免疫功能降低，异食癖	谷物、蔬菜、贝类等
铜	存在于人体多种酶中，维持血液、中枢神经系统、骨和结缔组织的正常生理功能	免疫功能降低，小细胞低色素贫血，肝脏肿大	动物肝脏、瘦肉、蔬菜、柑橘等
硒	谷胱甘肽过氧化酶的成分，抗衰老，抑制肿瘤	大骨节病，肝坏死	芝麻、谷物、肉类、海产品等
碘	甲状腺素的成分，调节体内热能代谢	甲状腺肿大，智力障碍	海产品，如海带、紫菜等

学习评价

1. 元素化学性质发生周期性变化的根本原因是（　　）

A. 元素的原子半径呈现周期性变化

B. 元素的核电荷数逐渐增多

C. 元素的化合价呈现周期性变化

D. 元素原子核外电子排布呈现周期性变化

2. 某元素的-1价离子和氖具有相同的核外电子排布,则该元素位于元素周期表中( )

  A. 第2周期ⅦA族   B. 第2周期ⅠA族

  C. 第3周期ⅦA族   D. 第3周期ⅠA族

3. 元素按原子序数递增顺序排列,不发生周期性变化的是( )

  A. 核电荷数   B. 原子半径

  C. 元素的非金属性   D. 元素的金属性

4. 中国科学院院士张青莲教授在原子量测定领域取得的成就得到了国际公认。1991年,他准确测得铟(In)的原子量为114.818,被国际化学组织采用。已知In是第5周期ⅢA族元素,则下列关于In的说法不正确的是( )

  A. In为长周期元素

  B. In的最高正化合价为+3

  C. In原子有5个电子层,最外层有3个电子

  D. In和Al同主族,金属性比Al弱

5. 与主族元素在元素周期表中所处的位置有关的是( )

  A. 中子数   B. 原子量

  C. 次外层电子数   D. 电子层数和最外层电子数

6. 元素周期表中有_____个周期,其中有_____个短周期、_____个长周期;周期表中共有_____个族,其中有_____个主族、_____个副族、_____个Ⅷ族、_____个0族。

7. 同主族元素的原子,最外层电子数_____;同主族元素从上到下,金属性逐渐_____,非金属性逐渐_____。

8. 同周期元素的原子,核外电子层数_____,同周期元素从左到右,金属性逐渐_____,非金属性逐渐_____。

第三节 化学键

> **情境导学**
>
> 到目前为止,已经发现的元素仅一百多种,但这一百多种元素的原子构成的物质有千万种。原子之间通过什么作用形成了种类如此繁多的物质呢?

原子间通过化学键相互作用,形成了种类繁多的物质。通常我们把分子中相邻的原子或离子之间存在的强烈的相互作用称为**化学键**。离子键和共价键是两种常见的化学键。

一、离子键

以氯化钠为例分析离子键的形成。

钠原子最外层只有 1 个电子,在化学反应中容易失去 1 个电子,达到相对稳定的结构;氯原子最外层有 7 个电子,在化学反应中容易得到 1 个电子,达到相对稳定的结构。氯化钠的形成过程中,钠原子最外层的一个电子转移至氯原子的最外层,形成具有 8 个电子稳定结构的钠离子和氯离子。带相反电荷的钠离子和氯离子,通过静电作用结合在一起,形成氯化钠,如图 1-6 所示。人们把这种带相反电荷离子之间的强烈的静电作用叫作**离子键**。由离子键构成的化合物叫作**离子化合物**。

图 1-6 氯化钠的形成示意图

为方便表示原子、离子的最外层电子排布,我们可以在元素符号周围用"·"或"×"来表示原子、离子的最外层电子,这种式子称为**电子式**。例如:

$$Na\times \qquad \times Mg\times \qquad \cdot\ddot{\underset{..}{S}}\cdot \qquad :\ddot{\underset{..}{Cl}}\cdot$$

用电子式还可以表示离子化合物的形成过程，例如：

$$Na\times + :\ddot{\underset{..}{Cl}}\cdot \longrightarrow Na^+ \left[\,\underset{..}{\overset{..}{\times}Cl:}\,\right]^-$$

交流讨论

根据氯化钠的形成过程以及钠原子、氯原子的结构特点，讨论哪两类元素的原子能以离子键结合。

活泼的金属元素（如钾、钠、钙、镁等）与活泼的非金属元素（如氯、溴、氧、硫等）化合时，由于活泼金属的原子容易失去其最外层的电子形成阳离子，活泼非金属的原子容易获得电子形成阴离子，二者以离子键结合，形成离子化合物。

二、共价键

以氯分子为例分析共价键的形成。

氯原子最外层有 7 个电子，容易获得 1 个电子达到 8 电子稳定结构。然而，在形成氯分子的过程中，电子不可能从一个氯原子转移到另一个氯原子上，因此，只能 2 个氯原子各提供 1 个电子为 2 个氯原子所共用，形成<u>共用电子对</u>。这 2 个共用电子同时围绕 2 个原子核运动，这样 2 个氯原子就结合为 1 个氯分子，每个氯原子都形成了 8 电子稳定结构。

$$:\ddot{\underset{..}{Cl}}\cdot + \times\overset{\times\times}{\underset{\times\times}{Cl}}\times \longrightarrow :\ddot{\underset{..}{Cl}}\overset{\times\times}{\underset{\times\times}{\times Cl}}\times$$

像氯分子这样，原子间通过共用电子对形成的相互作用称为<u>共价键</u>。

不同非金属元素化合时，它们的原子之间也能形成共价键。例如，HCl、CH₄ 的形成过程可用下列式子表示。

$$H\times + \cdot\ddot{\underset{..}{Cl}}: \longrightarrow H\overset{..}{\underset{..}{\times Cl}}:$$

$$\cdot\overset{\cdot}{\underset{\cdot}{C}}\cdot + H\times + H\times + H\times + H\times \longrightarrow H\overset{H}{\underset{H}{\overset{\times}{\underset{\times}{\times C\times}}}}H$$

全部由共价键形成的化合物称为<u>共价化合物</u>。

问题解决

写出 H_2O 和 Na_2O 的电子式，判断它们是离子化合物还是共价化合物。

两个原子以共价键结合时,可以共用一对、两对或者三对共用电子对。如氮分子中两个氮原子共用三对共用电子对。

$$:N⋮⋮N:$$

化学上,常用一根短线表示一对共用电子对,这种表示方式称为**结构式**。如氯化氢、水、甲烷、氮气的结构式分别可表示为

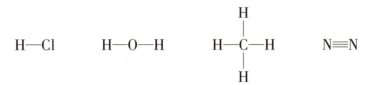

化学反应从表面上看是反应物中的原子重新组合为产物分子的一个过程。其实,在化学反应过程中,包含着反应物分子内化学键的断裂和产物分子中化学键的形成。如果用化学键的观点来解释 H_2 和 Cl_2 的反应过程,可以把它理解为以下两个步骤: H_2 和 Cl_2 中的化学键(旧化学键)断裂,生成 H 和 Cl;H 和 Cl 结合成 HCl,形成了 H 和 Cl 之间的新化学键 H—Cl。

研究证实,化学反应的过程,本质上就是旧化学键断裂和新化学键形成的过程。

学习评价

1. 下列叙述正确的是(　　)
   A. 离子化合物中只含有离子键　　B. 共价化合物中只含有共价键
   C. 共价化合物中可能有离子键　　D. 含共价键的化合物一定是共价化合物

2. 下列化合物属于离子化合物的是(　　)
   A. CaO　　B. HCl　　C. H_2O　　D. CO_2

3. 下列电子式表示正确的是(　　)
   A. HCl:H:Cl:　　B. HCl:H$^+$[:Cl:]$^-$
   C. NaCl:Na:Cl:　　D. $MgCl_2$::Cl:Mg:Cl:

4. 写出下列物质的电子式:
   HF _____, KCl _____, CO_2 _____,
   NaOH _____。

5. 氟化钠是牙膏中的一种常见成分,可以起到预防龋齿的作用;鸡蛋腐败变质后会产生有臭鸡蛋气味的硫化氢气体。请根据化学键形成的基本原理以及 H、F、Na、S 的原子结构特点,写出氟化钠、硫化氢的电子式,并分析其属于离子化合物还是共价化合物。

第四节 分子的极性[①]

> **情境导学**
>
> 上一小节中我们学习了共价键(如 H—H、H—Cl、O=C=O 等)。当成键的两个原子分别提供电子形成共价键时,共价键中的共用电子对是由两个原子平均共用的吗?

一、极性共价键和非极性共价键

在 H—H 中,组成共价键的两个原子都是氢,两个原子的原子核对共用电子对的吸引力完全相同,共用电子对不偏向任何一个原子,共用电子对在两个原子核之间均匀分布,这种共价键称为**非极性共价键**,简称**非极性键**。当同种元素的两个原子间形成共价键时,通常都形成非极性键。

在 H—Cl 分子中,由于两个原子(H 和 Cl)的原子核对共用电子对的吸引力不同,共用电子对必然偏向吸引电子能力较强的 Cl 原子一方,使其带部分负电荷,而吸引电子能力较弱的 H 原子则带部分正电荷,这种共价键称为**极性共价键**,简称**极性键**。当两种不同元素的原子之间形成共价键时,通常都形成极性键。

共价键极性的大小与成键原子吸引电子能力的大小有关,两个成键原子吸引电子能力相差越大,形成共价键的极性越大,如 H—F 键的极性大于 H—Cl 键的极性。此外,化学键的极性也受相邻化学键的极性的影响。

二、极性分子和非极性分子

分子从整体上看是不显电性的,因为分子内部电荷分布情况的不同,分子可分为非极性分子和极性分子。凡是正、负电荷重心重叠的分子称为**非极性分子**,正、负电荷重心不重叠的分子称为**极性分子**,如图 1-7 所示。

对于双原子分子,分子的极性与共价键的极性一致。

图 1-7 分子极性的结构示意图

[①] 本节为职业模块内容。为方便教学,本书对职业模块相关内容页面使用侧边纹进行区分,特此说明。

两个相同原子组成的双原子分子,以非极性键结合,如 H_2、O_2、N_2、Cl_2 等,都是非极性分子。

两个不同原子组成的双原子分子,以极性键结合,如 HCl、HF 等,都是极性分子。

对于多原子分子,分子的极性不仅与键的极性有关,还与分子的空间构型有关。

CO_2 是直线形分子,球棍模型如图 1-8 所示。CO_2 分子中两个碳氧键之间的键角为 180°,从整体来看,正、负电荷重心都在两个氧原子连线的中点上,正好重合,所以 CO_2 分子是极性键结合的非极性分子。如果分子的空间构型是完全对称的,则其正、负电荷重心可以重合,是非极性分子,如正四面体结构的 CH_4 和 CCl_4 分子。

图 1-8 CO_2 球棍模型　　　　　　　　图 1-9 H_2O 球棍模型

H_2O 是 V 形分子,球棍模型如图 1-9 所示。H_2O 分子中两个氢氧键(H—O 键)之间的夹角为 104.5°,每个 H—O 键都是极性键,共用电子对偏向氧原子,氧原子带部分负电荷,氢原子带部分正电荷。由于分子的空间构型不对称,从整体来看,负电荷重心在氧原子上,正电荷重心在两个氢原子连线的中点上,正、负电荷的重心不重合。因此,H_2O 分子是极性键结合的极性分子。如果分子的空间构型是不对称的,则其正、负电荷重心不重合,是极性分子,如 V 形的 H_2S 分子,三角锥形的 NH_3 分子。

表 1-10 列出了常见分子的空间构型和极性。

表 1-10　常见分子的空间构型和极性

分子	CO_2	H_2O	NH_3	CH_4
空间构型	直线形	V 形	三角锥形	正四面体
球棍模型				
分子的极性	非极性分子	极性分子	极性分子	非极性分子

根据实践经验,极性分子构成的溶质易溶于极性分子构成的溶剂,非极性分子构成的溶质易溶于非极性分子构成的溶剂(相似相溶规律)。

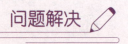 问题解决

从分子极性的角度分析为什么 I_2 易溶于 CCl_4,难溶于水。

学习评价

1. 下列分子中,含极性键的非极性分子是(　　)
   A. CO_2　　　　B. H_2O　　　　C. Cl_2　　　　D. NH_3

2. 下列分子中,属于非极性分子的是(　　)
   A. HCl　　　　B. H_2O　　　　C. H_2　　　　D. NH_3

3. 非极性分子中的化学键一定是非极性键。(　　)

4. 根据组成共价键的_____是否偏移,共价键分为_____和_____,水分子中的 H—O 键属于_____。

5. 水是_____(非极性/极性)分子,水也是最重要的溶剂。I_2 在水中的溶解度很_____(大/小),因为_____。

第五节 分子间作用力与氢键

一、分子间作用力

实验证明,分子与分子之间存在着将分子聚集在一起的作用力,这种作用力称为**分子间作用力**,它最早由荷兰物理学家范德华提出,因此也称为**范德华力**。分子间作用力比化学键弱得多。

由分子构成的物质,分子间作用力是影响物质熔点、沸点等物理性质的一个重要因素。分子间作用力越大,克服分子间引力使物质熔化或汽化所需要消耗的能量越高,物质的熔点、沸点就越高。一般来说,组成和结构相似的物质(分子型物质),随着分子量的增大,分子间作用力也增大,其熔点、沸点也越高。

交流讨论

常温下,氟、氯是气体,溴是液体,碘是固体,其熔点、沸点依次递增,请从分子间作用力的角度分析原因。

氟、氯、溴、碘是双原子分子,分子量依次递增,分子间作用力依次递增,因此其熔点、沸点也依次递增。

二、氢键

研究表明,在有些分子之间还存在一种特殊的分子间作用力,称为氢键。它比一般的分子间作用力强。

1. 氢键的形成

当氢原子与吸电子能力强、原子半径很小的原子 X(F、O、N 等)以共价键结合形成分子时,共用电子对强烈地偏向 X 原子,使氢原子几乎成为"裸露"的质子。此氢原子可以与另一个吸电子能力强、原子半径很小且外层有孤对电子的原子 Y 作用,这种作用力称为**氢键**,通常用 X—H⋯Y 表示。其中,X、Y 代表 F、O、N 等吸电子能力强、原子半径小的原子,X 与 Y 可以相同,也可以不同,Y 原子应含有孤对电子。

以 H_2O 为例,氧的吸电子能力比氢强得多,H—O 键的极性很强,共用电子对强烈地偏向氧原子,使氢原子几乎成为"裸露"的质子,此氢原子与另一个氧原子靠近,并产生较强烈的静电引力作用,从而形成氢键,如图 1-10 所示,虚线表示氢键。

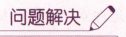

图 1-10　H_2O 分子间氢键

氢键不是化学键,是一种特殊的分子间作用力。如 H_2O、HF、NH_3 分子之间易形成氢键。

2. 氢键对物质物理性质的影响

(1) 对物质熔点和沸点的影响

分子间氢键的形成,使固体熔化或液体汽化需要消耗更多的能量,导致物质的熔点和沸点升高。如 H_2O 的沸点高于 H_2S,HF 的沸点高于 HCl。

> **问题解决**
>
> 表 1-11 列出了 HF、HCl、HBr、HI 的沸点,请根据所学知识解释为什么 HCl、HBr、HI 的沸点依次递增,而 HF 的沸点特别高。
>
> 表 1-11　HF、HCl、HBr、HI 的沸点
>
> | 物质 | HF | HCl | HBr | HI |
> |---|---|---|---|---|
> | 沸点/℃ | 19.5 | -85.1 | -66.8 | -35.5 |

HCl、HBr、HI 的分子量依次递增,分子间作用力也依次递增,因此,其沸点也依次递增。HF 分子之间能形成氢键,汽化时需要消耗更多的能量,所以 HF 的沸点特别高。

(2) 对物质溶解度的影响

溶质和溶剂分子之间如果能形成氢键,溶质分子与溶剂分子之间的作用力将增大,溶质在该溶剂中的溶解度会增大。例如,因为乙醇能与水形成氢键,所以乙醇可以与水以任意比例互溶。NH_3 能与 H_2O 形成氢键,NH_3 与 H_2O 之间的作用力增大,所以氨极易溶于水。

拓展延伸

生物大分子中的氢键

氢键对生物大分子的空间结构和生理活性具有重要意义,比如蛋白质、核酸中都存在氢键。氢键对维持蛋白质、核酸的生理功能十分重要,右侧是脱氧核糖核酸(DNA)中腺嘌呤和胸腺嘧啶之间的氢键。

学习评价

1. H_2O 的沸点高于 H_2S,主要是因为其存在(　　)
   A. 氢键　　　B. 离子键　　　C. 共价键　　　D. 配位键

2. 下列物质中不存在氢键的是(　　)
   A. H_2O　　　B. HF　　　C. NH_3　　　D. HCl

3. 氨极易溶于水是因为两者之间存在(　　)
   A. 氢键　　　B. 化学键　　　C. 共价键　　　D. 离子键

4. 氢键_____(是/不是)化学键,NH_3 和 H_2O 之间_____(能/不能)形成氢键,CH_4 和 H_2O 之间_____(能/不能)形成氢键。因此,NH_3_____(易溶/不溶)于 H_2O,CH_4_____(易溶/不溶)于 H_2O。

5. ① 水受热汽化成水蒸气;② 水在 1 000 ℃ 以上可以分解成氢气和氧气。上述过程中吸收的能量主要用于使化学键断裂的是_____;仅用于克服分子间作用力的是_____。(填序号)

第六节 配位键和配位化合物

> **温故知新**
>
> 普通共价键中的共用电子对通常是由成键的两个原子各提供 1 个电子配对而成的。是不是所有共价键中的共用电子对都是由成键原子双方共同提供的呢?

一、配位键

在共价键中,有一类特殊的共价键,共用电子对是由其中一个原子单独提供的,与另一个离子或原子共用,这样形成的共价键称为**配位键**。

例如,NH_3 和 H^+ 通过配位键形成 NH_4^+。氨分子的电子式为 $H:\overset{..}{\underset{H}{N}}:H$,在氮原子上有一对没有与其他原子共用的电子,这对电子称为**孤对电子**。氢离子(H^+)的 K 电子层上没有电子,是个空轨道。当氨分子与氢离子作用时,氨分子提供一对孤对电子,而氢离子提供空轨道,这对电子为 N、H^+ 共用,形成配位键。配位键可以用 A→B 来表示。其中,A 是提供孤对电子的离子或原子,B 是具有空轨道能接受孤对电子的离子或原子。例如:

$$H:\overset{..}{\underset{\underset{H}{..}}{N}}: + H^+ \longrightarrow \left[H:\overset{..}{\underset{\underset{H}{..}}{N}}:H\right]^+ \text{ 或 } \left[\begin{array}{c}H\\|\\H-N\rightarrow H\\|\\H\end{array}\right]^+$$

配位键的形成必须满足两个条件:第一,提供共用电子对的离子或原子有孤对电子;第二,接受共用电子对的离子或原子有空轨道。

二、配位化合物

配位化合物(简称配合物)是一类组成比较复杂的化合物。它们的存在非常普遍,比如人体内的微量金属元素大多以配合物的形式存在。

1. 配合物的概念

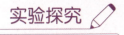

进行下列实验,探究配合物溶液中存在的离子。

取两支试管,各加入 0.1 mol/L $CuSO_4$ 溶液 1 mL。试管 1 中直接加入几滴 0.1 mol/L NaOH 溶液,观察并记录实验现象;试管 2 中加入过量氨水至溶液成深蓝色透明溶液后,继续加入几滴 0.1 mol/L NaOH 溶液,观察并记录实验现象。

实验表明,硫酸铜溶液和氢氧化钠溶液反应,生成浅蓝色氢氧化铜沉淀,说明硫酸铜溶液中存在大量 Cu^{2+}。反应方程式为

$$CuSO_4 + 2NaOH = Cu(OH)_2\downarrow + Na_2SO_4$$

硫酸铜溶液中加入过量氨水得到深蓝色透明溶液,再加入氢氧化钠溶液,无氢氧化铜沉淀生成,说明深蓝色溶液中不存在大量 Cu^{2+}。经分析证实,$CuSO_4$ 和氨水结合成复杂化合物,其反应方程式为

$$CuSO_4 + 4NH_3 = Cu(NH_3)_4SO_4$$
$$Cu(NH_3)_4SO_4 = [Cu(NH_3)_4]^{2+} + SO_4^{2-}$$

$[Cu(NH_3)_4]^{2+}$ 是一种复杂离子,它是由 NH_3 分子内 N 原子上的孤对电子进入 Cu^{2+} 的空轨道,以 4 个配位键结合而成的。像这种由金属离子或原子和一定数目的阴离子或中性分子以配位键结合而成的复杂离子或分子称为**配离子**或**配位分子**,如 $[Cu(NH_3)_4]^{2+}$、$[HgI_4]^{2-}$、$[Fe(CO)_5]$ 等。含有配离子或配位分子的化合物统称为**配位化合物**,简称配合物,如 $Cu(NH_3)_4SO_4$、$K_2[HgI_4]$、$[Fe(CO)_5]$ 等。

2. 配合物的组成

配合物通常由内界和外界组成(图 1-11),内界由中心离子(原子)和配位体以配位键结合而成,书写化学式时用方括号括起来,除内界外的简单离子称为外界,内界和外界以离子键结合成配合物。配位分子比较特殊,只有内界,没有外界。

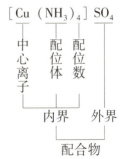

图 1-11 配合物 $[Cu(NH_3)_4]SO_4$ 的组成

(1) 中心离子和中心原子

在配合物中,凡接受孤对电子的离子或原子称为**中心离子**或**中心原子**。中心离子或中心原子一般是过渡金属离子或原子,如 Cu^{2+}、Zn^{2+}、Fe^{2+}、Fe^{3+}、Ni、Fe 等。

(2) 配位体

在配合物中,提供孤对电子的分子或离子称为**配位体**。在配位体中直接同中心离子相结合的原子叫**配位原子**,如 NH_3 中的氮原子。常见配位体、配位原子见表 1-12。

表 1-12　常见配位体、配位原子

配位体名称	卤素离子	水	氢氧根	氨	氰根	硫氰酸根
配位体化学式	F^-、Cl^-、Br^-、I^-	H_2O	OH^-	NH_3	CN^-	SCN^-
配位原子	卤素原子	O	O	N	C	S

表 1-12 中的配位体都只含有一个配位原子,但有些配位体中含有两个或两个以上的配位原子,如乙二胺($H_2NCH_2CH_2NH_2$)中的两个 N 原子都是配位原子。

（3）配位数

与中心离子直接结合的配位原子总数称为中心离子的配位数。如果配合物的配位体都只有一个配位原子,那么中心离子的配位数与配位体数相等。常见中心离子的配位数见表 1-13。

表 1-13　常见中心离子的配位数

中心离子	配位数	配离子（或配位分子）
Ag^+、Cu^+	2	$[Ag(NH_3)_2]^+$
Pt^{2+}、Cu^{2+}、Zn^{2+}、Hg^{2+}	4	$[Pt(NH_3)_2Cl_2]$、$[Cu(NH_3)_4]^{2+}$
Fe^{2+}、Fe^{3+}、Co^{3+}、Pt^{4+}、Cr^{3+}	6	$[PtCl_6]^{2-}$、$[Co(NH_3)_6]^{3+}$

（4）配离子的电荷

整个配合物是电中性的,因此配离子与外界离子所带的电荷数量相等而电性相反。配离子的电荷数等于中心离子的电荷数和配位体总电荷数的代数和。例如,$[Fe(CN)_6]^{3-}$配离子的电荷为$(+3)+[(-1)\times 6]=-3$。因此,若知道配离子的电荷数和配位体的电荷数,就可以推算出中心离子的电荷数。反之,若知道中心离子的电荷数和配位体的电荷数,就能推算出配离子的电荷数。

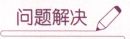

问题解决

请说出配合物$[Ag(NH_3)_2]OH$、$K_4[Fe(CN)_6]$的内界、外界、中心离子、配位体、配位原子和配位数。

3. 配合物的命名

（1）配离子的命名方法

配离子的命名方式:配位体数(用中文数字表示)+配位体的名称+合+中心离子名称(中心离子化合价,用罗马数字表示)。例如:

$[Cu(NH_3)_4]^{2+}$　　　四氨合铜(Ⅱ)配离子

[Ag(NH$_3$)$_2$]$^+$	二氨合银（Ⅰ）配离子
[Fe(CN)$_6$]$^{4-}$	六氰合铁（Ⅱ）配离子
[Fe(CN)$_6$]$^{3-}$	六氰合铁（Ⅲ）配离子

（2）配合物的命名方法

配合物的命名服从一般无机化合物的命名原则，即阴离子在前，阳离子在后。

① 若配离子为阴离子，作为酸根，命名时配离子与外界间加一"酸"字：

H$_2$[PtCl$_6$]	六氯合铂（Ⅳ）酸
K$_2$[HgI$_4$]	四碘合汞（Ⅱ）酸钾

② 若配离子为阳离子，则相当于普通盐中的简单阳离子。若外界是简单的阴离子，如 Cl$^-$、OH$^-$、CN$^-$ 等，则称"某化某"；若外界是含氧的原子团类阴离子，如 SO$_4^{2-}$、NO$_3^-$ 等，则称"某酸某"。例如：

[Cu(NH$_3$)$_4$]Cl$_2$	氯化四氨合铜（Ⅱ）
[Ag(NH$_3$)$_2$]OH	氢氧化二氨合银（Ⅰ）
[Cu(NH$_3$)$_4$]SO$_4$	硫酸四氨合铜（Ⅱ）

配位化合物在生物医药领域应用非常广泛，例如，生物体内的微量金属元素（如 Fe、Cu、Zn 等）通常以配合物的形式存在；血红蛋白中的亚铁离子通过配位键实现帮助人体输送氧气的功能。

化学与健康

血红蛋白输送氧气的化学原理

血红素是以亚铁离子为中心的复杂配合物，其与有机大分子珠蛋白相结合即为血红蛋白。在肺组织中，血红素中的亚铁离子通过配位键与氧气分子结合，当血液流经体内其他组织时，氧气就会被释放出来，以满足各个组织新陈代谢的需要。代谢产物二氧化碳通过配位键与亚铁离子结合，随血液回到肺部，通过呼气被排出体外。

化学与强国

中国配位化学的奠基者——戴安邦

戴安邦（1901—1999），江苏丹徒人，著名无机化学家、化学教育家，中国科学院院士，配位化学的开拓者和奠基人之一。戴安邦院士曾呼吁："富国之策，虽不止一端，要在开辟天然富源,促进生产建设,发达国防工业,而待举百端,皆须化学家之努力。"他和他的团队对硅、铬、钨、钼等元素的多核配合物化学进行了系统的研究。他长期致力于化学教育事业,为中国培养了大批化学人才。

学习评价

1. 配合物 $K_3[Fe(CN)_6]$ 中,中心离子的电荷为(　　)
   A. +1　　　　B. +2　　　　C. +3　　　　D. +4

2. 配合物 $K_2[HgI_4]$ 中配离子的电荷为(　　)
   A. +1　　　　B. +2　　　　C. -1　　　　D. -2

3. 下列名词与配合物组成无关的是(　　)
   A. 配位体　　B. 中心离子　　C. 浓度　　　D. 内界

4. 下列关于配合物的叙述正确的是(　　)

   A. 配位体都是阴离子

   B. 配合物一定有内界和外界

   C. 配离子的电荷等于中心离子和配位体所带电荷的代数和

   D. 中心离子和配位体以离子键结合

5. 配位键是(　　)

   A. 特殊的氢键　　　　　　　　B. 离子键

   C. 特殊的共价键　　　　　　　D. 特殊的分子间作用力

6. 配合物一般包括_____和_____两部分,它们以_____结合成配合物。

7. 由_____和一定数目的_____以_____结合而成的复杂离子称为配离子。

8. 填写下表。

配合物	名称	中心离子	配位体	配位数
$[Ag(NH_3)_2]NO_3$				
$K_3[Fe(CN)_6]$				

9. 1969年,美国物理学家罗森伯格首次发现顺铂(顺-二氯·二氨合铂)对肿瘤细胞生长具有抑制作用,铂类药物遂成为临床上的一线抗癌药物。请写出二氯·二氨合铂的分子式。

第二章　常见的无机物及其应用

迄今为止，人类已发现和创造的元素有 118 种，其中 94 种存在于自然界，这些元素包括金属元素和非金属元素，它们以单质及化合物的形式组成了色彩斑斓、变化万千的自然界。这些物质有些属于无机物，有些属于有机物。无机物是个包含所有元素的大家族，广泛存在于自然界。例如，空气、水、土壤、岩石都是无机物，它们孕育了生机盎然的自然界。无机物和生产、生活、生命活动密切相关。我们需要学习一些无机物的知识并掌握一些典型的无机物。

● **预期目标**

通过学习常见非金属元素和金属元素的性质，从微观结构认识氧化还原反应的本质是电子转移。

从周期元素的变化规律理解氯、硫、氮和钠、铁、铝的性质，从物质结构认识产生周期性变化的原因。

观察并准确描述元素单质及化合物性质实验的现象，通过分析、推理等方法揭示产生现象的本质。

通过设计实验方案探究未知离子的鉴别，发展科学探究能力。

了解常见无机物在生产、生活中的应用及对生态环境的影响，认识化学在环境污染防治方面的作用，提升社会责任感。

第一节 常见非金属单质及其化合物

> **温故知新**
>
> 初中化学中,我们学习了不少无机物。例如,硫是火药的组成成分,氧气和氮气是空气的主要成分,食盐是氯化钠的俗称,食盐中的氯元素是典型的非金属元素。非金属元素在自然界中广泛存在,你知道非金属元素有哪些结构和性质特点吗?

在 118 种元素中,除稀有气体外,非金属元素仅十多种,这些非金属元素集中位于元素周期表的右上侧(表 2-1)。这个位置元素的共同结构特点是具有相对较多的最外层电子数或具有相对较少的电子层数。这种结构特点使非金属元素具有共同的性质特点:具有一定的得电子能力。非金属元素与生产、生活、医药密切相关,典型的非金属元素除碳、氧外,还有氯、硫和氮等。本节介绍氯、硫和氮的单质及其主要化合物。

表 2-1 非金属元素在元素周期表中的位置

周期	族						
	ⅠA	ⅡA	ⅢA	ⅣA	ⅤA	ⅥA	ⅦA
1	H						
2			B	C	N	O	F
3				Si	P	S	Cl
4					As	Se	Br
5						Te	I
6							At
7							Ts

一、氯气及氯的化合物

生活中很多物质都含有氯元素,如 84 消毒液、漂白粉等,它们都有刺激性气味,这是氯气的气味。

1. 氯气

(1) 氯气的制备

氯是一种重要的"成盐元素",其单质氯气的化学性质非常活泼,在自然界中不存在游离态的氯,主要以 NaCl、$MgCl_2$、$CaCl_2$ 等化合态的形式大量存在于海水中,小部分存在于陆地的盐矿和盐湖中。直到 1774 年,瑞典化学家舍勒把浓盐酸与软锰矿(主要成分是 MnO_2)混合在一起加热,意外地发现了一种具有强烈刺激性气味的黄绿色气体。1810 年,英国化学家戴维通过大量实验证明该气体是一种新元素组成的单质,并将其命名为"氯气"。

实验室使用固体二氧化锰和浓盐酸,在加热的反应条件下制备氯气。使用向上排空气法收集氯气,用氢氧化钠溶液吸收多余的尾气,实验装置如图 2-1 所示。实验需在通风橱中进行。反应方程式为

$$MnO_2 + 4HCl(浓) \xrightarrow{\Delta} MnCl_2 + Cl_2\uparrow + 2H_2O$$

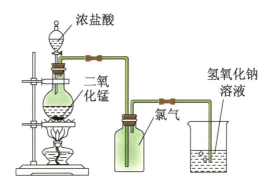

图 2-1 氯气的实验室制备

工业上对氯气的需求量很大,常通过电解氯化钠饱和溶液制取,同时生成氢气和氢氧化钠,反应方程式为

$$2NaCl + 2H_2O \xrightarrow{电解} 2NaOH + H_2\uparrow + Cl_2\uparrow$$

以电解氯化钠饱和溶液为基础制备氯气、氢氧化钠等产品的工业称为氯碱工业。氯碱工业是最基本的无机化工之一,在国民经济和国防建设中占有重要地位。

(2) 氯气的性质及应用

氯气是黄绿色、有刺激性气味的气体,密度比空气大,易液化成黄绿色的油状液体。人体吸入氯气会刺激气管黏膜引发炎症反应,引起胸部疼痛和咳嗽,大量吸入会出现呼吸道刺激等症状,严重时危及生命。氯气能溶解于水,常温常压下,1 体积水约能溶解 2 体积氯气,氯气溶于水得到的水溶液称为氯水,呈浅黄绿色。

氯的原子结构示意图为 (+17) 2 8 7。氯元素位于元素周期表第 3 周期、ⅦA 族。氯原子最外电子层有 7 个电子,在化学反应中容易得到 1 个电子,呈现 −1 价;有时也能失去最

外层电子,呈现+1～+7价等化合价。氯的原子结构决定了氯元素具有很强的得电子能力。

> **实验探究**
>
> 用坩埚钳夹住一束铜丝,在酒精灯外焰上加热至红热,立即放入盛有氯气的集气瓶中,观察实验现象;反应停止并冷却后,向集气瓶中加入适量蒸馏水,观察现象。

实验表明,铜在氯气中燃烧生成棕黄色浓烟及棕黄色粉末,该物质溶于水得到蓝色溶液,说明铜在氯气中燃烧生成氯化铜。

$$Cu+Cl_2 \xrightarrow{\text{点燃}} CuCl_2$$

① 氯气与金属反应:氯气的化学性质很活泼,能与多数金属单质直接化合,生成金属氯化物。例如:

$$2Na+Cl_2 \xrightarrow{\text{点燃}} 2NaCl$$

$$2Fe+3Cl_2 \xrightarrow{\text{点燃}} 2FeCl_3$$

在上述反应中,氯气都得到了电子,说明氯气有比较强的得电子能力。在化学反应中,把得到电子的物质称为**氧化剂**,把物质得到电子的能力称为**氧化能力**,得到电子的性质称为**氧化性**。在上述反应中,氯气是氧化剂。

② 氯气与非金属反应:氯气与氢气的混合气体在光照或点燃条件下立即发生爆炸,并生成氯化氢。纯净的氢气在氯气中安静地燃烧,发出苍白色火焰,生成氯化氢气体;氯化氢极易溶于水,溶解后得到的水溶液称为盐酸。

$$H_2+Cl_2 \xrightarrow{\text{点燃}} 2HCl$$

氯气还能与红磷反应生成PCl_3和PCl_5等化合物,PCl_3和PCl_5是重要的化工原料。

③ 氯气与水反应:氯气能溶于水,氯气的水溶液称为氯水。

> **实验探究**
>
> 如图2-2所示,在干燥的集气瓶中放入一小片干燥的红色布条a,在装有水的集气瓶中放入一小片干燥的红色布条b,通入氯气,观察布条颜色的变化。

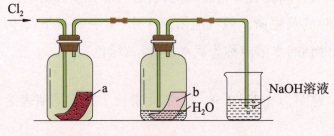

图2-2 氯水的漂白作用

实验表明,干燥氯气中的红色布条 a 颜色不变,说明 Cl_2 没有漂白作用。但氯水中红色布条 b 褪色,说明氯水具有漂白作用。在氯水中,Cl_2 和 H_2O 反应,生成次氯酸。反应方程式为

$$Cl_2 + H_2O \rightleftharpoons HCl + \underset{\text{次氯酸}}{HClO}$$

HClO 中氯的化合价是 +1 价,其中的氯有强烈得电子能力而成为 0 价,并有进一步得电子成为 −1 价的能力,因此,次氯酸具有强氧化性。次氯酸的强氧化性使其具有强的杀菌消毒能力,并能使某些染料或有机色素褪色,次氯酸的漂白作用属于氧化漂白。

氯水中,只有很少的 Cl_2 和 H_2O 发生上述反应,生成次氯酸。次氯酸不稳定,容易分解放出氧气,在阳光的照射下,次氯酸分解加快。

$$2HClO \xrightarrow{\text{光照}} 2HCl + O_2\uparrow$$

随着次氯酸的分解,Cl_2 和 H_2O 继续反应,生成新的次氯酸。因此,新配制的氯水应盛放在棕色瓶中,在密闭、阴凉处短时间保存。

交流讨论

请分别说出次氯酸(HClO)、亚氯酸($HClO_2$)、氯酸($HClO_3$)、高氯酸($HClO_4$)中氯的化合价,并总结名称和氯的化合价之间的规律。

④ 氯气与碱反应:将氯气通入氢氧化钠溶液中,可反应生成氯化钠、次氯酸钠和水。

$$Cl_2 + 2NaOH = NaCl + \underset{\text{次氯酸钠}}{NaClO} + H_2O$$

次氯酸钠稳定,是市售 84 消毒液的有效成分。84 消毒液广泛用于宾馆、饭店等公共场所的消毒。

将氯气通入石灰乳(石灰乳的主要成分是氢氧化钙),反应方程式为

$$2Cl_2 + 2Ca(OH)_2 = \underset{\text{次氯酸钙}}{Ca(ClO)_2} + CaCl_2 + 2H_2O$$

次氯酸钙和氯化钙的混合物称为漂白粉,工业上利用氯气和石灰乳反应制取漂白粉,漂白粉的有效成分是次氯酸钙。漂白粉可用于消毒饮用水、游泳池水等各类水源,还可用于漂白棉、麻、纸浆等。

次氯酸钙和酸反应生成次氯酸并发挥杀菌消毒和漂白作用。次氯酸是比碳酸更弱的酸,因此空气中的 CO_2 可以与次氯酸钙反应生成次氯酸。

$$Ca(ClO)_2 + H_2O + CO_2 = CaCO_3\downarrow + 2HClO$$

加少量强酸可快速提高 HClO 的浓度,显著强化杀菌效果。漂白粉应保存在阴凉、干燥处,不能长期置于空气中,否则漂白粉会因有效成分变质导致消毒效果下降。

氯气是重要的化工原料,在生产和生活中广泛应用。氯气可用于消毒饮用水,制造盐酸、漂白剂、农药等,还广泛用于合成聚氯乙烯、制备药物、冶金及染料工业等各个领域。

2. 氯化氢和盐酸

氯化氢(HCl)是无色、有刺激性气味的气体,密度比空气略大,极易溶于水。常温常压下,1体积水能溶解近500体积的氯化氢气体,其水溶液称为氢氯酸,俗称盐酸。盐酸是无色、有刺激性气味的液体,具有酸的通性,能与活泼金属反应放出氢气,能与碱、碱性氧化物反应生成盐和水。

氯化氢是最常用的化工原料,主要用于制备染料、香料、药物、各种氯化物等。盐酸是人体胃酸的主要成分。

3. 氯化物和氯离子的检验

氯化物大多是典型的盐,在自然界中广泛存在,氯化钠(NaCl)是食盐的主要成分。医药上常用的氯化物有氯化钠、氯化钾及氯化钙等。临床治疗中使用的生理盐水由氯化钠配制而成,主要用于补充体内液体。氯化钾(KCl)可用于因呕吐、进食不足等引起的低血钾的治疗。氯化钙($CaCl_2$)静脉注射液可以治疗血钙降低引起的手足抽搐、肠绞痛、渗出性水肿及镁中毒等。

> **实验探究**
>
> 向2支试管中分别加入0.1 mol/L稀盐酸、0.1 mol/L NaCl溶液各1 mL,再分别加入2~3滴0.1 mol/L $AgNO_3$溶液,观察现象;再分别加入数滴稀硝酸,观察沉淀是否溶解。

实验表明,2支试管中均有AgCl白色沉淀生成,该沉淀不溶于稀硝酸。

$$AgNO_3 + HCl = AgCl\downarrow + HNO_3$$
$$AgNO_3 + NaCl = AgCl\downarrow + NaNO_3$$

在含氯离子的溶液中加入$AgNO_3$溶液,有白色沉淀生成,该沉淀不溶于稀硝酸。此方法可以用于氯离子的检验。

CO_3^{2-}也能和Ag^+生成白色Ag_2CO_3沉淀,但Ag_2CO_3能和稀硝酸反应并溶解。所以,鉴别氯离子时加入稀硝酸可以避免其他离子的干扰。

> **问题解决**
>
> 如何检验自来水中是否含有Cl^-?

二、硫及硫的化合物

1. 硫的性质及用途

自然界中的硫元素有游离态和化合态两种存在形式。游离态硫主要存在于火山喷口的岩层中,化合态硫主要存在于硫化物和硫酸盐中,火山喷出物中还含有硫的氧化物和氢化物等。

硫是黄色或淡黄色的固体,俗称硫黄。单质硫质脆,易研成粉末,密度比水大,难溶于水,易溶于二硫化碳(CS_2)。

硫的原子结构示意图为 (+16) 2 8 6,位于元素周期表第3周期、ⅥA族。硫原子最外电子层有6个电子,在化学反应中容易得到2个电子,呈现-2价;有时也能失去最外层电子,呈现+4价、+6价等化合价。硫的化学性质主要包括以下两点。

(1) 硫与金属反应

硫粉与铁粉混合,在加热条件下,剧烈反应,放出大量热,生成黑色的硫化亚铁。

$$S+Fe \xrightarrow{\triangle} FeS$$

铜丝在热的硫蒸气中,与硫反应,铜丝表面生成黑色的硫化亚铜。

$$S+2Cu \xrightarrow{\triangle} Cu_2S$$

(2) 硫与非金属反应

> **实验探究** ✏️
>
> 在燃烧匙里放少量硫,加热,直到发生燃烧,观察硫在空气中燃烧时发生的现象。然后把盛有燃着的硫的燃烧匙伸进充满氧气的集气瓶里,再观察硫在氧气中燃烧时发生的现象。比较硫在空气中和在氧气中燃烧有什么不同。

硫在空气中燃烧,发出微弱的淡蓝色火焰,产生有刺激性气味的气体,放出热量。

硫在氧气中燃烧,发出明亮的蓝紫色火焰,产生有刺激性气味的气体,放出热量。

$$S+O_2 \xrightarrow{点燃} SO_2$$

硫还能与氢气反应,生成无色、有臭鸡蛋味且有剧毒的气体硫化氢。硫化氢能溶于水,得到的水溶液叫氢硫酸。氢硫酸是弱酸,具有酸的通性。

单质硫用途很广,可用于制造硫酸、硫酸盐、硫化物,还用于橡胶工业、造纸工业及制造锂硫电池、黑火药、焰火等。硫在农业上是重要的杀虫剂、杀菌剂,是合成含硫农药(如石硫合剂)的主要原料。硫还可用于制备日常生活中常用的硫黄皂和硫软膏,用于杀菌保健和治疗皮肤病。

2. 二氧化硫的性质及用途

SO_2是一种无色、有刺激性气味的有毒气体,密度比空气大,易溶于水。在通常情况下,1体积水可以溶解约40体积的SO_2。SO_2的化学性质主要包括以下三点。

(1) 二氧化硫具有酸性氧化物的通性

> **实验探究**
>
> 用充有80 mL SO_2的针筒抽吸10 mL蒸馏水,用橡皮塞堵住针筒的前端,振荡,观察针筒内气体体积的变化,然后用pH试纸测定二氧化硫水溶液的pH。

实验现象表明,SO_2易溶于水,水溶液的pH<7,呈酸性。SO_2与水反应的化学方程式为

$$SO_2+H_2O = H_2SO_3$$

SO_2可以与碱反应生成盐和水。

$$SO_2+2NaOH = Na_2SO_3+H_2O$$

SO_2可以与碱性氧化物反应生成盐。

$$SO_2+CaO = \underset{\text{亚硫酸钙}}{CaSO_3}$$

$CaSO_3$可进一步被空气中的氧气氧化为$CaSO_4$。该反应可用于燃煤污染的治理,工业上叫作钙基固硫。

(2) 二氧化硫具有还原性

在化学反应中,把失去电子的物质称为**还原剂**,把物质失去电子的能力称为**还原能力**,失去电子的性质称为**还原性**。SO_2中的硫显示+4价,既可以得到电子成为0价或-2价,也可以失去电子成为+6价。因此,SO_2既有氧化性又有还原性。

SO_2在加热、催化剂作用下可以被氧化为SO_3。这是工业生产硫酸的重要反应之一。

$$2SO_2+O_2 \xrightarrow[\triangle]{\text{催化剂}} 2SO_3$$

反应中,SO_2中+4价的硫被氧化成+6价,SO_2具有还原性。

将SO_2气体通入酸性高锰酸钾溶液,SO_2可以被高锰酸钾氧化,使高锰酸钾溶液褪色。

(3) 二氧化硫具有漂白性

> **实验探究**
>
> 向试管中加入5 mL水和数滴品红溶液,再通入SO_2气体,观察溶液是否褪色;然后加热试管,观察加热前后溶液颜色的变化。

实验现象表明,SO_2能漂白某些有色物质(如品红),而加热后又恢复原来的颜色。这

是因为SO_2能与某些有色物质发生化合反应,生成无色物质,但这些无色物质不稳定,受热条件下会分解而恢复原来的颜色。

工业上,SO_2常被用于漂白纸浆以及草编织物等。此外,SO_2也可用于杀菌消毒。

3. 硫酸的性质及用途

市售浓硫酸的质量分数为98.3%,密度为1.84 kg/L,沸点高,难挥发。硫酸是实验室常见三强酸(盐酸、硫酸、硝酸)之一,稀硫酸具有酸的通性。

> 酸的通性主要包括哪些性质?写出稀硫酸和Zn、NaOH、Na_2CO_3反应的化学方程式。

浓硫酸和稀硫酸的性质有明显区别。浓硫酸具有以下三大特性。

（1）浓硫酸的吸水性

浓硫酸具有**吸水性**,将浓硫酸置于潮湿空气中,浓硫酸的质量会增加,浓度会下降。在实验室,浓硫酸可用作干燥剂。

浓硫酸稀释时放出大量的热。因此,稀释浓硫酸时,必须将浓硫酸沿着容器内壁缓慢地注入水中,并用玻璃棒不断搅拌,使产生的热量迅速扩散。如误将水注入浓硫酸中,会引起水温剧增并暴沸,造成酸液飞溅,产生严重的安全隐患。

（2）浓硫酸的脱水性

> 取2 g蔗糖($C_{12}H_{22}O_{11}$)放入大试管中,加2~3滴水,再加入约3 mL浓硫酸,迅速搅拌,然后塞紧带玻璃导管的橡皮塞,将玻璃导管的另一端插入盛有氢氧化钠溶液的烧杯中进行尾气处理,观察实验现象。

加入浓硫酸后,蔗糖迅速变成黄色,接着变成褐色,最后完全变成黑色。实验现象表明,浓硫酸具有**脱水性**。浓硫酸能按照水的组成比,夺取某些有机物中的氢、氧元素形成水分子,可使蔗糖、纤维素等物质脱水碳化,同时有大量气体生成。浓硫酸具有强氧化性,因此,在加热条件下,可以和碳反应,生成SO_2、CO_2等气体。

如果不慎将较多浓硫酸沾到皮肤上,应立即就近取材,用纤维等物品擦拭多余浓硫酸,用大量水冲洗,然后再涂上碳酸氢钠稀溶液。少量浓硫酸沾到皮肤上时,直接用大量水冲洗。

（3）浓硫酸的强氧化性

在高浓度、强酸性条件中,浓硫酸中+6价的硫表现出强的得电子的能力,即**强氧化**

性。浓硫酸能与绝大多数金属发生反应,在加热时表现出更强的氧化性。在加热的条件下,浓硫酸与铜反应,生成硫酸铜、二氧化硫和水。

$$Cu + 2H_2SO_4(浓) \xrightarrow{\Delta} CuSO_4 + SO_2\uparrow + 2H_2O$$

金属铁、铝遇到冷的浓硫酸会发生"钝化",铁、铝表面被浓硫酸氧化为致密的氧化膜,从而阻止了酸与内层金属的进一步反应,所以在常温条件下,工业上可用铁、铝槽车盛放、运输浓硫酸。

浓硫酸还可以与一些非金属反应。如在加热的条件下,浓硫酸可以与木炭发生反应,生成二氧化碳、二氧化硫和水。

$$C + 2H_2SO_4(浓) \xrightarrow{\Delta} CO_2\uparrow + 2SO_2\uparrow + 2H_2O$$

硫酸在生产、生活和科学研究中有着广泛的应用。硫酸是重要的化工原料,广泛用于生产化肥、农药、炸药、染料和盐类等;金属矿石的处理、金属材料的表面清洗等都要用到硫酸。硫酸盐和硫酸盐矿物也是化工生产、药物和颜料制备中的重要原料。

问题解决

实验室用金属与酸反应制取氢气时,为什么只能用稀硫酸,而不能用浓硫酸?

浓硫酸的三个特性,使浓硫酸具有极强的腐蚀性,能彻底破坏生物体组织,使用时要严格按照操作规程进行,切记安全操作。

拓展延伸

硫酸的工业生产

工业生产硫酸主要采用接触法,以硫铁矿或硫黄为原料制备硫酸。以硫铁矿(FeS_2)为原料制备硫酸的主要设备和流程如图2-3所示。

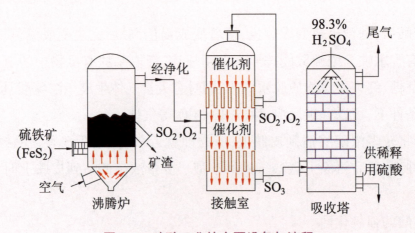

图2-3 硫酸工业的主要设备与流程

硫铁矿经粉碎后投入沸腾炉中,通入空气,硫铁矿和氧气在高温条件下充分混合发生反应,放出大量的热。

$$4FeS_2 + 11O_2 \xrightarrow{\text{高温}} 2Fe_2O_3 + 8SO_2\uparrow$$

SO_2 在接触室的高温、催化剂作用下被氧化为 SO_3。生成的 SO_3 在吸收塔中,用浓硫酸吸收成为发烟硫酸,再稀释得到市售浓硫酸等工业产品。不用水直接吸收 SO_3 的原因是防止 SO_3 和水反应($SO_3 + H_2O == H_2SO_4$)时放出大量热而产生酸雾,降低吸收效率。

4. 常见硫酸盐及其用途

（1）硫酸钙

自然界中的硫酸钙以石膏矿的形式存在,常见的有 $CaSO_4 \cdot 2H_2O$（俗称石膏或生石膏）和 $CaSO_4 \cdot \frac{1}{2}H_2O$（俗称熟石膏）。将石膏加热到 150 ℃,它就会失去大部分结晶水而变成熟石膏;熟石膏与水混合成糊状后会很快凝固,转化为坚硬的石膏。利用石膏的这一性质,人们常用它制作各种模型和医疗上用的石膏绷带。在水泥生产中,可用石膏调节水泥的凝结时间。

（2）硫酸钡

天然的硫酸钡称为重晶石,它是制备其他钡盐的重要原料。硫酸钡不溶于酸,也不容易被 X 射线透过,在医疗上可用作检查胃肠道形态的内服药剂,俗称钡餐。硫酸钡还可用作白色颜料,并可作高档油漆、油墨、造纸、塑料、橡胶的原料及填充剂。

（3）硫酸亚铁

硫酸亚铁的结晶水合物俗称绿矾,其化学式为 $FeSO_4 \cdot 7H_2O$。在医疗上,硫酸亚铁可用于生产防治缺铁性贫血的药剂;在工业上,硫酸亚铁是生产铁系列净水剂和颜料氧化铁红(主要成分为 Fe_2O_3)的原料。

5. 硫酸根离子的检验

实验探究

向 2 支试管中分别加入 0.1 mol/L 稀 H_2SO_4 和 0.1 mol/L Na_2SO_4 溶液 1 mL,各加入 2~3 滴 0.1 mol/L $BaCl_2$ 溶液,观察现象;再分别向 2 支试管中加入数滴稀盐酸,观察沉淀是否溶解。

实验表明,2 支试管中均有 $BaSO_4$ 白色沉淀生成,该沉淀不溶于稀盐酸。

$$BaCl_2 + H_2SO_4 =\!\!=\!\!= BaSO_4\downarrow + 2HCl$$

$$BaCl_2 + Na_2SO_4 =\!\!=\!\!= BaSO_4\downarrow + 2NaCl$$

在含 SO_4^{2-} 的溶液中加入 $BaCl_2$ 溶液,有白色沉淀生成,该沉淀不溶于稀盐酸。此方法可以用于 SO_4^{2-} 的检验。

CO_3^{2-} 能和 Ba^{2+} 生成白色 $BaCO_3$ 沉淀,但 $BaCO_3$ 能和稀盐酸反应并溶解。所以,检验 SO_4^{2-} 时加入稀盐酸可以避免其他离子的干扰。

问题解决

如何用化学方法检验粗盐中的硫酸根离子?

三、氮气及氮的化合物

氮元素既有游离态又有化合态,它以双原子分子(N_2)存在于大气中,约占空气总体积的 78%。氮是生命物质中的重要组成元素,是构成蛋白质和核酸不可缺少的元素,是农作物生长所必需的元素。充足的氮肥使植物枝叶茂盛,叶片增大,从而提高农作物的产量和质量。

1. 氮气

氮气是一种无色、无味的气体,难溶于水,密度比空气略小。氮的原子结构示意图为 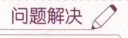,位于元素周期表第 2 周期、VA 族。氮原子最外电子层有 5 个电子,在化学反应中容易得到 3 个电子,呈现 -3 价;也能失去最外层电子,呈现 $+1$ 价 $\sim +5$ 价等化合价。氮是仅次于 F、O 的活泼的非金属元素。

虽然氮是活泼的非金属元素,但氮气分子很稳定。因为氮气分子是由两个氮原子通过共用三对电子结合而成的:

$$:N::\!\!:\!\!:N: \qquad\qquad :N\!\equiv\!N:$$

破坏氮气分子中氮原子之间的共价三键需要很大的能量,在通常状况下,氮气很难发生化学反应。

在高温或放电等特殊条件下,氮气分子获得了足够多的能量,也能与一些非金属或金属单质发生反应,生成含氮化合物。如氮气与镁在燃烧条件下生成 Mg_3N_2,氮气与氧气在放电条件下生成 NO,氮气与氢气在高温、高压和催化剂条件下生成 NH_3。氮气是合成氨、制硝酸的原料,因性质稳定也可作焊接金属时的保护气以及保存粮食、水果等食品的保护气,还可用作冷冻剂。氮气在工农业生产、国防和生命科学研究等领域都有重要的用途。

2. 一氧化氮与二氧化氮

NO 是无色无味的气体,微溶于水。NO 有毒,结合血红蛋白的能力比 CO 强。NO 很容易被空气中的氧气氧化成 NO_2。

$$2NO+O_2 =\!=\!= 2NO_2$$

NO_2 是红棕色、有刺激性气味的气体,有毒,密度比空气大,易溶于水,易液化。NO_2 与水反应生成硝酸和 NO。

$$3NO_2+H_2O =\!=\!= 2HNO_3+NO$$

大气中 NO 和 NO_2 达到一定浓度时都会对人体造成伤害,能引发上呼吸道及肺部疾病。人体中极少量的 NO 有助于促进血管扩张,防止血管栓塞。NO 在调节心脑血管神经和免疫系统等方面有着十分重要的生物学作用和医学前景,受到人们的普遍重视。NO_2 在火箭燃料中被用作氧化剂,在工业上可以用于制硝酸。

3. 氨气

氨气是无色、具有刺激性气味的气体,密度比空气小;氨气极易溶于水,常温常压下,1 体积水大约可溶解 700 体积氨气;氨气易被液化,在常压下冷却至 $-33.5\ ℃$ 或在常温下加压至 700~800 kPa,氨气就液化成无色液体,同时放出大量的热。液态氨汽化时要吸收大量的热,使周围的温度急剧下降,所以液态氨在工业上常用作制冷剂。

氨气主要有以下三点化学性质。

（1）氨气与水反应

> **实验探究**
>
> 在干燥的烧瓶内充满氨气,塞上带有玻璃管和胶头滴管(预先吸入少量水)的胶塞。烧杯中盛有 250 mL 蒸馏水,再滴加 2~3 滴酚酞试液。按图 2-4 所示安装实验装置。打开橡胶管上的止水夹,挤压胶头滴管,观察现象。

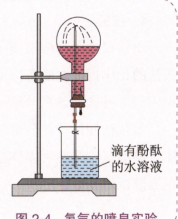

图 2-4 氨气的喷泉实验

实验结果表明,氨气极易溶于水,使得烧瓶内压强小于外界大气压,烧杯中的水进入烧瓶,形成"喷泉",生成的氨水具有碱性,能使酚酞显红色。

氨气溶于水形成的水溶液称为氨水。氨水中的氨分子大部分与水分子结合成一水合氨($NH_3·H_2O$),一水合氨可部分解离:

$$NH_3+H_2O \rightleftharpoons NH_3·H_2O \rightleftharpoons NH_4^+ +OH^-$$

所以氨水显弱碱性。一水合氨很不稳定,会分解为氨气和水,受热时,$NH_3·H_2O$ 的分解会更加完全。

$$NH_3·H_2O \xrightarrow{\triangle} NH_3\uparrow +H_2O$$

氨气能使湿润的红色石蕊试纸变蓝,可用于检验氨的存在。

(2) 氨气与酸反应

> **实验探究** ✏️
>
> 取2个棉花球,分别沾上数滴浓氨水和浓盐酸,相互隔开并放入同一个烧杯中,用表面皿盖住烧杯口,观察现象。

可以看到,浓氨水挥发的氨气和浓盐酸挥发的氯化氢气体相遇,生成氯化铵,产生白烟。

$$NH_3 + HCl =\!=\!= NH_4Cl$$

氨气与酸反应,可以生成铵盐。

$$NH_3 + HNO_3 =\!=\!= NH_4NO_3$$

$$2NH_3 + H_2SO_4 =\!=\!= (NH_4)_2SO_4$$

(3) 氨气与氧化剂反应

氨中氮元素的化合价为-3价。氨具有还原性,在加热和有催化剂(如铂)的条件下,能被氧气氧化生成一氧化氮和水。氨的催化氧化是工业制硝酸的基础。

$$4NH_3 + 5O_2 \xrightarrow[\triangle]{催化剂} 4NO + 6H_2O$$

4. 铵盐

由铵根离子与酸根离子形成的离子化合物称为铵盐。铵盐多为无色晶体,易溶于水。铵盐的化学性质主要有以下两点。

(1) 铵盐受热易分解

氯化铵固体受热分解生成氨气和氯化氢气体,两种气体遇冷又重新结合成氯化铵固体。碳酸氢铵受热后固体逐渐减少至消失,试管内壁出现水珠,水珠中溶有氨气,能使红色石蕊试纸变蓝。

$$NH_4Cl \xrightarrow{\triangle} NH_3\uparrow + HCl\uparrow$$

$$NH_4HCO_3 \xrightarrow{\triangle} NH_3\uparrow + H_2O + CO_2\uparrow$$

(2) 铵盐与强碱共热放出氨气

> **实验探究** ✏️
>
> 将少量氯化铵与少量氢氧化钙固体混合后放入试管中,在酒精灯火焰上轻微加热,用湿润的红色石蕊试纸检验反应中产生的气体。

实验结果表明,加热氯化铵和氢氧化钙的混合物,有氨气生成,氨气能使湿润的红色石蕊试纸变蓝,同时能闻到刺激性气味。

$$2NH_4Cl+Ca(OH)_2 \xrightarrow{\triangle} CaCl_2+2H_2O+2NH_3\uparrow$$

该反应可用于实验室制备氨气。铵盐中加入氢氧化钠并轻微加热,均有氨气溢出,生成的氨气能使湿润的红色石蕊试纸变蓝,该性质可用于检验铵根离子。

5. 硝酸

纯硝酸是一种无色、易挥发、具有刺激性气味的液体,沸点为83 ℃,密度为1.42 kg/L。常用的浓硝酸的质量分数为69%,能和水以任意比例互溶,打开盛浓硝酸的试剂瓶盖,有白雾产生。质量分数为98%以上的浓硝酸挥发出来的HNO_3蒸气遇到空气中的水蒸气,可以形成极微小的硝酸液滴而产生酸雾。因此,质量分数为98%以上的浓硝酸通常叫作"发烟硝酸"。

硝酸是实验室三强酸之一,具有酸的通性,可以与碱性氧化物、碱、某些盐反应。此外,硝酸还有以下化学性质。

（1）不稳定性

硝酸不稳定,在常温下受热或见光会发生分解,生成红棕色的NO_2气体。因此,硝酸应密封贮存在低温、避光处。市售浓硝酸的质量分数约为69%,常因溶有少量NO_2而略显黄色。

$$4HNO_3 \xrightarrow{加热或光照} 4NO_2\uparrow+O_2\uparrow+2H_2O$$

（2）强氧化性

HNO_3中N元素的化合价为最高价+5价,N是仅次于F、O的活泼的非金属元素。因此无论是稀硝酸还是浓硝酸,都具有强氧化性,能与绝大多数金属(除金、铂等少数金属以外)、许多非金属以及有机物发生氧化还原反应,其中+5价的N被还原。硝酸具有强氧化性,因此,不能用硝酸和活泼金属制取H_2。

铜与浓硝酸反应生成红棕色NO_2气体,溶液成绿色(Cu^{2+}在浓硝酸中的颜色),铜与稀硝酸反应生成无色NO气体,溶液成蓝色,生成的NO气体在和氧气接触后转化为红棕色NO_2。化学反应式如下：

$$Cu+4HNO_3(浓)== Cu(NO_3)_2+2NO_2\uparrow+2H_2O$$

$$3Cu+8HNO_3(稀)== 3Cu(NO_3)_2+2NO\uparrow+4H_2O$$

常温下,浓硝酸与浓硫酸相似,也能使铁、铝表面形成致密的氧化膜而钝化,所以可以用铝质或铁质容器盛放浓硝酸。加热时,铁、铝会与浓硝酸发生反应。

浓硝酸在加热的条件下,还能与木炭等非金属单质发生氧化还原反应。

$$C+4HNO_3(浓) \xrightarrow{\triangle} CO_2\uparrow+4NO_2\uparrow+2H_2O$$

硝酸是一种重要的化工原料,常用来制造氮肥、染料、塑料、炸药、硝酸盐等。

拓展延伸

亚硝酸和亚硝酸盐

亚硝酸(HNO_2)是一种弱酸,易分解为NO_2、NO 和 H_2O($2HNO_2 =\!=\!= NO_2+NO+H_2O$),化学性质活泼。亚硝酸盐比亚硝酸稳定,可用于印染、漂白、水质监测等行业。临床上,亚硝酸钠注射液可作为氰化物解毒剂。亚硝酸钠有毒,可将红细胞中亚铁血红蛋白氧化成高铁血红蛋白,从而使其失去携氧能力,造成组织缺氧。亚硝酸钠曾用作食品添加剂,但用量受到严格的限制。

学习评价

1. 下列关于 Cl_2 性质的叙述不正确的是(　　)

   A. 有刺激性气味　　　　　　　B. 可以与碱溶液反应

   C. 可以与氢气反应　　　　　　D. 可以溶于水但不与水反应

2. 下列事实与括号中浓硫酸的性质对应关系正确的是(　　)

   A. 空气中敞口久置的浓硫酸质量增大(挥发性)

   B. 浓硫酸在加热条件下能与铜反应(脱水性)

   C. 浓硫酸可用来干燥某些气体(吸水性)

   D. 常温下,工业上可用铁、铝槽车盛放、运输浓硫酸(酸性)

3. 下列四种溶液中不能确定存在 SO_4^{2-} 的是(　　)

   A. 向甲溶液中加入 $BaCl_2$ 溶液,有白色沉淀产生

   B. 向乙溶液中加入 $BaCl_2$ 溶液,有白色沉淀产生,再加入盐酸,沉淀不溶解

   C. 向丙溶液中加入盐酸使之酸化,再加入 $BaCl_2$ 溶液,有白色沉淀产生

   D. 向丁溶液中加入硝酸使之酸化,再加入 $BaCl_2$ 溶液,有白色沉淀产生

4. 下列气体中,可溶于水的无色气体是(　　)

   A. N_2　　　　B. NO　　　　C. NO_2　　　　D. NH_3

5. 下列有关氨及铵盐的叙述不正确的是(　　)

   A. 铵态氮肥不能与碱性物质如草木灰混合施用

   B. 氨的喷泉实验体现了氨的溶解性和氧化性

   C. 实验室里常用固体氯化铵与氢氧化钙反应制取少量氨气

   D. 氨在一定条件下可与氧化性物质如氧气发生反应

第二节 氧化还原反应

> **情境导学**
>
> 初中化学中,我们已经学习了与铜有关的四个反应(图2-5):(a) 炽热铜丝在空气中被氧化;(b) 用氢气还原氧化铜;(c) 将铁丝插入 $CuSO_4$ 溶液中,发生置换反应;(d) 向 $CuSO_4$ 溶液中滴加 NaOH 溶液,生成 $Cu(OH)_2$ 沉淀。这些反应中,铜是否发生了氧化反应或还原反应?
>
>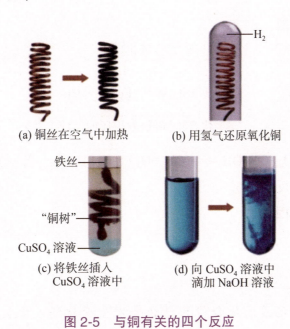
>
> 图2-5 与铜有关的四个反应

在(a)和(b)两个反应中,铜分别发生了得到氧和失去氧的反应,分别属于氧化反应和还原反应。

一、氧化还原反应

1. 氧化还原反应的概念和特征

物质得到氧的反应是氧化反应,物质失去氧的反应是还原反应。反应(a)中,铜得到氧生成氧化铜,发生氧化反应;反应(b)中,氧化铜失去氧成为单质铜,发生还原反应。

$$2Cu+O_2 \xrightarrow{\triangle} 2CuO \qquad H_2+CuO \xrightarrow{\triangle} H_2O+Cu$$
$$\text{铜得到氧} \qquad\qquad\qquad \text{氧化铜失去氧}$$

初中化学中,用氧的得失判断氧化还原反应,显然有其局限性,因为很多反应并没有氧参加。分析(a)和(b)两个反应,铜的化合价都发生了变化,前者铜的化合价0→+2,后者铜的化合价+2→0。

> **交流讨论**
>
> 在反应(b)和(c)中,如果从元素的化合价变化角度分析,铜的化合价的变化有无共同点?两个反应有无相似之处?

显然,在反应(b)和(c)中,铜的化合价均发生了+2→0的变化,铜均从Cu^{2+}还原为单质铜。

化学上,把有元素化合价升降的反应,称为**氧化还原反应**。参加反应的物质中存在元素化合价的升降是氧化还原反应的特征。其中,化合价升高的物质发生氧化反应,化合价降低的物质发生还原反应。例如:

化合价升高,发生氧化反应

$$\overset{0}{Fe} + \overset{+2}{Cu}SO_4 =\!=\!= \overset{+2}{Fe}SO_4 + \overset{0}{Cu}$$

化合价降低,发生还原反应

在反应(d)中:$CuSO_4 + 2NaOH =\!=\!= Na_2SO_4 + Cu(OH)_2\downarrow$,各元素化合价均无改变,因此该反应不是氧化还原反应。

2. 氧化还原反应的本质

> **交流讨论**
>
> 氧化还原反应中元素的化合价为什么会发生变化呢?氧化还原反应的本质是什么?

分析反应(b)中各元素化合价:

$$\overset{0}{H_2} + \overset{+2\ -2}{CuO} \xrightarrow{\Delta} \overset{+1\ -2}{H_2O} + \overset{0}{Cu}$$

铜的化合价发生了+2→0的变化,说明Cu^{2+}得到电子成为Cu原子;氢的化合价发生了0→+1的变化,说明H原子失去电子成为H^+。

因此,有电子转移(包括电子得失和共用电子对偏移)的反应,称为**氧化还原反应**。氧化还原反应的本质是电子的转移。物质得到电子的反应称为**还原反应**,物质失去电子的反应称为**氧化反应**。

例如,在铜和浓硫酸的反应中,发生氧化反应、还原反应的物质及电子转移的方向和数目标示如下：

化合价降低，得到 2 个电子，发生还原反应

$$\overset{0}{Cu} + 2\overset{+6}{H_2SO_4}(浓) \xrightarrow{\Delta} \overset{+2}{CuSO_4} + \overset{+4}{SO_2}\uparrow + 2H_2O$$

化合价升高，失去 2 个电子，发生氧化反应

上述反应中，$CuSO_4$ 是 Cu 的**氧化产物**，SO_2 是 H_2SO_4 的**还原产物**。

氧化反应和还原反应是同时发生的，有物质发生氧化反应（失去电子），就一定有物质发生还原反应（得到电子）。而且，在一个完整的氧化还原反应中，一种物质得到电子的总数和另一种物质失去电子的总数一定是相等的。

问题解决 ✏️

下列反应中，哪些是氧化还原反应？如果属于氧化还原反应，请分别说出发生氧化反应、还原反应的物质，并标出电子转移的方向和数目。

① $2NH_4Cl + Ca(OH)_2 \xrightarrow{\Delta} CaCl_2 + 2H_2O + 2NH_3\uparrow$

② $C + 4HNO_3(浓) \xrightarrow{\Delta} CO_2\uparrow + 4NO_2\uparrow + 2H_2O$

二、氧化剂和还原剂

1. 氧化剂和还原剂的概念

在前面的学习中，我们已经知道：得到电子的物质是**氧化剂**，失去电子的物质是**还原剂**；氧化剂能得到电子，具有**氧化能力**，表现为**氧化性**。还原剂能失去电子，具有**还原能力**，表现为**还原性**。

氧化还原反应有多种类型，有些氧化还原反应中的氧化剂和还原剂是不同的物质；有些氧化还原反应中的氧化剂和还原剂是同一物质中的不同元素；有些氧化还原反应中的氧化剂和还原剂是同一物质中的同一元素。

例如，次氯酸的分解反应是在同一物质中的不同元素之间发生的：

化合价降低，得到 4 个电子，发生还原反应

$$2H\overset{+1\ -2}{ClO} = 2H\overset{-1}{Cl} + \overset{0}{O_2}\uparrow$$

化合价升高，失去 4 个电子，发生氧化反应

该反应中，HClO 既是氧化剂又是还原剂。这种反应称为自身氧化还原反应。

2. 常见的氧化剂和还原剂

物质的结构决定物质得失电子的能力,氧化剂容易得到电子,还原剂容易失去电子。

常用的氧化剂很多,如 Cl_2、O_2、$KMnO_4$、K_2CrO_4、HNO_3、浓 H_2SO_4 等。常用的还原剂也很多,如活泼金属、H_2S、$FeSO_4$、Na_2SO_3、H_2、CO、C 等。

O 是仅次于 F 的活泼非金属元素。常温下,由于 O_2 分子中的双键结构使 O_2 具有一定的稳定性,氧化性相对温和,钢铁生锈、食物变质都与 O_2 的氧化性有关。但在高温下,O_2 表现出极强的氧化性,如木材的燃烧等。

$KMnO_4$ 中的 Mn 呈 +7 价,价态过高,有强烈的得到电子的趋势,因此,$KMnO_4$ 表现出强氧化性,特别是在强酸或加热条件下,氧化性极强。

Na 是活泼金属,有 3 个电子层,最外层仅 1 个电子,容易失去 1 个电子成为稳定结构。因此,金属 Na 是强还原剂。

物质的氧化能力和还原能力是相对的。例如,从 S 的原子结构 (+16) 2 8 6 可以判断,S 的化合价在 $-2 \sim +6$ 之间。在 SO_2 中,S 的化合价是 +4 价,因此 SO_2 遇到 $KMnO_4$ 溶液时,充当还原剂;遇到 H_2S 时,充当氧化剂。

氧化还原反应无时无刻无处不在发生。氧化还原反应在生产、生活和生命活动中起着十分重要的作用。例如,燃料的燃烧、金属的冶炼、植物的光合作用、食品的加工与保存、环境污染的监测与治理等都发生着氧化还原反应。当你消化食物时,氧化还原反应也在你的体内进行着。

但并非所有的氧化还原反应都是有益的,甚至有些氧化还原反应会给人类带来危害。如食品的腐败变质、钢铁的锈蚀、森林火灾、易燃物的自燃等。

我们要合理利用氧化还原反应的知识,对人类有益的,要保护甚至加速其进行;对人类有害的,要用合理的方法延缓其速度,甚至阻止它的发生。

学习评价

1. 下列反应属于氧化还原反应的是( )

① $Zn+2HCl == ZnCl_2+H_2\uparrow$

② $H_2SO_4+BaCl_2== BaSO_4\downarrow +2HCl$

③ $2KMnO_4== K_2MnO_4+MnO_2+O_2\uparrow$

④ $Cu_2(OH)_2CO_3== 2CuO+CO_2\uparrow +H_2O$

A. ①②   B. ②④   C. ①③   D. ③④

2. 现有下列 4 种物质:① Cl_2、② NH_3、③ 浓 H_2SO_4、④ NO_2。其中,能与水反应生成

两种酸的是_____（填序号，下同）；呈红棕色的是_____；能使湿润的红色石蕊试纸变蓝的是_____；能使蔗糖变黑并有气体生成的是_____。

3. 下列 4 种基本类型的反应中，一定是氧化还原反应的是_____（填序号，下同），一定不是氧化还原反应的是_____，可能是氧化还原反应的是_____。

① 化合反应　　② 分解反应　　③ 置换反应　　④ 复分解反应

4. 简单分析下列做法的原因。

（1）实验室浓硝酸需用棕色试剂瓶盛放，并置于冷暗处。

（2）常温下，铝质或铁质容器可用于贮运浓硫酸和浓硝酸。

第三节　常见金属及其化合物

情境导学

考古发现，铜是人类历史上最早冶炼的金属之一。现如今，金属及各类合金广泛应用于社会、生活和医学的各个领域，改变着我们日新月异的世界。你知道金属单质有哪些共同的性质吗？

在已经发现的 100 多种元素中，大约 80% 的元素都是金属元素。我国拥有丰富的矿藏资源，金属在国防、工业和日常生活中起着非常重要的作用。

一、金属的共性

金属都具有晶体结构，晶体内部包含中性原子、金属阳离子和自由移动的电子。这些电子在晶体中自由地移动，使金属原子和金属阳离子相互固定在一起。金属单质在常温下，除汞是液体外，其余都是固体。金属在化学性质上主要表现为还原性，在物理性质上主要有以下共性。

1. 金属光泽

金属都具有金属光泽，绝大多数金属呈银白色，少数金属具有特殊的颜色，如金呈黄色、铜呈紫红色等。金属光泽只有在块状时才能表现出来，而在粉末状态时，多数金属呈灰色或黑色。

2. 导电性和导热性

大多数金属具有良好的导电性和导热性。金属晶体中的自由电子在电场中传导电流；在受热或冷却时，传递热能。导电性能好的金属，导热性能也好。银的导电性能最好，铜、铝略差些。最常使用的导电材料是铜。

3. 延展性

大多数金属具有良好的延展性(图2-6)。金属具有延性可以抽丝，具有展性可以压成薄片。铂的延性最强，金的展性最强。铜、银、金、铂等都是富有延展性的金属。展性最强的金可锻打成厚度仅 0.01 μm 的金箔。

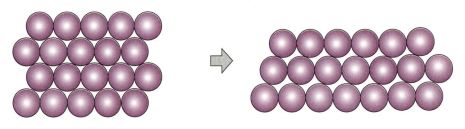

图 2-6　金属的延展性

拓展延伸

神奇的焰色反应

用经处理纯净无污染的铂丝蘸取含金属或其化合物的试样，在无色火焰(酒精灯或煤气喷灯外焰)上灼烧，观察火焰颜色。可以看到，很多金属或它们的化合物在灼烧时都会使火焰呈现出特殊的焰色(图2-7)，如氯化钠的焰色为黄色，这种现象称为焰色反应。焰色反应可用于检验金属或其化合物，也可用于制作烟花，燃放焰火。

中国的烟花有着悠久的历史和深厚的文化内涵。在中国，烟花是庆祝春节等重大节日的传统方式之一，图2-8是色彩绚丽的烟花。

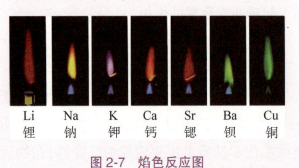

图 2-7　焰色反应图

图 2-8　烟花

二、钠及钠的重要化合物

钠的化合物在自然界中分布很广，在海洋、矿物和生物体内都有钠的化合物存在。生活中,食盐是最常用的调味品,其主要成分是氯化钠;初中化学中,氢氧化钠是最常用的强碱,具有碱的通性。此外,钠还有其他常见化合物,如碳酸钠(俗称纯碱或苏打)、碳酸氢钠(俗称小苏打)等,在生产、生活中被广泛应用。自然界中,为什么没有天然的钠单质呢?

1. 金属钠

常温下,金属钠是一种具有银白色金属光泽的固体,其质地柔软,能用刀切割。钠的密度为 0.97 g/cm³,比水的密度小,但比煤油的密度大。钠的熔点为 97.81 ℃,沸点为 882.9 ℃。

钠的原子结构示意图为 (+11) 2 8 1,位于元素周期表第 3 周期、ⅠA 族。钠原子的最外电子层有 1 个电子,在化学反应中容易失去 1 个电子,呈现 +1 价,具有强还原性。因此,在自然界中,钠只能以化合态存在。

(1) 钠与氧气反应

> **实验探究**
>
> 用镊子取一块金属钠,用滤纸吸干表面的煤油,用小刀切开金属钠表面,观察金属钠的颜色、状态和硬度。取黄豆粒大小的金属钠置于坩埚内,加热坩埚至钠燃烧,观察现象。

钠具有银白色金属光泽,遇空气很快失去金属光泽,使得断面发暗。在常温下,钠与空气中的氧气反应生成氧化钠,使切面变暗。

$$4Na+O_2 = 2Na_2O$$

钠在空气中燃烧,发出黄色的火焰,生成一种淡黄色的过氧化钠固体。

$$2Na+O_2 \xrightarrow{\text{点燃}} Na_2O_2$$

钠的化学性质非常活泼,能与多数非金属直接化合,例如钠在氯气中燃烧直接生成氯化钠。

(2) 钠与水反应

钠与水发生剧烈反应,放出 H_2,生成的 NaOH 使酚酞显红色,反应方程式为

$$2Na+2H_2O = 2NaOH+H_2\uparrow$$

由于金属钠极易氧化,与水剧烈反应时常引起燃烧甚至爆炸,所以钠要保存在阴凉干燥处,远离火种、热源。在实验室中,少量金属钠一般保存在煤油或液体石蜡中。

2. 氧化钠和过氧化钠

氧化钠是碱性氧化物,可与水反应生成氢氧化钠,也可与酸反应生成钠盐和水。

$$Na_2O+H_2O == 2NaOH$$
$$Na_2O+2HCl == 2NaCl+H_2O$$

过氧化钠的电子式为 Na$^+$[:Ö:Ö:]$^{2-}$Na$^+$,其中的过氧键不稳定。过氧化钠是一种淡黄色的固体,遇水和二氧化碳均有氧气生成。

实验探究

① 取少量的过氧化钠固体于试管中,加入适量的水,将带火星的木条伸入试管内观察现象,反应结束后再向试管内滴入几滴酚酞溶液,再次观察实验现象。

② 另取少量的过氧化钠固体放在一块脱脂棉上,脱脂棉包好过氧化钠固体,坩埚钳夹起脱脂棉放入盛有二氧化碳气体的集气瓶中,观察实验现象。

实验①的结果表明,过氧化钠固体中滴入水会产生气泡,生成的气体能使带火星的木条复燃,说明该气体是氧气,反应生成的另一种产物是氢氧化钠,它能使酚酞溶液变红。反应方程式为

$$2Na_2O_2+2H_2O == 4NaOH+O_2\uparrow$$

但在这个反应中,酚酞显现的红色会很快褪去。因为过氧化钠与水反应首先生成的是不稳定的过氧化氢,过氧化氢再分解生成氧气与水,过氧化氢具有强氧化性和漂白性。因此,过氧化钠常被用作氧化剂、漂白剂、杀菌消毒剂等。

实验②的结果表明,过氧化钠和二氧化碳反应生成碳酸钠和氧气,反应中放出的热量和生成的氧气足以使脱脂棉点燃并燃烧。

$$2Na_2O_2+2CO_2 == 2Na_2CO_3+O_2$$

过氧化钠既可吸收二氧化碳,同时又可供氧。因此,过氧化钠可以用来制作呼吸面具,用于矿山、坑道和火灾等环境,对工作人员或消防员进行呼吸保护;也可以用于潜水、宇航等环境,吸收二氧化碳,同时供氧。

过氧化钠具有强氧化性,在高温熔融下遇棉花、炭粉等均可爆炸。存放过氧化钠应隔离空气,远离可燃物,密封保存。

3. 碳酸钠和碳酸氢钠

碳酸钠(Na_2CO_3)俗称纯碱或苏打,无水碳酸钠为白色粉末状固体。碳酸钠易形成结晶水合物十水合碳酸钠($Na_2CO_3 \cdot 10H_2O$),十水合碳酸钠在干燥的空气中易风化失去结晶水。碳酸氢钠($NaHCO_3$)俗称小苏打,为白色晶体。

将碳酸氢钠固体加热,发生分解反应:

$$2NaHCO_3 \xrightarrow{\triangle} Na_2CO_3+H_2O+CO_2\uparrow$$

Na_2CO_3 比 $NaHCO_3$ 稳定，Na_2CO_3 的熔点为 851 ℃，达熔点时熔化但不分解。

Na_2CO_3 和 $NaHCO_3$ 均易溶于水，Na_2CO_3 的溶解能力大于 $NaHCO_3$，它们的水溶液均呈碱性。

向装有 $NaHCO_3$ 溶液的试管中逐滴加入稀盐酸，立即产生大量的气泡。

$$NaHCO_3 + HCl = NaCl + H_2O + CO_2\uparrow$$

向装有 Na_2CO_3 溶液的试管中逐滴加入稀盐酸并立即振荡，一开始无明显现象发生，当加入的稀盐酸达到一定量后，继续滴加稀盐酸，会产生大量的气泡，说明 Na_2CO_3 和 HCl 反应先生成 $NaHCO_3$，再进一步生成 H_2O 和 CO_2。

第一步：$Na_2CO_3 + HCl = NaHCO_3 + NaCl$

第二步：$NaHCO_3 + HCl = NaCl + H_2O + CO_2\uparrow$

总反应：$Na_2CO_3 + 2HCl = 2NaCl + H_2O + CO_2\uparrow$

Na_2CO_3 和 $NaHCO_3$ 都具有碱性，生活中常用作食用碱，$NaHCO_3$ 是焙制糕点所用的发酵粉的主要成分之一，苏打水中也含有 $NaHCO_3$。在医疗上，$NaHCO_3$ 可用于治疗胃酸过多和纠正酸中毒等。

化学与强国

侯德榜与侯氏制碱法

侯德榜（1890—1974），福建闽侯人，著名科学家，侯氏制碱法的创始人，中国化学工业的开拓者，世界制碱业的权威。

侯德榜在20世纪20年代参与建成永利碱厂。永利碱厂是我国化工史上第一家制碱企业，也是亚洲第一座纯碱厂，开创了中国化学工业的先河。

侯德榜自创"侯氏制碱法"，先用 $NH_3·H_2O$ 吸收 CO_2 生成 NH_4HCO_3，然后让 NH_4HCO_3 与 NaCl 反应生成 NH_4Cl 和 $NaHCO_3$，$NaHCO_3$ 加热生成 Na_2CO_3 和 CO_2，CO_2 再循环利用。该工艺可同时生产纯碱与氯化铵，两者均为生活和农业的重要化工产品。该工艺原料利用率高，成本低，产品需求量大。侯德榜自创"侯氏制碱法"是实业强国、科技强国的典范，至今仍是世界领先的制碱技术。

三、铁及铁的重要化合物

在地壳中，铁的含量仅次于氧、硅和铝，居第四位。地壳中的铁矿石主要有赤铁矿（主要成分为 Fe_2O_3）、磁铁矿（主要成分为 Fe_3O_4）和菱铁矿（主要成分为 $FeCO_3$）等，铁矿石的主要成分均是铁的化合物。考古证据表明，人类使用铁至少有4 500年的历史，最早使用的铁是来自太空的陨铁。那么,铁的主要性质有哪些?

1. 金属铁

铁是一种具有金属光泽的银白色固体,有良好的导电性、导热性和延展性。铁的密度为 7.86 g/cm³,熔点为 1 535 ℃。铁能被磁体吸引。铁的化学性质比较活泼。

铁可以和氧气、氯气等非金属单质发生化合反应。

(1) 铁和氧气反应

铁丝在氧气中点燃,剧烈燃烧,火星四射,生成黑色的 Fe_3O_4 固体。

$$3Fe+2O_2 \xrightarrow{\text{点燃}} Fe_3O_4$$

在潮湿的空气中,铁容易生锈。这是因为铁与空气中的氧气和水蒸气等发生反应,生成红棕色的铁锈。铁锈的成分很复杂,主要成分为 $Fe_2O_3 \cdot xH_2O$,生成的铁锈很疏松,不能阻碍内层铁继续生锈。如果铁制品生锈以后不进行处理和防护,铁制品可以全部锈蚀。

(2) 铁和氯气反应

铁在氯气中燃烧,生成 $FeCl_3$。反应方程式为

$$2Fe+3Cl_2 \xrightarrow{\text{点燃}} 2FeCl_3$$

铁也可以和酸、盐等物质反应。铁和稀盐酸反应,生成 $FeCl_2$ 和 H_2。反应方程式为

$$Fe+2HCl == FeCl_2+H_2\uparrow$$

比较铁与氯气、稀盐酸的反应,铁分别被氧化成 $FeCl_3$ 和 $FeCl_2$,说明氯气具有更强的氧化性。

交流讨论

写出铁与下列物质反应的方程式。
① 稀 H_2SO_4 溶液　② $CuSO_4$ 溶液

拓展延伸

钢 铁

钢的主要成分是铁,是含碳量介于 0.02% 至 2.11% 之间的铁碳合金的统称。钢中往往根据不同的用途加入不同的合金元素,如锰、镍、钒等。含碳量低于 1.7% 的钢称为碳素钢。如今,钢以其低廉的价格、可靠的性能成为世界上使用最多的材料之一,是建筑业、制造业和人们日常生活中不可或缺的一种材料。

我国是世界上最大的钢铁制造国,2022 年的生铁总产量占世界的 63.8% 左右。

国家的强大需要基础工业的支撑,冶金工业、钢铁制造业在国家基础工业中占有重要地位。

2. 铁的重要化合物

(1) 铁的氧化物

常见的铁的氧化物主要有三种,分别是氧化亚铁(FeO)、氧化铁(Fe_2O_3)和四氧化三铁(Fe_3O_4)。

FeO 是一种性质比较活泼的黑色粉末状固体,铁元素显示+2 价,易被氧化成 Fe_2O_3。FeO 可用来制造玻璃色料。

Fe_2O_3 又叫三氧化二铁,俗称铁红(铁锈主要成分),铁元素显示+3 价,是一种红棕色粉末,常用作油漆、涂料、油墨和橡胶的红色颜料,还可作催化剂及玻璃、宝石、金属的抛光剂等。Fe_2O_3 是赤铁矿的主要成分。

Fe_3O_4 是具有磁性的黑色晶体,是常用的磁性材料;其中铁的化合价既有+2 价,也有+3 价。特制的纯净 Fe_3O_4 是录音磁带和电信器材的原材料;Fe_3O_4 的硬度很大,可以作磨料,还可作颜料和抛光剂;磁铁矿的主要成分是 Fe_3O_4。

铁的氧化物都不溶于水,也不与水反应,能溶于酸且与酸反应生成二价铁盐(浅绿色)和三价铁盐(棕黄色),因此,可以用酸来除铁锈。

(2) 铁的氢氧化物

铁的氢氧化物有两种,分别是氢氧化亚铁[$Fe(OH)_2$]和氢氧化铁[$Fe(OH)_3$]。它们均可以由可溶性的亚铁盐、铁盐和碱溶液反应制得。

实验探究

① 在试管中加入 0.1 mol/L $FeCl_3$ 溶液 2 mL,然后滴加 1 mol/L NaOH 溶液数滴,观察现象。

② 在试管中加入 0.1 mol/L $FeSO_4$ 溶液 2 mL,然后滴加 1 mol/L NaOH 溶液数滴,将生成的沉淀倒在表面皿中,露置,仔细观察沉淀颜色变化并探究原因。

实验①现象:$FeCl_3$ 溶液中滴入 NaOH 溶液后,生成红棕色的 $Fe(OH)_3$ 沉淀。反应方程式为

$$FeCl_3 + 3NaOH = \underset{\text{红棕色}}{Fe(OH)_3\downarrow} + 3NaCl$$

实验②现象:$FeSO_4$ 溶液中滴入 NaOH 溶液后,生成 $Fe(OH)_2$ 白色胶状沉淀,接触空气后逐渐变成灰绿色,最后变成红棕色。该现象说明 $Fe(OH)_2$ 很容易被氧化,最终产物是红

棕色的 Fe(OH)₃。反应方程式为

$$FeSO_4 + 2NaOH = Fe(OH)_2\downarrow + Na_2SO_4$$

$$4Fe(OH)_2 + O_2 + 2H_2O = 4Fe(OH)_3$$

Fe(OH)₂ 和 Fe(OH)₃ 都是难溶性的碱，它们都能与酸发生中和反应。

> **问题解决**
>
> 写出 Fe(OH)₃ 和稀 HCl 反应的化学方程式。

3. 铁盐和亚铁盐

常见的铁盐有 Fe₂(SO₄)₃、FeCl₃ 等，常见的亚铁盐有 FeSO₄、FeCl₂ 等。

> **实验探究**
>
> ① 在试管中加入 0.1 mol/L FeCl₃ 溶液 2 mL，再加入数滴 1 mol/L KSCN 溶液，观察实验现象。
>
> ② 在试管中加入 0.1 mol/L FeCl₃ 溶液 2 mL，再加入少量铁粉，充分振荡。片刻后，再加入数滴 1 mol/L KSCN 溶液，观察实验现象。

实验①现象：FeCl₃ 溶液滴入 KSCN 溶液后，溶液变成血红色。反应方程式为

$$FeCl_3 + 6KSCN \rightleftharpoons \underset{\text{血红色}}{K_3[Fe(SCN)_6]} + 3KCl$$

该反应可以用于 Fe³⁺ 的检验。

实验②现象：FeCl₃ 中加入铁粉后，再滴入 KSCN 溶液并未使溶液显色。该现象说明溶液中已经没有 Fe³⁺。反应方程式为

$$2FeCl_3 + Fe = 3FeCl_2$$

Fe³⁺ 具有氧化性，遇到还原性铁粉被还原成 Fe²⁺，所以 FeCl₃ 溶液内加入铁粉后，再滴入 KSCN 溶液后无明显现象。

Fe³⁺ 遇到较强的还原剂会被还原成 Fe²⁺，Fe²⁺ 在较强的氧化剂（如氯水）作用下会被氧化成 Fe³⁺，即 Fe³⁺、Fe²⁺ 在一定条件下是可以相互转化的：

$$Fe^{3+} \underset{\text{氧化剂}}{\overset{\text{还原剂}}{\rightleftharpoons}} Fe^{2+}$$

问题解决

① 写出 $FeCl_2$ 溶液中加入氯水的反应方程式。

② 磁铁矿的主要成分是 Fe_3O_4，其中既含有 Fe^{3+} 又含有 Fe^{2+}。请设计实验证明，写出操作步骤。

四、铝及铝的重要化合物

在地壳中，铝的含量仅次于氧、硅，居第三位，是含量最高的金属元素。在自然界中，铝主要以氧化物和硅酸盐的形式存在。铝的氧化物在许多矿石和土壤中都有发现，如铝土矿、矾土矿等。硅酸盐矿物是地壳中最为重要的矿物之一，如花岗岩、页岩等，在这些岩石中，铝的含量可以达到5%以上。因为铝的化学性质比较活泼，所以在自然界中没有游离态的铝存在。

随着电解铝等技术的不断成熟，铝及其合金制品已广泛用于生产、生活、交通运输、航空、航天、国防、科技等各行各业。

1. 金属铝

常温下，铝是一种银白色的金属，较软；纯铝的导电性很好，仅次于银、铜；铝有延展性，且有较好的导热性；密度为 2.7 g/cm³，熔点为 660 ℃。

铝的原子结构示意图为 (+13) 2 8 3，位于元素周期表第 3 周期、ⅢA 族。铝位于金属与非金属的过渡位置，因此性质略特殊。铝的金属性较强，在金属活动性顺序表中位置相对靠前，但又表现出一定的两性。

实验探究

取两支试管，分别加入 3 mol/L 盐酸 5 mL 和 3 mol/L NaOH 溶液 5 mL，然后向两支试管中分别放入一小块用砂纸打磨过的相同大小的铝片，观察现象。一段时间后，将点燃的木条放在试管口，再次观察现象。

实验表明，打磨过的铝片放入盐酸和 NaOH 溶液中，均有气体生成，用点燃的木条放在试管口，均能听到"爆鸣声"，说明生成的气体均是氢气。反应方程式为

$$2Al+6HCl == 2AlCl_3+3H_2\uparrow$$

$$2Al+2NaOH+2H_2O == 2NaAlO_2+3H_2\uparrow$$
$$\text{偏铝酸钠}$$

上述实验中,铝既能与酸反应,又能与碱反应,体现了铝的两性。

铝是一种活泼金属,在常温下就能与空气中的氧气发生反应,表面生成一层致密的氧化铝薄膜,这层膜能保护内部的铝不被继续氧化。人们日常使用的铝制品其表面通常都覆盖着致密的氧化铝薄膜。

纯铝质软,可在铝中添加其他元素制成铝合金。铝合金是重要的轻金属材料,密度小,强度大,有良好的导电、导热性能,良好的耐蚀性,在航天、航空、交通运输、建筑、机电、化工等行业有着广泛的应用。

化学与强国

国产大飞机 C919 中的铝合金材料

在国产大飞机 C919(图 2-9)所使用的主要材料中,铝合金占比达到 65%,钛合金占比 9.3%,超高强度钢占比 6.9%,复合材料占比 11.5%。C919 机体部件已全部实现国产化,它大范围使用的是铝锂合金材料,以第三代复合材料、铝锂合金等为代表的先进材料总用量占飞机结构重量的 26.2%,并用先进的结构设计技术来减轻飞机的结构重量。

图 2-9　国产大飞机 C919

2023 年 5 月 28 日上午,中国东方航空公司使用国产 C919 客机执行 MU9191 航班,开启了我国拥有国产民用大飞机的新时代。

2. 铝的重要化合物

(1) 铝的氧化物

对铝箔进行加热后,发现铝箔能"悬而不滴"。这是因为铝箔表面有一层致密的 Al_2O_3 薄膜。铝的熔点是 660 ℃,Al_2O_3 的熔点是 3 632 ℃。受热后,铝发生熔化,外面的氧化膜像个袋子一样将铝水装起来。

Al_2O_3 同样具有两性,属于两性氧化物,既能与酸反应,又能与碱反应。Al_2O_3 和 HCl 及 NaOH 反应的化学方程式为

$$Al_2O_3+6HCl = 2AlCl_3+3H_2O$$

$$Al_2O_3+2NaOH = 2NaAlO_2+H_2O$$

由 $Al(OH)_3$ 高温脱水得到的 Al_2O_3 是白色粉末。刚玉是存在于自然界的晶态氧化铝,其硬度仅次于金刚石和金刚砂(碳化硅)。

(2) 铝的氢氧化物

Al(OH)$_3$同样具有两性,属两性氢氧化物。

实验探究

向两支试管中分别加入 0.1 mol/L 硫酸铝溶液 2 mL,然后各加入 5 滴 1 mol/L 氢氧化钠溶液,制取 Al(OH)$_3$ 沉淀。然后向一支试管中逐滴加入 1 mol/L 盐酸,直至沉淀溶解;向另一支试管中逐滴加入 1 mol/L 氢氧化钠溶液,直至沉淀溶解。

实验表明,新制的 Al(OH)$_3$ 既溶于盐酸,也溶于氢氧化钠溶液,说明 Al(OH)$_3$ 是两性氢氧化物。反应方程式为

$$Al(OH)_3 + 3HCl = AlCl_3 + 3H_2O$$

$$Al(OH)_3 + NaOH = NaAlO_2 + 2H_2O$$

进一步研究表明,Al(OH)$_3$ 不溶于氨水。说明 Al(OH)$_3$ 的酸性很弱,只能溶于强碱。

化学与强国

万米载人潜水器和钛合金

"可上九天揽月,可下五洋捉鳖"是开国领袖毛泽东《水调歌头·重上井冈山》中的豪言壮语。2012年以来,"蛟龙"号(图 2-10)、"奋斗者"号等国产载人潜水器成功进行了一系列深潜海试,创造了 10 909 米的中国载人深潜新纪录,我国在大深度载人深潜领域达到世界领先水平。嫦娥奔月,蛟龙探海,老一辈革命家的豪情已成现实。

图 2-10 万米载人潜水器"蛟龙"号

"蛟龙"号和"奋斗者"号载人舱球壳均采用了钛合金材料。钛合金具有强度高、耐蚀性好、耐热性高等特点,主要用于飞机发动机、火箭、导弹等的制造。"奋斗者"号载人舱球壳采用了中国科学院金属研究所钛合金团队自主发明的 Ti62A 钛合金新材料,标志着我国在特种金属材料领域已处于国际领先地位。

学习评价

1. 下列有关钠的物理性质的叙述正确的是(　　)

① 银白色金属光泽　② 质软　③ 熔点低　④ 密度比水大　⑤ 密度比煤油大

A. ①②③④⑤　　　B. ②③④⑤　　　C. ①③④　　　D. ①②③⑤

2. 钠放入水中产生的现象如下,其中正确的一组是(　　)

① 钠浮在水面上　② 钠熔化成金属小球　③ 有气体产生　④ 小球迅速游动,发出"嘶嘶"的响声　⑤ 滴入酚酞后溶液变红

A. ①②③④⑤　　　B. ①②③④　　　C. ②③④⑤　　　D. ①③④

3. 我国第一颗人造火星卫星"天问一号"探测出火星外部是红色的,这是因为火星表面含有大量的(　　)

A. 四氧化三铁　　　B. 氧化亚铁　　　C. 氧化铁　　　D. 碳酸钙

4. 下列物质间不能一步实现相互转化的是(　　)

A. Na→NaOH　　B. Fe_2O_3→$Fe(OH)_3$　　C. Fe→$FeSO_4$　　D. $FeCl_2$→$FeCl_3$

5. 铝在空气中比铁耐腐蚀,原因是(　　)

A. 铁的金属性比铝更活泼

B. 铝和氧气不反应

C. 铝和氧气生成致密氧化铝,保护了内部铝不被氧化

D. 铝的结构比铁更致密

6. 下列说法正确的是(　　)

A. 氢氧化铝可以用来治疗胃酸过多症

B. 氧化铝放入水中可以制得氢氧化铝

C. 除去镁粉中少量的铝粉,可以选用盐酸

D. 硬铝就是硬度很高的纯铝

7. 在潜艇和消防员的呼吸面具中常使用Na_2O_2,它的作用是吸收_____,生成_____,反应方程式为_____。

8. 铁制品生锈是因为铁与空气中的_____、_____等物质反应产生了铁锈,铁锈的主要成分是_____(填化学式)。

9. 如何用化学方法鉴别Na_2CO_3和$NaHCO_3$?

第三章 溶液、胶体及渗透压

水是生命之源。水可以容纳各种不同的物质,它们以微粒或细小颗粒存在于水中,如钠离子、葡萄糖分子、泥沙小颗粒等。所有动物、植物和人类的生存都离不开水。此外,空气也是我们生存所必需的。空气中同样分散着各种不同的物质,它们以微粒或细小颗粒存在,有气态分子、水珠,也有细小灰尘。

自然界的水和空气都属于分散系,分散系有多种类型,如溶液、溶胶、浊液等,本章学习这方面的知识。

● 预期目标

通过对物质的量和微粒计数、分散系的分类和分散质直径、半透膜两侧微粒扩散和渗透压的学习,强化对微观物质世界的理解。

了解胶体溶液的稳定原因及聚沉的方法,建立变化是有条件的思维方式。

能规范地进行溶液配制和稀释的实验操作,养成良好的实验习惯,提高动手能力和合作能力。

体会化学和医学的关系,感受化学的应用价值,提升职业素养和社会责任感,感悟化学在健康中国发展中的意义。

第一节 物质的量

> **情境导学**
>
> 化学反应的本质是微观粒子的重新组合,如果能用微观粒子的数目对物质的化学性质进行计量和讨论,将更为直观和便捷。但由于微观粒子太小,难以对微观粒子进行计数或称重。那么,该如何解决这一难题呢?

1971年第14届国际计量大会作出决议,增加"物质的量"作为国际单位制的第7个基本物理量,这个基本量解决了这一科学难题。

一、物质的量

生活中,常遇到一些计数工作量较大的宏观物体,如鸡蛋、纸张等。人们常用"集合量"来计量这些宏观物体的数目。例如,用"1打鸡蛋"表示12个鸡蛋,用"1令纸"表示500张纸。因此,对微观粒子的计数,可以参照鸡蛋或纸张计数,使用"集合量"。

物质的量是表示一定数目微观粒子集合体的物理量,符号为 n,单位为摩尔,简称"摩",单位的符号为"mol"。1摩尔物质中包含的基本单元数为 $6.02×10^{23}$ 个,该数值与 12 g ^{12}C 所含的碳原子数目相等,称为**阿伏加德罗常数**,用符号 N_A 表示,记作:

$$N_A = 6.02×10^{23}/mol$$

在使用物质的量时,基本单元应予以指明,可以是原子、分子、离子、电子或其他粒子,也可以是这些粒子的特定组合。物质B的物质的量可以记作 n_B 或 $n(B)$。例如,1摩尔钠原子可以表示为 $n(Na)=1$ mol。注意物质的量只能用于表示微观粒子的数目,不可用于表示宏观物体的数目。

> **交流讨论**
>
> 1 mol Fe 中含有多少个铁原子?2 mol H_2O 中含有多少个水分子?3 mol Fe^{3+} 中含有多少个铁离子?

物质的量(n)、阿伏加德罗常数(N_A)及微粒数目(N)三者对应关系如下:

$$N = n \cdot N_A \text{ 或 } n = \frac{N}{N_A}$$

当已知微粒的物质的量时,可以通过公式计算出对应的微粒的个数;或已知微粒的个数时,也可以通过公式计算出微粒对应的物质的量。

例1 2 mol N_2中含有多少个氮气分子?

解:$N = n \cdot N_A = 2 \text{ mol} \times 6.02 \times 10^{23}/\text{mol} = 1.204 \times 10^{24}$

答:2 mol N_2中含有1.204×10^{24}个氮气分子。

由于微粒个数与物质的量成正比,若进行微粒数目大小比较时,只需比较对应的物质的量即可。

例2 请计算0.1 mol H_2O 和 0.1 mol H_2O_2中含有的氧原子个数的比值。

解:0.1 mol H_2O 中,$n(O) = 0.1$ mol

0.1 mol H_2O_2中,$n(O) = 0.2$ mol

则0.1 mol H_2O 和 0.1 mol H_2O_2中含有的氧原子个数的比值为$\frac{0.1 \text{ mol}}{0.2 \text{ mol}} = \frac{1}{2}$

答:0.1 mol H_2O 和 0.1 mol H_2O_2中含有的氧原子个数的比值为$\frac{1}{2}$。

二、摩尔质量

为了方便计算一定质量的物质所含微粒的数目,化学上提出了摩尔质量的概念。物质B的摩尔质量等于物质B的质量(m_B)与物质B的物质的量(n_B)之比,物质B的摩尔质量用符号M_B或$M(B)$表示。定义式为

$$M_B = \frac{m_B}{n_B}$$

通俗地讲,**摩尔质量**就是1 mol 物质的质量。摩尔质量的常用单位是 g/mol。根据摩尔的定义,1 mol ^{12}C的质量为12 g,因此,^{12}C的摩尔质量可以记作:$M(^{12}C) = 12$ g/mol。

我们知道,原子量是以^{12}C作为参照标准的,因此^{12}C的原子量为12。根据原子量的定义,氢的平均原子量为1。因此,1个^{12}C原子的质量和1个H原子(按平均原子量计)的质量之间存在以下关系:

$$\frac{m(^{12}C)}{m(H)} = \frac{12}{1}$$

由此可知,1 mol H原子的质量为1 g,H的摩尔质量可以记作:

$$M(H) = 1 \text{ g/mol}$$

以此类推,物质B的摩尔质量数值上等于物质B的原子量、分子量或化学式量,单位为 g/mol。例如:

Na 的原子量为 23,得 $M(\text{Na}) = 23$ g/mol；

O_2 的分子量为 32,得 $M(O_2) = 32$ g/mol；

H_2O 的分子量为 18,得 $M(H_2O) = 18$ g/mol；

SO_4^{2-} 的式量为 96,得 $M(SO_4^{2-}) = 96$ g/mol。

M_B 可以通过查阅元素周期表中的原子量数据获取,利用定义式 $M_B = \dfrac{m_B}{n_B}$ 可以进行 m_B 和 n_B 之间的运算：

$$n_B = \dfrac{m_B}{M_B} \text{ 或 } m_B = n_B \cdot M_B$$

例 3 计算 9 g H_2O 的物质的量。

解：已知 $m(H_2O) = 9$ g,$M(H_2O) = 18$ g/mol,则

$$n(H_2O) = \dfrac{m(H_2O)}{M(H_2O)} = \dfrac{9 \text{ g}}{18 \text{ g/mol}} = 0.5 \text{ mol}$$

答：9 g H_2O 的物质的量等于 0.5 mol。

问题解决

① 计算 98 g H_2SO_4 的物质的量。

② 计算 3 mol $CaCO_3$ 的质量。

三、气体的摩尔体积

生活常识告诉我们,当数目相同的物体紧密堆积时,不同物体所占的体积主要是由单体的体积及紧密堆积程度决定的。例如,当 6 个排球和 6 个乒乓球分别紧密堆积时,乒乓球的总体积肯定小于排球的总体积。那么在微观世界,相同微粒数目的物质,它们所占有的体积又遵循什么样的规律呢？图 3-1 是 1 mol 不同固态和液态物质的体积示意图。

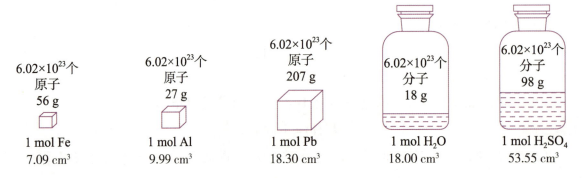

图 3-1　1 mol 不同物质的体积示意图

数据表明,相同条件下,1 mol 不同固态和液态物质的体积是各不相同的。那么,1 mol 气态物质的体积是否也各不相同呢?气体的体积在不同温度和压强下会发生明显变化,因此,讨论气体体积需要明确气体的温度和压强。化学上把温度为 0 ℃、压强为 101.325 kPa 的状况称为**标准状况**(STP)。

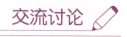

表 3-1 中列出了标准状况下 1 mol 四种气体的质量和体积。它们的质量是否相等?体积是否相等?

表 3-1　1 mol 不同气体的质量和体积(标准状况下)

气体	O_2	H_2	N_2	CO_2
1 mol 气体的质量/g	32.00	2.016	28.01	44.01
1 mol 气体的体积/L	22.39	22.42	22.40	22.40

数据表明,在标准状况下,1 mol 四种不同气体的质量虽然不同,但所占的体积都约等于 22.4 L。大量实验表明,标准状况下,1 mol 任何气体的体积都约等于 22.4 L。

化学上把 1 mol 指定物质的体积称为**摩尔体积**。1 mol 气体所占的体积称为**气体摩尔体积**,符号为 V_m,常用单位为 L/mol。标准状况下,气体摩尔体积 V_m = 22.4 L/mol。物质的量(n_B)、气体摩尔体积(V_m)和气体体积(V)三者关系如下:

$$V = n_B \cdot V_m \text{ 或 } n_B = \frac{V}{V_m}$$

根据公式,可进行标准状况下气体的物质的量(n)和气体体积(V)的换算。

例 4　计算标准状况下,33.6 L CO 气体中 CO 的物质的量和分子数目。

解:已知标准状况下,V = 33.6 L,V_m = 22.4 L/mol,则

$$n(CO) = \frac{V}{V_m} = \frac{33.6 \text{ L}}{22.4 \text{ L/mol}} = 1.5 \text{ mol}$$

$N(CO) = n(CO) \times N_A = 1.5 \text{ mol} \times 6.02 \times 10^{23}/\text{mol} = 9.03 \times 10^{23}$

答:标准状况下,CO 的物质的量为 1.5 mol,分子数为 9.03×10^{23} 个。

例 5　2 mol 氢气在标准状况下的体积是多少升?

解:已知 $n(H_2)$ = 2 mol,标准状况下,V_m = 22.4 L/mol,则

$V(H_2) = V_m \cdot n(H_2) = 22.4 \text{ L/mol} \times 2 \text{ mol} = 44.8 \text{ L}$

答:标准状况下,2 mol 氢气的体积为 44.8 L。

为什么在相同条件下,不同固体和液体的摩尔体积明显不同,而不同气体的摩尔体积

却基本相同呢？因为物质体积的大小不仅取决于构成物质的微粒数目、微粒大小，还取决于微粒间的距离。

在固态物质中，微粒间紧密堆积[图3-2(a)]，微粒间距很小，体积主要取决于微粒本身的大小和微粒数目。由于构成不同物质的微粒大小是不同的，所以，1 mol 不同固态物质的体积也有所不同。

液态物质虽然具有流动性，但所占体积很难压缩，说明液态物质中微粒间的聚集方式和固态物质相近，也是紧密的。

气态物质中，分子间的平均距离远大于气体分子的自身体积[图3-2(b)]，所以气体的体积主要取决于分子间的平均距离。

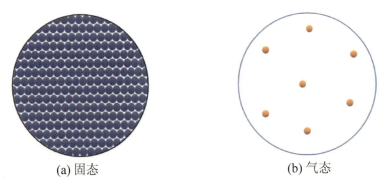

(a) 固态　　　　　　　　　　(b) 气态

图 3-2　固态和气态物质的微观结构示意图

1811年，意大利化学家阿伏加德罗提出假说：同温、同压下，相同体积的气体含有相同数目的分子。该假说称为 **阿伏加德罗定律**。阿伏加德罗定律表明：任何气体在相同条件下，分子间的平均距离都是近似相等的。

四、物质的量在化学反应中的应用

从微观视角看，化学反应是在一定数目的分子、原子或离子间进行的。例如，在一定条件下，2分子 SO_2 和1分子 O_2 化合生成2分子 SO_3。在学习了物质的量的概念后，我们可以从宏观的角度讨论 SO_2 氧化为 SO_3 的反应：

$$2SO_2 + O_2 =\!=\!= 2SO_3$$

分子个数：	2	1	2
分子个数扩大 N_A 倍：	$2N_A$	N_A	$2N_A$
物质的量：	2 mol	1 mol	2 mol
质量：	128 g	32 g	160 g

通过化学反应方程式提供的信息可知，SO_2 和 O_2 恰好完全反应生成 SO_3，其中，SO_2、O_2 和 SO_3 的个数比为 2∶1∶2，即化学反应中各物质的物质的量之比与其计量系数之比相

同。物质的量常用于化学反应的相关计算。

例 6 高温煅烧 50 g $CaCO_3$，完全反应后可制备 CaO 的物质的量为多少？

解： 已知 $m(CaCO_3) = 50$ g，$M(CaCO_3) = 100$ g/mol，反应方程式如下：

$$\underset{1 \text{ mol}}{CaCO_3} \xrightarrow{\text{高温}} \underset{1 \text{ mol}}{CaO} + CO_2 \uparrow$$

根据方程式可知，$n(CaO) : n(CaCO_3) = 1 : 1$，则

$$n(CaCO_3) = \frac{m(CaCO_3)}{M(CaCO_3)} = \frac{50 \text{ g}}{100 \text{ g/mol}} = 0.5 \text{ mol}$$

$$n(CaO) = 0.5 \text{ mol}$$

答： 高温煅烧 50 g $CaCO_3$，完全反应后可制备 CaO 的物质的量为 0.5 mol。

例 7 中和 4.9 g H_2SO_4，需要消耗 NaOH 的质量是多少？生成 Na_2SO_4 的物质的量又是多少？

先从质量和物质的量的角度分析反应方程式中各组分的计量关系：

$$H_2SO_4 + 2NaOH == Na_2SO_4 + 2H_2O$$

| 物质的量 | 1 mol | 2 mol | 1 mol | 2 mol |
| 质量 | 98 g | 80 g | 142 g | 36 g |

可以看到，每中和 98 g H_2SO_4 消耗 NaOH 的质量为 80 g，生成 Na_2SO_4 的物质的量为 1 mol。

解： 根据化学反应方程式及反应中各相关组分的计量关系，得

$$\begin{array}{cccc} H_2SO_4 & + & 2NaOH & == & Na_2SO_4 & + & 2H_2O \\ 98 \text{ g} & & 80 \text{ g} & & 1 \text{ mol} \\ 4.9 \text{ g} & & m(NaOH) & & n(Na_2SO_4) \end{array}$$

$$\frac{98 \text{ g}}{4.9 \text{ g}} = \frac{80 \text{ g}}{m(NaOH)} = \frac{1 \text{ mol}}{n(Na_2SO_4)}$$

$$m(NaOH) = 4 \text{ g} \quad n(Na_2SO_4) = 0.05 \text{ mol}$$

答： 中和 4.9 g H_2SO_4，消耗 NaOH 的质量为 4 g，生成 Na_2SO_4 的物质的量为 0.05 mol。

科学史话

阿伏加德罗（1776—1856），意大利化学家，毕生致力于化学和物理学研究，于 1811 年提出了一个对近代科学有深远影响的假说：在相同温度和相同压强下，相同体积中的任何气体具有相同的分子个数。但直到 1860 年，阿伏加德罗假说才被普遍

接受,后被称为阿伏加德罗定律。它对科学的发展,特别是原子量的测定工作,起了重大的推动作用。

学习评价

1. 下列叙述正确的是(　　)

  A. 1 摩尔的大米　　　　　　　　B. 阿伏加德罗常数没有单位

  C. 物质的量是指物质的质量　　　D. 物质的量的单位是摩尔

2. 下列各组物质中,含原子数最多的是(　　)

  A. 0.4 mol NH_3　　　　　　　　B. 5.4 g H_2O

  C. 23 g Na　　　　　　　　　　　D. $6.02×10^{23}$ 个 H_2SO_4

3. 下列说法正确的是(　　)

  A. 1 mol 任何气体所占体积都约是 22.4 L

  B. 1 mol H_2O 在标准状况下体积为 22.4 L

  C. 1 mol 气体体积为 22.4 L,则一定是标准状况

  D. 气体摩尔体积不一定是 22.4 L/mol

4. 下列说法正确的是(　　)

  A. 在常温、常压下,11.2 L N_2 含有的分子数为 $3.01×10^{23}$ 个

  B. 标准状况下,22.4 L 的 H_2 和 O_2 混合物所含两者的物质的量之和为 1 mol

  C. 标准状况下,18 g H_2O 的体积是 22.4 L

  D. 1 mol SO_2 的体积是 22.4 L

5. 下列各选项中的两种物质所含的分子数相同的是(　　)

  A. 1 g H_2 和 1 g N_2　　　　　　　B. 1 mol H_2O 和 1 g H_2O

  C. 3.2 g O_2 和标准状况下 2.24 L 的 N_2　　D. 44 g CO_2 和 $6.02×10^{22}$ 个 O_2

6. 8 g CH_4 的物质的量为_____,CH_4 分子的数目为_____,其中 H 原子的物质的量为_____。

7. 在标准状况下,2.8 g CO 气体的体积为_____,含有的 CO 分子的数目为_____。

8. 计算下列物质的质量或物质的量。

  ① 0.1 mol H_2SO_4　　　　　　　② 0.1 mol $CuSO_4·5H_2O$

  ③ 80 g NaOH　　　　　　　　　④ 5.85 g NaCl

第二节 溶液组成的表示方法

> **温故知新** ✏️
>
> 溶液是由一种或几种物质分散到另一种物质中,形成的均一、稳定的分散体系。通常讨论的溶液主要是水溶液,典型的水溶液如氯化钠溶液等。你能说出溶液的组成吗?

一、溶液的浓度

溶液由溶质和溶剂组成。在水溶液中,水是溶剂,溶于水的物质是溶质。为了定量表达溶液的组成,一般使用一定量的溶液或溶剂中所含溶质的量进行表示,通常称为溶液的浓度。其定义式为

$$\text{溶液的浓度} = \frac{\text{溶质的量}}{\text{溶液(或溶剂)的量}}$$

根据科研、行业需要的不同,浓度有多种表示方法。在初中化学中,我们已经学习了溶质的质量分数。

> **交流讨论** ✏️
>
> 欲配制质量分数为 10% 的硫酸钠溶液 100 g,计算所需硫酸钠的质量?

溶质 B 的质量与溶液的质量之比,称为溶质 B 的质量分数,用 ω_B 或 $\omega(B)$ 表示,定义式为

$$\omega_B = \frac{m_B}{m}$$

上题中,所需硫酸钠的质量 $m_B = m \times \omega_B = 100 \text{ g} \times 10\% = 10 \text{ g}$。

下面,我们学习在各行业均有广泛用途的溶液的浓度的表示方法:物质的量浓度。

1. 物质的量浓度

溶质 B 的**物质的量浓度**是指溶质 B 的物质的量与溶液的体积之比,用符号 c_B 或 $c(B)$

表示,定义式为

$$c_B = \frac{n_B}{V}$$

在无异议时,物质的量浓度简称浓度。物质的量浓度的国际单位制(SI)单位为 mol/m³,常用单位为 mol/L。

例1 将 5.85 g NaCl 完全溶于水,配成 100 mL 溶液,求所配得溶液的物质的量浓度。

解:已知 $m(NaCl) = 5.85$ g,$M(NaCl) = 58.5$ g/mol,$V = 100$ mL,则

$$n(NaCl) = \frac{m(NaCl)}{M(NaCl)} = \frac{5.85 \text{ g}}{58.5 \text{ g/mol}} = 0.1 \text{ mol}$$

$$c(NaCl) = \frac{n(NaCl)}{V} = \frac{0.1 \text{ mol}}{100 \text{ mL}} = 1 \text{ mol/L}$$

答:所得溶液的物质的量浓度为 1 mol/L。

问题解决

① 将 4 g NaOH 完全溶于水,配成 250 mL 溶液,计算溶液的物质的量浓度。
② 欲配制 1 mol/L $CuSO_4$ 溶液 250 mL,需 $CuSO_4 \cdot 5H_2O$ 多少克?

2. 质量浓度

溶质 B 的**质量浓度**是指溶质 B 的质量与溶液的体积之比,用符号 ρ_B 或 $\rho(B)$ 表示,定义式为

$$\rho_B = \frac{m_B}{V}$$

质量浓度的 SI 单位为 kg/m³,常用单位为 g/L。书写质量浓度时,为了避免与密度符号 ρ 混淆,质量浓度一定要用下角标或括号标明溶质的化学式。例如,氯化钠溶液的质量浓度记为 ρ_{NaCl} 或 $\rho(NaCl)$。

例2 临床上使用乳酸钠($C_3H_5O_3Na$)注射液来纠正酸中毒,它的规格是每支 20 mL 注射液中含有乳酸钠 2.24 g,问乳酸钠注射液的质量浓度是多少?

解:已知 $m(C_3H_5O_3Na) = 2.24$ g,$V = 20$ mL,则

$$\rho(C_3H_5O_3Na) = \frac{m(C_3H_5O_3Na)}{V} = \frac{2.24 \text{ g}}{20 \text{ mL}} = 112 \text{ g/L}$$

答:乳酸钠注射液的质量浓度为 112 g/L。

例3 生理盐水是临床最常用的注射液,其质量浓度为 9 g/L,若要配制生理盐水

500 mL,则需要 NaCl 固体多少克？

解：已知 $\rho(\text{NaCl}) = 9\text{ g/L}$, $V = 500\text{ mL}$, 则

$$m(\text{NaCl}) = \rho(\text{NaCl}) \cdot V = 9\text{ g/L} \times 500\text{ mL} = 9\text{ g/L} \times 500 \times 10^{-3}\text{ L} = 4.5\text{ g}$$

答：需要 NaCl 固体 4.5 g。

> **问题解决** ✏️
>
> 临床使用的生理盐水，标签显示浓度为 0.9% 的 NaCl 溶液（图 3-3），即 0.9 g/100 mL NaCl 溶液，请计算生理盐水的 ρ_B 和 c_B。

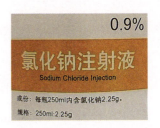

图 3-3 生理盐水标签

3. 体积分数

溶质 B 的**体积分数**是指溶质 B 的体积与溶液的总体积之比，用符号 φ_B 或 $\varphi(B)$ 表示，定义式为

$$\varphi_B = \frac{V_B}{V}$$

体积分数没有单位，可以用小数或百分数表示。

例 4 医药上使用的消毒酒精体积分数为 75%，现有消毒酒精 500 mL，请计算其中乙醇的体积。

解：已知 $\varphi(\text{C}_2\text{H}_5\text{OH}) = 75\%$, $V = 500\text{ mL}$, 则

$$V(\text{C}_2\text{H}_5\text{OH}) = \varphi(\text{C}_2\text{H}_5\text{OH}) \cdot V = 75\% \times 500\text{ mL} = 375\text{ mL}$$

答：乙醇的体积为 375 mL。

> **问题解决** ✏️
>
> 红细胞比容是指一定体积全血中红细胞所占的体积分数。正常男性的红细胞比容为 0.4~0.5，求 1 L 男性全血中含有红细胞的体积范围。

以上是医药卫生行业常用的溶液的浓度，包括物质的量浓度、质量浓度、体积分数和质量分数，公式汇总如下。

$$\text{溶液的浓度} = \frac{\text{溶质的量}}{\text{溶液的量}}$$

定义式：$c_B = \dfrac{n_B}{V}$ $\rho_B = \dfrac{m_B}{V}$ $\varphi_B = \dfrac{V_B}{V}$ $\omega_B = \dfrac{m_B}{m}$

多数时候，我们需要通过公式计算溶液中溶质的量，公式汇总如下。

溶质的量=溶液的浓度×溶液的量

定义式：$n_B = c_B \cdot V$ $m_B = \rho_B \cdot V$ $V_B = \varphi_B \cdot V$ $m_B = \omega_B \cdot m$

> **交流讨论**
>
> 有一些计算也经常用到溶质的质量 m_B 和物质的量 n_B 之间的换算，以及溶液的质量 m 和溶液体积 V 之间的换算。你能写出它们的换算公式并进行以下计算吗？
> ① 计算 10 g NaOH 的 n_B；
> ② 已知市售浓硫酸的 $\rho = 1.84$ kg/L、$\omega_B = 98\%$，计算 500 mL 浓硫酸的质量（m）及其中纯硫酸的质量（m_B）。

二、溶液浓度的换算

浓度有多种表示方法，实际工作中，常需要对不同表示方法的浓度进行换算。

1. 物质的量浓度与质量浓度的换算

物质的量浓度和质量浓度的定义式分别为 $c_B = \dfrac{n_B}{V}$，$\rho_B = \dfrac{m_B}{V}$。

已知 $n_B = \dfrac{m_B}{M_B}$，因此，$\rho_B = \dfrac{m_B}{V} = \dfrac{n_B \cdot M_B}{V} = c_B \cdot M_B$。

c_B 和 ρ_B 之间的换算公式为

$$\rho_B = c_B \cdot M_B \text{ 或 } c_B = \dfrac{\rho_B}{M_B}$$

例5 计算 12.5 g/L $NaHCO_3$ 注射液的物质的量浓度。

解：已知 $\rho(NaHCO_3) = 12.5$ g/L，$M(NaHCO_3) = 84$ g/mol，则

$$c(NaHCO_3) = \dfrac{\rho(NaHCO_3)}{M(NaHCO_3)} = \dfrac{12.5 \text{ g/L}}{84 \text{ g/mol}} = 0.149 \text{ mol/L}$$

答：12.5 g/L $NaHCO_3$ 溶液的物质的量浓度为 0.149 mol/L。

2. 物质的量浓度与质量分数的换算

物质的量浓度和质量分数的定义式分别为 $c_B = \dfrac{n_B}{V}$，$\omega_B = \dfrac{m_B}{m}$。

已知 $n_B = \dfrac{m_B}{M_B}$，$m = \rho \cdot V$，因此，$\omega_B = \dfrac{m_B}{m} = \dfrac{n_B \cdot M_B}{\rho \cdot V} = \dfrac{c_B \cdot M_B}{\rho}$。

c_B 和 ω_B 之间的换算公式为

$$\omega_B = \frac{c_B \cdot M_B}{\rho} \text{ 或 } c_B = \frac{\omega_B \cdot \rho}{M_B}$$

例 6 已知市售浓硫酸的质量分数 $\omega_B = 0.98$，密度 $\rho = 1.84$ kg/L，计算浓硫酸的物质的量浓度。

解：已知 $\omega(H_2SO_4) = 0.98$，$\rho = 1.84$ kg/L，$M(H_2SO_4) = 98$ g/mol，则

$$c(H_2SO_4) = \frac{\omega(H_2SO_4) \cdot \rho}{M(H_2SO_4)} = \frac{0.98 \times 1.84 \text{ kg/L}}{98 \text{ g/mol}} = \frac{0.98 \times 1.84 \times 10^3 \text{ g/L}}{98 \text{ g/mol}} = 18.4 \text{ mol/L}$$

答：该浓硫酸的物质的量浓度是 18.4 mol/L。

> **交流讨论**
>
> ① 0.15 mol/L 的 $NaHCO_3$ 溶液的质量浓度为_____；
>
> ② 质量分数为 0.9%，密度为 1.0 g/mL 的生理盐水的物质的量浓度为_____。

三、溶液的配制

溶液的配制是科学研究、化学化工、医药卫生、生产生活等各行各业都需要的基本技能。溶液的配制通常有两种方式：一是用固体溶质配制溶液；二是用液体溶质或浓溶液配制稀溶液，又称稀释。

1. 用固体溶质配制溶液

用固体溶质配制溶液，首先需要知道配制溶液所需固体溶质的质量和配制溶液的体积（或质量），再按照要求取用试剂并进行配制。具体步骤如下。

① 计算：通过已知条件和计算，得到溶液体积和溶质质量。

② 称量：称取固体溶质质量。

③ 溶解：将固体溶质用适量蒸馏水溶解，溶解操作在小烧杯中进行。

④ 转移并洗涤：将完全溶解并恢复常温的溶液转移到指定容积的量筒（或量杯）中，用少量水洗涤小烧杯 2~3 次，洗涤液一并转移到指定量筒中。

⑤ 定容：往量筒中加蒸馏水，当溶液液面离刻度线约 1 cm 时，改用胶头滴管滴加，直至溶液的凹液面最低处与刻度线相切，混匀。

⑥ 保存：将配好的溶液转移到干燥洁净的试剂瓶中，贴好标签（注明试剂名称、浓度及配制日期等），保存，备用。

通常，如果对所配溶液的浓度要求不高，可以使用托盘天平称量，在量筒（或量杯）中定容；如果对所配溶液的浓度要求较高，则需要使用分析天平称量，在容量瓶中定容。

例 7 配制 100 mL 0.1 mol/L 的 $CuSO_4$ 溶液，需要 $CuSO_4 \cdot 5H_2O$ 多少克？如何进行

配制？

解：已知 $c(CuSO_4) = 0.1$ mol/L，$V = 100$ mL，$M(CuSO_4 \cdot 5H_2O) = 250$ g/mol，则

$n(CuSO_4) = c(CuSO_4) \cdot V = 0.1$ mol/L $\times 100$ mL $= 0.01$ mol

$n(CuSO_4 \cdot 5H_2O) = n(CuSO_4) = 0.01$ mol

$m(CuSO_4 \cdot 5H_2O) = n(CuSO_4 \cdot 5H_2O) \cdot M(CuSO_4 \cdot 5H_2O)$
$= 0.01$ mol $\times 250$ g/mol $= 2.5$ g

答：称取 2.5 g $CuSO_4 \cdot 5H_2O$，在小烧杯中用适量蒸馏水溶解。将溶解的 $CuSO_4$ 溶液转移到 100 mL 量筒中，用少量水将烧杯洗涤 2~3 次，洗涤液一并转移到指定量筒中。随后往量筒中加蒸馏水，当溶液液面离刻度线约 1 cm 时，改用胶头滴管滴加，直至溶液的凹液面最低处与刻度线相切。最后混匀保存。

配制溶液的常用仪器主要包括：托盘天平、角匙、烧杯、玻璃棒、洗瓶、量筒（或量杯）、容量瓶、滴管等。

2. 溶液的稀释

在医药领域常常需要将浓溶液稀释成适当浓度的稀溶液，以满足实际工作的需要，如图 3-4 所示。

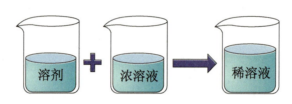

图 3-4 溶液的稀释

在溶液稀释的过程中，溶液的质量和体积会随着溶剂的增加而增大，而溶质的量保持不变，即

稀释前溶质的量 = 稀释后溶质的量

若将浓溶液称为溶液 1，稀释后的稀溶液称为溶液 2，当溶液的浓度分别以 c_B、ρ_B 或 φ_B 表示时，溶液 1 和溶液 2 分别存在以下对应关系：

$$c_{B1} \cdot V_1 = c_{B2} \cdot V_2$$
$$\rho_{B1} \cdot V_1 = \rho_{B2} \cdot V_2$$
$$\varphi_{B1} \cdot V_1 = \varphi_{B2} \cdot V_2$$

若将 c_B、ρ_B 或 φ_B 统一用 C 表示，上述三个公式可以合并为

$$C_1 \cdot V_1 = C_2 \cdot V_2$$

此公式称为稀释公式，C_1 和 V_1 分别表示稀释前浓溶液的浓度和体积，C_2 和 V_2 分别表示稀释后稀溶液的浓度和体积。

当溶液的浓度用 ω_B 表示，溶液的质量用 m 表示时，稀释公式为

$$\omega_{B1} \cdot m_1 = \omega_{B2} \cdot m_2$$

在使用此公式时应注意,稀释前后溶液浓度的表示方法和溶液的量的单位要一致,若出现稀释前后浓度表示方法不一致的情况,则需要对其进行相应的换算。

例8 体积分数为3%的H_2O_2消毒液可以用于伤口杀菌消毒、预防感染。若以体积分数为30%的H_2O_2溶液配制3% H_2O_2消毒液100 mL,则需要30%的H_2O_2溶液多少毫升?

解:已知$\varphi_{B1}=30\%$,$\varphi_{B2}=3\%$,$V_2=100$ mL,根据公式:

$$\varphi_{B1} \cdot V_1 = \varphi_{B2} \cdot V_2$$

得 $30\% \times V_1 = 3\% \times 100$ mL,$V_1 = 10$ mL

答:配制3% H_2O_2消毒液100 mL,需要30% H_2O_2溶液10 mL。

交流讨论

实验室常需要用浓硫酸配制稀硫酸,请详细说明稀释浓硫酸的操作步骤。

拓展延伸

量和单位的国家标准

物理量简称量,在表述一个量的时候,需要数和单位两个要素。国家先后公布了《国务院关于在我国统一实行法定计量单位的命令》《国家标准管理办法》等法律法规,对量和单位作了强制性法律规定。例如,力学的量和单位可以查阅国家标准GB/T 3102.3—1993。

量由基本量和导出量构成。我们学过的基本量有质量、时间、长度、物质的量,导出量有物质的量浓度、压强、体积等,导出量由基本量组合而成。国家标准规定,量的单位采用以国际单位制基本单位(称为SI制单位)为主的单位体系,表3-2是几个常见的物理量和常用单位。

表3-2 常见的物理量和常用单位

物理量	质量	时间	长度	物质的量	压强	体积
符号	m	t	l	n_B	p	V
常用单位	g	s	m	mol	Pa	L

学习评价

1. 将 16 g CuSO₄溶于水,配制成 500 mL 的溶液,所得溶液的质量浓度为(　　)
   A. 8 g/L　　　　B. 32 g/L　　　　C. 24 g/L　　　　D. 16 g/L

2. 将 16 g CuSO₄溶于水,配制成 500 mL 的溶液,所得溶液的物质的量浓度为(　　)
   A. 0.05 mol/L　　B. 0.1 mol/L　　C. 0.2 mol/L　　D. 0.3 mol/L

3. 已知生理盐水的质量浓度为 9 g/L,则该溶液的物质的量浓度为(　　)
   A. 0.154 mol/L　　B. 0.308 mol/L　　C. 0.125 mol/L　　D. 0.180 mol/L

4. 5.3 g Na₂CO₃可配制 0.1 mol/L 的溶液(　　)
   A. 100 mL　　　B. 250 mL　　　C. 500 mL　　　D. 1 000 mL

5. 从 500 mL 75% 的消毒酒精中移取 250 mL,剩余的酒精的体积分数为(　　)
   A. 75%　　　　B. 37.5%　　　C. 50%　　　　D. 95%

6. 8.4 g NaHCO₃能配制 0.2 mol/L 的 NaHCO₃溶液_____ L。

7. 500 mL 的 NaOH 溶液(0.5 mol/L)含有 NaOH 的物质的量为_____ mol。

8. 若用体积分数为 95% 的药用酒精,配制体积分数为 75% 的消毒酒精 95 mL,需 95% 的药用酒精_____ mL。

9. 计算配制 250 mL 生理盐水所需氯化钠的质量并写出配制步骤。

10. 已知市售浓硫酸的 ρ = 1.84 kg/L、ω_B = 98%,完成以下问题。
    ① 计算浓硫酸的物质的量浓度。
    ② 现配制 1 mol/L 硫酸 50 mL,需要浓硫酸多少毫升?
    ③ 写出配制步骤。

第三节 胶体溶液与高分子化合物溶液

> **温故知新**
>
> 在初中和前段时间的学习中,我们学习了溶液、浊液的概念。从本质上来说,它们都是一种或几种物质以细小的颗粒分散在另一种物质中形成的分散体系。对医药卫生类专业学生来说,需要学习更多有关分散系的知识。

自然界中,物质很难以纯净物的形式广泛存在,绝大多数都是以相互分散的形式并存于自然界。不同的聚集状态常常表现出不同性质,从而形成了丰富多样的物质世界,分散系是常见的聚集状态。

一、分散系

将一种或几种物质分散在另一种物质中所形成的混合物体系,称为**分散系**。其中,被分散的物质称为**分散相**或**分散质**,容纳分散质的物质称为**分散剂**或**分散介质**。比如,我们熟悉的溶液就是一种均一、稳定的分散系,其中溶质是分散质,溶剂是分散剂。

根据分散质粒子直径大小的不同,可将分散系分为分子或离子分散系、胶体分散系和粗分散系三类。其中,分散质粒子直径小于 1 nm 的分散系称为分子或离子分散系,又称为真溶液;分散质粒子直径大于 100 nm 的分散系称为粗分散系,又称为浊液,包括悬浊液和乳浊液;分散质粒子直径在 1~100 nm 之间的分散系称为胶体分散系。

由于分散质粒子的直径不同,所以其对应的分散系的性质也存在一定的差别。三类分散系的特点见表 3-3。

表 3-3 三类分散系的特点

分散系		粒子直径	分散质粒子	主要特征	实例
分子或离子分散系	溶液	<1 nm	分子或离子	均一、透明、稳定,能透过滤纸及半透膜	生理盐水

续表

分散系		粒子直径	分散质粒子	主要特征	实例
胶体分散系	溶胶	1~100 nm	胶粒(分子、原子、离子聚集体)	均一、相对稳定、不易聚沉,能透过滤纸,不能透过半透膜	氢氧化铁溶胶
	高分子溶液		单个高分子	均一、透明、稳定、不聚沉,能透过滤纸,不能透过半透膜	蛋白质溶液
粗分散系	悬浊液	>100 nm	固体小颗粒	浑浊、不均一、不稳定、容易聚沉,不能透过滤纸及半透膜	泥浆
	乳浊液		小液滴		乳汁

分散系包括固、液、气三态。例如,晨雾是液体小水珠分散在空气中形成的粗分散系;彩色玻璃通常是有色离子分散在玻璃中形成的分子或离子分散系。因专业需要,本节仅讨论以水为分散剂的胶体分散系。

二、胶体溶液

1. 胶体溶液的概念

胶体分散系,又称为胶体溶液或溶胶。溶胶的分散质粒子是许多分子、原子或离子的聚集体,其分散质粒子的直径介于溶液和浊液之间,在光学、动力学和电学方面具有一些特殊的性质。

2. 胶体溶液的制备

溶胶的制备方法有两种:分散法和凝聚法。分散法是将固体大颗粒用物理方法分散成 1~100 nm 的颗粒,如墨水;凝聚法是用化学或物理方法将分子或离子聚集成胶粒而制得溶胶。例如,在煮沸的蒸馏水中逐滴加入 $FeCl_3$ 溶液,利用 $FeCl_3$ 的水解反应,得到红棕色、透明的 $Fe(OH)_3$ 溶胶。

$$FeCl_3 + 3H_2O \xrightarrow{\text{煮沸}} \underset{(溶胶)}{Fe(OH)_3} + 3HCl$$

3. 胶体溶液的性质

(1) 丁铎尔效应

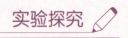

实验探究

将分别盛有硫酸铜溶液和氢氧化铁溶胶的两只小烧杯放置于暗处,用激光笔分别从两只小烧杯的侧面照射,观察现象(图3-5)。

(a) 硫酸铜溶液

(b) 氢氧化铁溶胶

图 3-5　丁铎尔效应

实验结果表明,当激光照射盛有氢氧化铁溶胶的烧杯时,在氢氧化铁溶胶中可以看到一条明亮的光路,这种现象最早被英国物理学家丁铎尔发现,称为**丁铎尔效应**。

丁铎尔效应与分散质粒子的大小及入射光的波长有关。若胶体粒子的直径略小于入射光波长,则当光通过溶胶时,在胶粒的表面发生明显的散射作用而形成一条明亮的光路。粗分散系和真溶液均无丁铎尔效应。因此,利用丁铎尔效应可以区分溶胶与其他分散系。丁铎尔效应是生活中常见的物理现象,图3-6就是阳光照射森林的气溶胶形成的丁铎尔效应。

图 3-6　阳光照射森林的气溶胶形成的丁铎尔效应

（2）布朗运动

在超显微镜下观察溶胶时,可以见到胶体粒子在分散剂中做不规则的运动(图3-7)。这种运动最早是由英国植物学家布朗观察花粉运动时发现的,故称为**布朗运动**。布朗运动是由于胶粒受到来自各个方向分散剂分子的撞击而引起的运动。胶粒越小,布朗运动越显著。布朗运动的存在阻止了胶体粒子间的聚沉,所以布朗运动是维持胶体稳定性的因素之一。

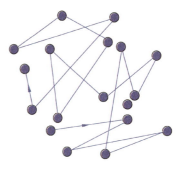

图 3-7　布朗运动示意图

(3)电泳现象

实验探究

如图 3-8 所示,在 U 形管中加入红棕色的 Fe(OH)$_3$ 溶胶,然后在溶胶液面上小心加入 KCl 溶液(主要起导电作用),使溶胶与 KCl 溶液间保持清晰的界面。将两个电极从管口插入,接通直流电后,观察通电前后的现象变化。

可以看到阴极一端溶胶界面上升,而阳极一端界面下降,这说明 Fe(OH)$_3$ 胶粒带正电荷,在电场中向阴极移动。这种带电溶胶粒子在电场中向阳极或阴极做定向移动的现象,称为<u>电泳</u>。通过电泳实验可以确定胶体粒子所带电荷的属性,如 As$_2$S$_3$ 胶粒带有负电荷,在电场中向阳极移动。

(a)通电前　(b)通电一段时间后

图 3-8　Fe(OH)$_3$ 电泳现象

不同的胶体粒子带有不同的电荷,河水和土壤中的胶粒通常带负电荷,血清中的蛋白质(可视为胶体粒子)也带负电荷。胶粒带有电荷的原因有两种:一是胶核选择性吸附离子造成胶粒带电,二是胶核表面发生部分解离造成胶粒带电。

电泳被广泛应用于工业生产及临床检验工作中,如血清蛋白电泳是通过电泳手段将血清内种类不同、功能各异的各种蛋白进行分类及定量分析的一项技术。随着近年来医用科技的发展,各种电泳分析技术也不断改进,并被引入临床实验室,为临床疾病的诊治提供了新的手段,发挥着越来越重要的作用。

4. 胶体的稳定性和聚沉

(1)胶体的稳定性

相对于分子或离子分散系,胶体分散系是一种介稳体系,其稳定性因素除了胶粒的布朗运动可以克服自身重力引起的下沉之外,主要还有以下两个原因。

① 胶粒带电:同种胶粒带有同种电荷,而同性电荷胶粒间会互相排斥,阻止了胶粒间的相互聚集和沉淀。胶粒带电越多,排斥力越大,胶粒越稳定。

② 溶剂化膜:胶粒表面的离子都是亲水的,可以形成一层溶剂化膜(水化膜),胶粒表面的溶剂化膜可有效地将胶粒彼此隔开而阻止聚集的发生。溶剂化膜越牢固,胶粒越稳定。

（2）溶胶的聚沉

溶胶的稳定性是相对的和有条件的,当溶胶的稳定性因素受到破坏时,胶粒就会相互聚集成较大颗粒而形成沉淀,这种现象称为溶胶的聚沉。使溶胶聚沉的主要方法有以下几种。

① 加入电解质:溶胶对电解质是十分敏感的,只要加入少量电解质,就会引起溶胶聚沉。因为在溶胶中加入少量电解质后,其解离的离子能有效中和胶粒所带的电荷,减弱或消除胶粒表面的溶剂化膜的保护作用,使胶粒聚集而沉淀。如在 $Fe(OH)_3$ 溶胶中加入少量 K_2SO_4 溶液,就会发生聚沉现象。

② 加入带相反电荷的溶胶:将两种电性相反的溶胶按照一定比例相互混合时,由于溶胶所带的相反电荷相互中和而发生聚沉,这种聚沉现象称为相互聚沉作用。如明矾净水就是溶胶相互聚沉的实际应用,明矾中的 Al^{3+} 水解产生的 $Al(OH)_3$ 正溶胶与水中负溶胶杂质发生相互聚沉,从而除去水中悬浮杂质,达到净化水的目的。

③ 加热:加热可以增大胶粒的运动速度,提高胶粒相互碰撞的机会,同时还降低了胶粒对离子的吸附作用,减少胶粒所带电荷,从而削弱胶粒的溶剂化作用,使胶粒聚沉。如将 As_2S_3 溶胶加热至沸,就会有黄色的 As_2S_3 沉淀析出。

交流讨论

三角洲是一种特殊的地貌类型(图3-9)。它是由河流所携带的泥沙,在海洋的作用下形成的。长江三角洲、黄河三角洲和珠江三角洲是中国乃至世界著名的三角洲。试从溶胶聚沉的角度,解释河流入海口处为什么会形成三角洲。

图3-9 三角洲地貌

三、高分子化合物溶液

高分子化合物是指分子量在一万以上,甚至高达几百万的大分子化合物,包括天然高分子化合物(如蛋白质、核酸、淀粉、天然橡胶等)和合成高分子化合物(如合成橡胶、塑料、合成纤维等)。

高分子化合物溶液是指可溶性高分子溶解在适当的溶剂中所形成的溶液。其分散质粒子介于1~100 nm之间,具有胶体分散系的性质,如不能透过半透膜、扩散速度慢等。但是高分子化合物溶液的分散质粒子是单个高分子,其组成和结构与溶胶胶粒不同,所以高分子溶液具有特殊的性质。

1. **高分子化合物溶液的特性**

（1）稳定性高

高分子化合物溶液的稳定性与真溶液相似，在无菌、溶剂不蒸发的情况下，可以长期放置而不沉淀。这是因为高分子化合物的结构中含有许多亲水性基团，具有很强的溶剂化作用，形成的溶剂化膜比溶胶粒子更牢固，因而高分子化合物溶液比溶胶更稳定。

（2）黏度大

由于高分子化合物的分子具有线形或体形结构，在溶液中能牵引分散介质使其运动困难，使部分溶液失去流动性，所以高分子化合物溶液的黏度比一般溶液或溶胶大得多。利用这一性质，许多高分子化合物溶液如淀粉、糊精、蛋白质溶液都能作黏合剂。

2. **高分子化合物溶液对溶胶的保护作用**

在溶胶中加入适量的高分子化合物溶液，可使溶胶的稳定性显著增大，这种现象被称为**高分子化合物溶液对溶胶的保护作用**。由于高分子化合物多为链状且能卷曲的线形分子，容易被吸附在胶粒表面，同时高分子化合物具有更强的溶剂化作用，相当于在溶胶粒子表面增加了一层高分子化合物保护膜，从而提高了溶胶的稳定性。

高分子化合物溶液对溶胶的保护作用在生理过程中存在重要意义，如正常人血液中的碳酸钙、磷酸钙等难溶性盐都是以溶胶的形式存在的，由于血液中的蛋白质等高分子化合物对这些溶胶起到了保护作用，使这些难溶性盐可以稳定存在而不发生聚沉。当血液中某些蛋白质含量减少时，蛋白质对溶胶的保护作用就会减弱，这些难溶性盐就会在肝、肾、胆囊等器官中沉积，这也是形成各种结石的原因之一。临床上使用的许多药物制剂也是在高分子化合物溶液的保护下制备成溶胶形式。如检查胃肠道疾病常使用的钡餐，就是利用阿拉伯胶对硫酸钡的保护作用制成溶胶，当患者口服后，硫酸钡胶浆就能均匀地黏着在胃肠道壁上形成薄膜，从而有利于造影检查。

一定浓度的高分子化合物溶液或溶胶，在适当条件下，黏度逐渐增大，最后失去流动性，整个体系变成一种外观均匀，并保持一定形态的弹性半固体，这种弹性半固体称为**凝胶**。凝胶在有机体的组成中占重要地位，人体的肌肉、皮肤、细胞膜、血管壁，以及毛发、指甲、软骨等都可看作是凝胶。由溶液或溶胶形成凝胶的过程称为**胶凝作用**。

新制备的凝胶放置一段时间后，一部分液体可以自动而缓慢地从凝胶中分离出来，凝胶本身体积缩小，成为两相，这种现象称为**离浆**。例如，血液放置后，首先发生胶凝作用，形成凝胶；然后发生离浆现象并分离出液体，即血清。离浆的实质是胶凝过程的继续。凝胶制品在医药上有广泛的应用，如干硅胶是实验室中常用的干燥剂；在生产和科学研究上，电泳和色谱法常用凝胶作为支持介质。

学习评价

1. 胶体的本质特征是(　　)
   A. 丁铎尔效应　　　　　　　　B. 微粒带电
   C. 微粒直径为 1~100 nm　　　 D. 布朗运动

2. 下列现象不能用胶体的知识解释的是(　　)
   A. 阳光照射森林,可以看见一条明亮的光路
   B. 一支钢笔使用两种不同牌号的蓝黑墨水,易出现堵塞
   C. 向 $FeCl_3$ 溶液中加入 NaOH 溶液,会出现红褐色沉淀
   D. 在河水与海水的交界处有三角洲形成

3. 下列性质常被用于区分胶体溶液和其他分散系的是(　　)
   A. 丁铎尔效应　　B. 布朗运动　　C. 粒子带电　　D. 吸附作用

4. 在 $Fe(OH)_3$ 溶胶中加入下列物质,$Fe(OH)_3$ 溶胶稳定性提高的是(　　)
   A. KCl　　　　B. Na_2SO_4　　　C. 明胶溶液　　　D. $MgCl_2$

5. 保持胶体稳定的主要因素主要包括布朗运动、_____、_____。

6. 分子或离子分散系中分散质以_____分散到分散剂中,粒子直径_____nm。

第四节　溶液的渗透现象与渗透压

情境导学

注射是临床治疗的手段之一,药剂经注射后可迅速到达血液并产生治疗作用。在配制药物注射液时,我们常常会用到0.9%(质量浓度为9 g/L)的生理盐水或50 g/L的葡萄糖溶液作为稀释剂。为什么不能直接使用蒸馏水作为稀释剂呢?临床工作中,大量输液时,对注射液的浓度有何要求呢?

一、渗透现象

在初中阶段的学习中,我们已经了解到,分子在做永不停息的无规则运动,比如将一

滴红墨水滴入盛有纯水的烧杯中,一段时间后,整个烧杯中的溶液都呈现红色,这种现象称为扩散现象,并且温度越高,扩散速度越快。任何纯溶剂和溶液或两种不同溶液相互接触时,都会发生**扩散现象**。

> **实验探究** ✎
>
> 如图 3-10 所示,在分别装有等体积的纯水和饱和食盐水的两个烧杯中,分别放入两个已称重的新鲜萝卜。5 小时后,除去萝卜表面水分,并称重。比较两个萝卜在浸泡前后的质量和外形的变化。

图 3-10　分别浸泡在纯水和饱和食盐水中的萝卜

实验结果表明,浸泡在饱和食盐水中的萝卜发生了皱缩,质量减小,说明萝卜内水分渗出到了饱和食盐水中,而浸泡在纯水中的萝卜质量增加,并容易发生破裂,说明烧杯中的水渗入了萝卜内部。此时的扩散在宏观上看具有一定的方向性,这种特殊的扩散现象产生的原因是什么呢?萝卜皮是一种半透膜,即一种选择性膜,只允许某种分子或离子自由通过。半透膜在自然界中,尤其是生物体内十分常见,如细胞膜、肠衣、膀胱膜、鸡蛋内膜等。

如图 3-11(a)所示,在用半透膜隔开的 U 形管中,分别加入纯水(左)和 50 g/L 的葡萄糖溶液(右),并保持左右两侧液面等高。在此 U 形管中,半透膜只允许水分子自由通过,而葡萄糖分子不能通过。

由于右侧为葡萄糖溶液,而左侧为纯水,所以在半透膜附近,左侧纯水中所含的水分子数大于右侧葡萄糖溶液中的水分子数,导致单位时间内纯水中水分子透过半透膜扩散到葡萄糖溶液中的水分子数目大于葡萄糖溶液中水分子扩散到纯水中的水分子数目,使得左侧液面下降而右侧液面升高,如图 3-11(b)所示。这种溶剂分子通过半透膜由纯溶剂进入溶液或由稀溶液进入浓溶液的现象称为**渗透现象**,简称渗透。

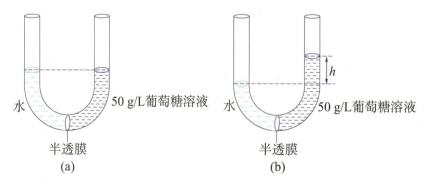

图 3-11　渗透现象

渗透现象的发生必须具备两个基本条件：一是要有半透膜的存在；二是半透膜两侧溶液存在浓度差。

二、渗透压

> **交流讨论**
>
> 当两种不同浓度的稀溶液用半透膜隔开时，渗透方向如何判断？

根据渗透现象的定义，渗透的方向是从纯溶剂进入溶液或从稀溶液进入浓溶液。因此，当两种不同浓度的稀溶液用半透膜隔开时，渗透是由浓度低的溶液向浓度高的溶液方向进行的。

如果要阻止渗透现象的发生，必须在溶液的液面上施加一定的压强（图3-12），这种恰能阻止渗透现象继续发生的压强称为渗透压，用符号π表示，其单位为 Pa 或 kPa，医学上常用 kPa。

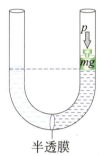

图 3-12　渗透压

日常生活中的许多现象，如人们吃过咸的食物或出汗过多时会感到口渴，人在淡水中游泳较长时间后会感到眼球胀痛等，这些现象都和渗透有关。

1. 渗透压的影响因素

实验表明，在一定温度下，稀溶液的渗透压与单位体积溶液中溶质粒子的数目成正比，与溶质的性质无关，即无论是离子溶质（如 Na^+、K^+、Ca^{2+}），还是小分子溶质（如葡萄糖分子）、大分子溶质（如蛋白质），只要单位体积溶液中溶质粒子的数目相等，渗透压就相等。因此，把溶液中能产生渗透现象的溶质粒子的总浓度称为渗透浓度，可用 c_{os} 或 $c_{渗}$ 表示。医学上，渗透浓度常用的单位是 mmol/L。

由于非电解质在溶液中不能解离，因此非电解质稀溶液的渗透浓度与溶质的物质的量浓度相等。例如，0.1 mol/L 葡萄糖溶液的 c_{os} 为 100 mmol/L。对于电解质溶液，由于电解质在溶液中可以发生解离，因此，电解质稀溶液的渗透浓度与电解质解离出的离子的浓度总和相等。例如，NaCl 在溶液中是完全解离的（$NaCl \Longrightarrow Na^+ + Cl^-$），因此，0.1 mol/L NaCl 溶液的 c_{os} 为 200 mmol/L。

在相同温度下，渗透压的大小与渗透浓度成正比。如果要比较两种溶液相同温度下的渗透压大小，只需要比较两者的渗透浓度大小即可。因此，常用溶液渗透浓度的高低来衡量溶液渗透压的大小。两种溶液相比较，渗透浓度高的称为高渗浓度，渗透浓度低的称为低渗浓度，渗透总是由低渗浓度向高渗浓度方向发生。

例1 比较 0.1 mol/L Na_2SO_4 溶液与 0.1 mol/L NaCl 溶液的渗透压大小。如用半透膜将两溶液隔开，则渗透方向如何？

解：因为 $Na_2SO_4 \rightleftharpoons 2Na^+ + SO_4^{2-}$，可以解离出 3 个离子

$NaCl \rightleftharpoons Na^+ + Cl^-$，可以解离出 2 个离子

所以 0.1 mol/L Na_2SO_4 溶液的 $c_{os} = 3 \times 0.1$ mol/L = 300 mmol/L

0.1 mol/L NaCl 溶液的 $c_{os} = 2 \times 0.1$ mol/L = 200 mmol/L

两者比较，Na_2SO_4 溶液是高渗溶液，NaCl 溶液是低渗溶液。

答：0.1 mol/L Na_2SO_4 溶液比 0.1 mol/L NaCl 溶液的渗透浓度高，所以渗透是由 NaCl 溶液向 Na_2SO_4 溶液方向进行的。

例 2　计算 50 g/L 葡萄糖（$C_6H_{12}O_6$）溶液的渗透浓度？

解：已知 $M_B = 180$ g/mol　　$\rho_B = 50$ g/L

$$c_B = \frac{\rho_B}{M_B} = \frac{50 \text{ g/L}}{180 \text{ g/mol}} = 0.278 \text{ mol/L}$$

因为葡萄糖为非电解质，所以

$c_{os} = c_B = 0.278$ mol/L = 278 mmol/L

答：50 g/L 葡萄糖溶液的渗透浓度为 278 mmol/L。

2. 渗透压在医学上的意义

（1）等渗、低渗、高渗溶液

在医学上，正常人体血浆渗透浓度为 280~320 mmol/L，把溶液的渗透浓度在血浆渗透浓度正常范围内的溶液称为<u>等渗溶液</u>，低于血浆渗透浓度正常范围的溶液称为<u>低渗溶液</u>，高于血浆渗透浓度正常范围的溶液称为<u>高渗溶液</u>。

临床上给患者输入大量的高渗溶液时，会使血浆渗透压升高，红细胞内的水分子向外渗透，使红细胞体积缩小，发生<u>皱缩</u>，这种现象称为<u>胞浆分离</u>；若输入大量的低渗溶液，又会降低血浆渗透压，水分子通过细胞膜向红细胞内渗透，导致红细胞膨胀破裂，出现<u>溶血</u>；只有在等渗条件下，红细胞才能维持其正常的形态和生理功能（图 3-13）。

(a) 高渗　　　　　(b) 低渗　　　　　(c) 等渗

图 3-13　红细胞在不同渗透浓度溶液中的形态

为了防止因大量输液而引起血浆渗透压的改变，使红细胞的形态和生理功能遭到破坏，在临床上对患者进行大量输液时，必须使用等渗溶液。临床上常用的等渗溶液有以下 3 种。

① 50 g/L 葡萄糖溶液：$c_B = 0.278$ mol/L、$c_{os} = 278$ mmol/L；

② 9 g/L NaCl 溶液(生理盐水)：c_B = 0.154 mol/L、c_{os} = 308 mmol/L；

③ 12.5 g/L NaHCO$_3$ 溶液：c_B = 0.149 mol/L、c_{os} = 298 mmol/L。

临床实践中，会根据患者病情，适当输入高渗溶液，例如，给营养缺乏的患者输入 100 g/L 葡萄糖注射液，但输液时一定要遵照医嘱。对于颅内压较高的患者，为了尽快降低患者的颅内压，可以使用 200 g/L 甘露醇高渗溶液，并要加快滴注速度。

交流讨论

计算 200 g/L 甘露醇($C_6H_{14}O_6$)注射液的 c_{os}，说明该注射液属于高渗溶液的理由。

（2）晶体渗透压与胶体渗透压

人体血浆中，既含有大量的 Na$^+$、K$^+$、Cl$^-$、葡萄糖等离子或小分子，又含有蛋白质、核酸等高分子胶体物质。其中，低分子晶体物质产生的渗透压称为**晶体渗透压**，高分子胶体物质产生的渗透压称为**胶体渗透压**。血浆总渗透压就是这两部分渗透压之和。在正常情况下，晶体渗透压主要调节细胞内外的电解质平衡，胶体渗透压主要调节毛细血管内外的水盐平衡及维持血容量。如临床上对大面积烧伤或失血过多造成血容量降低的患者进行补液时，除补充生理盐水外，还需要同时输入血浆或右旋糖酐等代血浆，以提高血浆的胶体渗透压，扩充血容量。

拓展延伸

血液透析

血液透析简称血透（图 3-14），又称人工肾，是血液净化技术的一种。血液透析是将患者的血液引入透析机器，经过透析处理后，再将透析后的血液输回患者体内。其利用半透膜及渗透原理，将体内各种有害物质、过多的电解质及代谢物排出体外，达到净化血液、纠正电解质紊乱及维持酸碱平衡的目的。血液透析对于尿毒症等肾脏疾病的患者来说，具有非常重要的治疗意义。

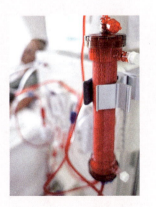

图 3-14 血液透析

学习评价

1. 同温下,相等浓度的下列溶液中:① K_3PO_4 溶液、② Na_2CO_3 溶液、③ NaCl 溶液、④ $C_6H_{12}O_6$ 溶液,其渗透压由大到小的顺序是(　　)

   A. ①>②>③>④　　　　　　　　B. ②>③>④>①

   C. ③>②>④>①　　　　　　　　D. ④>③>②>①

2. 下列各对溶液,中间用半透膜隔开("‖"表示半透膜),有较多水分子自左向右渗透的是(　　)

   A. 0.5 mol/L Na_2SO_4 ‖ 0.5 mol/L $CaCl_2$　　B. 0.5 mol/L NaCl ‖ 0.5 mol/L $CaCl_2$

   C. 0.5 mol/L $BaCl_2$ ‖ 0.5 mol/L KCl　　D. 0.5 mol/L NaCl ‖ 1.0 mol/L 葡萄糖

3. 100 mL 0.02 mol/L Na_2SO_4 溶液的渗透浓度是(　　)

   A. 20 mmol/L　　B. 40 mmol/L　　C. 60 mmol/L　　D. 10 mmol/L

4. 会使红细胞发生溶血的溶液是(　　)

   A. 12.5 g/L $NaHCO_3$　　　　　　B. 1.0 g/L NaCl

   C. 100.0 g/L 葡萄糖　　　　　　D. 19.0 g/L KCl

5. 渗透现象发生的条件为_____、_____。

6. 人体血浆的渗透浓度为_____ mmol/L,临床给患者大量输液时,非特殊情况下必须使用_____。

7. 将红细胞放到 5 g/L 的 NaCl 溶液及 15 g/L 的 NaCl 溶液中分别会出现什么现象?为什么?

第四章　化学反应速率与化学平衡

在化学反应的研究和实际应用中,人们常关注两个问题:一是化学反应进行的快慢,即反应速率的问题;二是反应物转变为生成物的程度,即反应限度,也就是反应是否达到平衡的问题。研究这两个问题,有助于我们深入了解化学反应的本质,根据实际需要选择最适宜的条件调控化学反应,提高生产效率。

● **预期目标**

能说出化学反应速率和化学平衡的概念,能用宏观与微观相结合的方式思考和解决问题。

知道反应条件对化学反应速率和化学平衡的影响,学会用变化观念与平衡思想分析和解决问题。

通过探究浓度、温度、催化剂和压强等外界条件对化学反应速率和化学平衡的影响,进一步发展科学探究能力、树立创新意识。

认识化学知识在化工生产中的应用,感悟科学家探索未知的科研精神和严谨求实的科学态度,养成精益求精的工匠精神,进一步提升社会责任感。

第一节 化学反应速率

> **温故知新**
>
> 我们已经知道钠、镁、铝和水反应的剧烈程度逐渐减弱,说明不同化学反应的快慢程度不同。那如何来定量描述化学反应的快慢呢?又有哪些因素影响了化学反应的快慢呢?

物理学中常用速度表示物体运动的快慢,类似的,化学反应的快慢可以用化学反应速率来定量表示。

一、化学反应速率的表示方法

化学反应速率可用单位时间内反应物浓度的减少或生成物浓度的增加来表示,定义式为

$$v = \frac{\Delta c}{\Delta t}$$

公式中,Δc 为反应物或生成物的物质的量浓度的变化值(取正值),单位 mol/L;Δt 为反应进行的时间,单位一般用 s,也可视反应快慢用 min、h 或 d;v 表示化学反应速率,单位为 mol/(L·s) 或 mol/(L·min) 等。

由于在反应过程中,反应物和生成物的浓度及反应速率均随时间不断改变,因此,上述定义所指的化学反应速率是指一段时间内的平均速率。例如,某反应物在 4 min 内,浓度由 6 mol/L 降到了 2 mol/L,则该反应物在这段时间内的平均反应速率为 1 mol/(L·min)。

由于在化学反应中,参加反应的各组分的分子数目并不相同,如合成氨的反应中($N_2 + 3H_2 \rightleftharpoons 2NH_3$),$n(N_2) : n(H_2) : n(NH_3) = 1 : 3 : 2$,各反应物和生成物的浓度变化也不相同。因此,同一反应用不同的反应物或生成物表示反应速率时,数值可能不同。

二、影响化学反应速率的因素

不同的化学反应会有不同的反应速率。氢气和氟气在低温、暗处就能迅速化合,发生爆炸;而氢气和氯气在同样条件下反应非常缓慢,说明影响化学反应速率的根本因素是反应物本身的结构和性质(内因)。将混合气体进行光照或加热,氢气和氯气即能发生爆炸

或燃烧,迅速化合,说明改变条件可以改变反应速率。对于某个特定的化学反应而言,反应速率通常还会受到外界因素(外因)的影响。研究表明,**影响化学反应速率的因素**主要包括浓度、温度、压强、催化剂等。

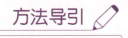

控制变量法

控制变量法是指在科学探究中,每次只改变其中的一个因素,而控制其余几个因素不变,研究被改变的因素对结果的影响,使多因素问题变成单因素问题,分别加以研究,再进行综合分析,最后得出结论。这种方法在科学研究、工程实践和其他实验设计中被广泛应用。例如,研究外界条件对化学反应速率的影响,研究者在其他条件不变的情况下,分次改变某个条件(如反应物浓度、温度、催化剂等),即可分别得出反应物浓度、温度、催化剂等条件对化学反应速率影响的结论。

1. 反应物浓度对化学反应速率的影响

以硫代硫酸钠($Na_2S_2O_3$)和稀 H_2SO_4 的反应为例,说明反应物浓度对化学反应速率的影响。在 $Na_2S_2O_3$ 溶液中加入稀 H_2SO_4,发生如下反应:

$$Na_2S_2O_3 + H_2SO_4 =\!=\!= Na_2SO_4 + S\downarrow + SO_2\uparrow + H_2O$$

反应生成的单质硫使溶液出现乳白色浑浊,比较从溶液混合到出现浑浊所需时间的长短可以判断该反应在不同条件时的反应速率。

取 2 支试管,编号。按表4-1数据向试管1和2中分别加入 $Na_2S_2O_3$ 溶液和蒸馏水。然后,同时向2支试管中分别加入稀 H_2SO_4,振荡。记录2支试管中从加入稀 H_2SO_4 至开始出现浑浊所需要的时间,完成表4-1。

表4-1 反应物浓度对化学反应速率影响的实验现象记录

试管号	0.1 mol/L $Na_2S_2O_3$溶液/mL	H_2O/mL	0.1 mol/L H_2SO_4溶液/mL	出现浑浊所需时间/s
1	2	2	4	
2	4	0	4	

实验结果表明:$Na_2S_2O_3$ 的浓度越大,反应速率越快。大量实验证明,**浓度对化学反应速率的影响**:当其他条件不变时,增大反应物的浓度,反应速率加快;减小反应物的浓度,反应速率减慢。

前面学到,物质 B 的物质的量浓度通常用 c_B 或 $c(B)$ 表示;但在需要时,也可以用 $[B]$ 表示。

> **拓展延伸**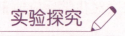
>
> ### 反应速率与质量作用定律
>
> 化学家在大量实验的基础上总结出:对于一步完成的简单反应,即基元反应,在一定条件下,其反应速率与各反应物浓度幂的乘积成正比,各浓度的幂在数值上等于基元反应中各反应物相应的化学计量数。这个规律称为质量作用定律。
>
> 例如,对基元反应 $aA+bB \rightleftharpoons cC+dD$,反应速率与反应物浓度的关系为
>
> $$v = kc_A^a c_B^b \text{ 或 } v = k[A]^a[B]^b$$
>
> k 值称为反应速率常数,与温度有关,而与浓度无关;温度一定,速率常数为一定值。k 值越大,则反应速率越快。

2. 反应温度对化学反应速率的影响

实验探究

取 2 支试管,编号。按表 4-2 数据向试管 1 和 2 中分别加入 $Na_2S_2O_3$ 溶液;将试管 2 放入 50 ℃ 水浴中加热,稍待片刻;然后,同时向这 2 支试管中分别加入稀 H_2SO_4,振荡。记录 2 支试管从加入稀 H_2SO_4 至开始出现浑浊所需要的时间,完成表 4-2。

表 4-2 反应温度对化学反应速率影响的实验现象记录

试管号	0.1 mol/L $Na_2S_2O_3$ 溶液/mL	0.1 mol/L H_2SO_4 溶液/mL	$Na_2S_2O_3$ 溶液温度	出现浑浊所需时间/s
1	4	4	室温	
2	4	4	约 50 ℃	

实验结果表明:当 $Na_2S_2O_3$ 溶液浓度不变时,温度升高,反应速率加快。大量实验证明,**温度对化学反应速率的影响**:当其他条件不变时,升高温度,反应速率加快;降低温度,反应速率减慢。

1884 年,荷兰科学家范特霍夫通过大量实验证明:当其他条件不变时,温度每升高 10 ℃,反应速率增大到原来的 2~4 倍。

3. 压强对化学反应速率的影响

温度一定时,压强的改变会明显影响气体的体积。压强增大,气体体积减小,单位体积内气体分子数目增加,即气体物质的浓度相应增大(图 4-1)。

由此得出结论,压强对化学反应速率的影响:当其他条件不变时,增大压强,相当于增大了气体反应物的浓度,因此,化学反应速率加快;减小压强,相当于减小了气体反应物的浓度,因此,化学反应速率减慢。

图 4-1　压强与气体体积

由于压强的改变对固体、液体体积的影响极小,因此,对于只有固体或液体物质参与的反应,压强对反应速率的影响可以忽略不计。

4. 催化剂对化学反应速率的影响

初中化学中已经学习过,加热 $KClO_3$ 可以制取 O_2,但反应速率很慢,加入 MnO_2 可以明显加快 $KClO_3$ 分解的速率,MnO_2 是该反应的催化剂。催化剂是一种能改变其他物质的化学反应速率,而自身质量和化学性质都没有改变的物质。在不予注明时,催化剂通常指加快反应速率的催化剂,又称正催化剂。

催化剂不仅在实验室经常使用,在现代化学和化工生产中也极为重要。例如,硫酸工业中,由 SO_2 制 SO_3 的反应常用五氧化二钒(V_2O_5)作催化剂加快反应速率;合成氨工业中,H_2 和 N_2 的反应,则用以铁为主体的多成分催化剂来催化。据统计,有 80%~85% 的化工生产过程使用了催化剂,目的是增大反应速率,提高生产效率。生物体内的许多生化反应,也有催化剂的参与。

拓展延伸

生物催化剂——酶

催化剂的种类繁多,生命体中的催化剂——酶是一种高效催化剂。这种存在于生命体中的催化剂又称为酵素或者生物催化剂,它是活细胞产生的具有催化活性和高度选择性的特殊有机物,可以加快细胞中反应的速率,使细胞高效率地实现功能,对生物体内的消化、吸收、代谢等过程起着非常重要的催化作用。酶的种类很多,如淀粉酶、胃蛋白酶、胰蛋白酶等。酶催化作用的选择性极强,一种酶只对一类物质或反应起催化作用。酶所催化的化学反应一般是在比较温和的条件下进行,在最适宜的温度和 pH 下,酶的活性最高。

影响化学反应速率的主要因素为浓度、温度、压强、催化剂。此外,还有一些因素也可以对化学反应速率产生影响。例如,劈开的木片比完整木块的燃烧速率更快,说明反应物的接触面积也可以影响化学反应速率。因此,在化学反应中,将固体反应物进行粉碎,将互不相溶的液体反应物充分搅拌,都是加快化学反应速率的常用办法。在医药上,增加药物和人体组织的接触面积加快药物吸收,是提高药物疗效的常用办法。例如,将外用红霉素固体溶于凡士林,配制成红霉素软膏,提高疗效。其他如光照、超声波、强磁场等因素对一些化学反应的速率也有一定影响。

化学与强国

中国催化剂之父——闵恩泽

闵恩泽(1924—2016),四川成都人,石油化工催化剂专家,中国科学院和中国工程院院士,我国炼油催化应用科学的奠基人、石油化工技术自主创新的先行者、绿色化学的开拓者,被誉为"中国催化剂之父"。闵恩泽院士毕生致力于催化剂的研究和开发,他和他的研究团队突破了国外的相关技术封锁,研制了一些具有自主知识产权的石油炼制催化剂,使我国在该领域达到国际先进水平。1995年后,闵恩泽院士牵头指导开发化纤生产新工艺、生物柴油清洁生产新工艺,开启了我国的绿色化工时代。因成就突出,闵恩泽院士获得国家最高科学技术奖,成为一颗小行星的冠名者。

学习评价

1. 下列关于化学反应速率的说法正确的是(　　)

   A. 化学反应速率是用来衡量化学反应进行的快慢程度的物理量

   B. 用不同的反应物或生成物表示反应速率时,数值相同

   C. 对于任何化学反应,反应速率越大,反应现象越明显

   D. 化学反应速率为 0.1 mol/(L·min),表示 1 min 后,某物质的浓度为 0.1 mol/L

2. 一定温度下,对反应 $C+CO_2 \rightleftharpoons 2CO$ 来说,增大下列物质的浓度,可以加快反应速率的是(　　)

   A. C　　　　　　B. CO_2　　　　　　C. CO　　　　　　D. 以上均可

3. 决定化学反应速率快慢的根本因素是(　　)

   A. 温度　　　　　　　　　　　B. 压强

   C. 浓度　　　　　　　　　　　D. 反应物本身的结构和性质

4. 化学反应速率通常用_____来表示,单位为_____或_____等。

5. 影响化学反应速率的外界因素主要有_____、_____、_____和_____。

6. 实验证明,当其他条件不变时,温度每升高 10 ℃,反应速率增大到原来的_____倍。

第二节 化学平衡

> **温故知新**
>
> 写出氯水中 Cl_2 与 H_2O 反应的化学方程式,思考反应物是否能按化学计量关系完全转变成产物。

氯水呈浅黄绿色,说明氯水中存在溶于水的 Cl_2;但氯水有漂白作用,说明 Cl_2 与 H_2O 发生反应,生成了 HClO。因此,该反应只能部分进行。那么,什么样的反应只能部分进行,而不能进行到底呢?

一、可逆反应

常温下,Cl_2 和 H_2O 反应可生成 HCl 和 HClO;但在同一条件下,HCl 和 HClO 又会反应生成 Cl_2 与 H_2O。因此,部分 Cl_2 在与 H_2O 发生反应生成了 HCl 和 HClO 的同时,HCl 和 HClO 也发生反应生成了 Cl_2 与 H_2O。这一反应中,反应物不能完全转变成产物,反应只能进行到一定的限度,不能进行到底。

像这种在同一条件下,既能向正反应方向进行,又能向逆反应方向进行的化学反应称为**可逆反应**。在书写化学方程式时,可逆反应用符号"$\rightleftharpoons$"表示。在表达可逆反应时,常将自左向右的反应称为"正反应",自右向左的反应称为"逆反应"。很多化学反应都是可逆反应,如合成氨、二氧化碳溶于水生成碳酸的反应等。

可逆反应的特点是在密闭容器中,反应不能进行到底。即在密闭容器中,可逆反应的反应物不能全部转化为生成物,反应物和生成物总是共存的。

二、化学平衡和化学平衡常数

可逆反应在密闭容器中的反应是有限度的,只能达到平衡状态。以合成氨为例:

$$N_2 + 3H_2 \xrightleftharpoons[\text{逆反应}]{\text{正反应}} 2NH_3$$

一定条件下,向反应容器中充入 N_2、H_2,反应刚开始,N_2、H_2 的浓度最大,NH_3 的浓度为零,反应正向进行的速率最大,逆反应速率为 0。随着反应的进行,N_2 和 H_2 的浓度逐渐减小,正反应速率相应减小;生成物 NH_3 的浓度逐渐增大,逆反应速率相应增大。当正、逆反应速率相等时(图4-2),容器中反应物 N_2、H_2 和生成物 NH_3 的浓度不再随时间而改变。此时,化学反应虽然没有停止,但各反应物和生成物的浓度均不再随时间改变,可逆反应处于一种特定的状态,这种状态称为**化学平衡状态**,简称**化学平衡**。

化学平衡的特征主要表现在三个方面。

① 化学平衡是一种动态平衡:平衡状态下,可逆反应仍在进行,只是正、逆反应速率相等。

② 化学平衡是可逆反应进行的最大限度:在可逆反应的平衡体系中,各物质的浓度保持恒定,这是化学平衡的标志。

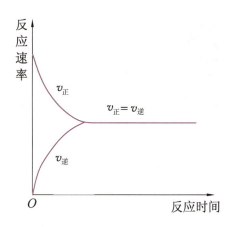

图4-2 可逆反应中正、逆反应速率随时间变化图

③ 化学平衡可以改变:化学平衡是在一定条件下建立的暂时存在的状态,如果平衡体系的条件改变,原有的化学平衡就会被破坏,从而建立新的化学平衡。

研究发现,其他条件不变时,不管合成氨的初始浓度如何,达到平衡状态后,体系中各组分的平衡浓度之间总是存在以下关系: $\dfrac{[NH_3]^2}{[N_2][H_2]^3}$ 的值是个常数。

在一定条件下,可逆反应达到化学平衡时,反应物和生成物的浓度称为**平衡浓度**。某可逆反应方程式如下:

$$aA + bB \rightleftharpoons cD + dD$$

可逆反应达到化学平衡时,生成物浓度幂的乘积与反应物浓度幂的乘积之比是一个常数。这个常数称为**化学平衡常数**,符号为 K,表达式为

$$K = \frac{[C]^c \cdot [D]^d}{[A]^a \cdot [B]^b}$$

式中,$[A]$、$[B]$、$[C]$、$[D]$ 为反应物和生成物平衡时的物质的量浓度,a、b、c、d 为方程式中各相应化学式前面的系数。

平衡常数 K 表示平衡体系中正反应进行的程度。K 值越大,表示正反应进行得越完全;K 值越小,表示正反应进行得越不完全。

交流讨论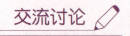

请写出下列可逆反应的平衡常数表达式。

① $N_2O_4 \rightleftharpoons 2NO_2$ ② $H_2 + Br_2 \rightleftharpoons 2HBr$

对于同一可逆反应,平衡常数 K 随温度变化而变化,故使用时必须注意相应的温度。固体、纯液体、水溶液中水的浓度可视为常数,并入平衡常数。

三、化学平衡的移动

化学平衡是可逆反应相对的、暂时的、有条件的平衡状态,当平衡体系条件(如温度、压强、浓度等)发生改变时,原来的平衡状态被破坏,一段时间后在新的条件下会达到新的平衡状态。这种因外界条件改变,使可逆反应从原来的平衡状态转变到新的平衡状态的过程称为**化学平衡的移动**。

对于已经达到平衡状态的化学反应,探索化学平衡发生移动的各种因素,有助于我们更好地利用化学反应。

1. 浓度变化对化学平衡的影响

> **实验探究**
>
> 在一个小烧杯里加入 10 mL 蒸馏水,然后滴入 0.1 mol/L $FeCl_3$ 溶液和 0.1 mol/L KSCN 溶液各 5 滴,得到血红色溶液。
>
> $$FeCl_3 + 3KSCN \rightleftharpoons \underset{\text{血红色}}{Fe(SCN)_3} + 3KCl$$
>
> 将烧杯里的溶液平分到 3 支试管中并编号。往试管 1 中加入 5 滴 1 mol/L $FeCl_3$ 溶液,往试管 2 中加入 5 滴 1 mol/L KSCN 溶液,试管 3 留作比较,观察 1、2 试管中溶液颜色的变化。

从上述实验可以观察到:在平衡混合物里加入 $FeCl_3$ 溶液或 KSCN 溶液后,溶液的血红色都变深了,说明血红色化合物 $Fe(SCN)_3$ 的浓度增加了,可见增加反应物的浓度,可以使平衡向正反应方向(向右)移动。

大量实验表明,**浓度对化学平衡的影响**:在其他条件不变时,增大反应物的浓度或减小生成物的浓度,平衡向正反应方向(向右)移动;增大生成物的浓度或减小反应物的浓度,平衡向逆反应方向(向左)移动。

根据上述原理,工业生产时往往通过适当增加相对廉价的反应物或及时分离出生成物的方法来提高产量,降低成本。如工业制硫酸中,常通入过量的空气使 SO_2 充分氧化,以得到更多的 SO_3。

> **化学与医药**
>
> **高压氧舱治疗**
>
> 人体血液中的血红蛋白(Hb)和氧气结合后可生成氧合血红蛋白(HbO_2),氧合血红蛋白会释放氧气供组织细胞利用,其化学过程为 $Hb + O_2 \rightleftharpoons HbO_2$。

高压氧舱是一种为患者提供高浓度氧气（高压）的医疗设备，通过提供高压氧气或高压空气，使舱内氧气浓度高于大气中氧气浓度，以便为患者提供更多的氧气。高压氧舱对多种疾病有治疗作用。例如，对于缺血缺氧性脑病等缺氧性疾病，高压氧舱治疗可以通过增大氧气的浓度，使平衡向生成氧合血红蛋白的方向移动，从而提高组织细胞的氧供，促进病情的好转。

2. 温度变化对化学平衡的影响

化学反应常伴随着放热或吸热现象的发生。放出热量的反应称为**放热反应**，吸收热量的反应称为**吸热反应**。为了表示反应的热效应，一般在化学方程式的右边写出热量变化。热量变化用焓变（ΔH）表示。$\Delta H<0$ 表示放热，$\Delta H>0$ 表示吸热。对于可逆反应，如果正反应是放热反应，逆反应就一定是吸热反应，而且放出的热量和吸收的热量相等。如二氧化氮生成四氧化二氮的反应：

$$2NO_2(气) \rightleftharpoons N_2O_4(气)；\Delta H<0$$
红棕色　　　　　　无色

实验探究

将装有 NO_2 和 N_2O_4 平衡气体的平衡球的一端浸入热水中，另一端浸入冷水中（图 4-3）。观察并比较两端球内混合气体的颜色变化。

图 4-3　温度对化学平衡的影响

热水中球内气体的颜色变深，表明 NO_2 浓度增大，平衡向逆反应（吸热反应）方向移动；冷水中球内气体的颜色变浅，表明 NO_2 浓度减小，N_2O_4 浓度增加，平衡向正反应（放热反应）方向移动。

大量实验表明，**温度对化学平衡的影响**：在其他条件不变时，升高温度，化学平衡向吸热反应（$\Delta H>0$）方向移动；降低温度，平衡向放热反应（$\Delta H<0$）方向移动。

3. 压强变化对化学平衡的影响

压强变化仅对气体的体积产生影响，也就是说，增大压强，相当于同倍数增大了平衡体系中所有气体组分的浓度；减小压强，相当于同倍数减小了平衡体系中所有气体组分的浓度。这种浓度变化对平衡体系会产生什么样的影响？以 $2NO_2 \rightleftharpoons N_2O_4$ 平衡体系为例进行讨论。

实验探究

如图4-4所示,注射器中吸入一定量NO_2和N_2O_4的平衡气体,用橡皮塞将细端管口封闭。快速推进、拉出注射器活塞,仔细观察管中气体的颜色变化。

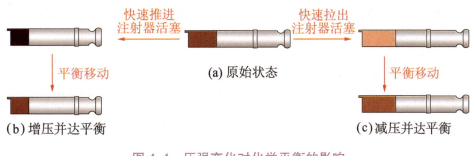

图4-4 压强变化对化学平衡的影响

从上述实验可以观察到:快速推进注射器活塞,管内体积减小,混合气体的颜色先变深,后逐渐变浅。这是因为快速推进注射器活塞,体系中NO_2的浓度迅速变大,颜色变深,然后平衡向正反应方向移动,NO_2的浓度逐渐变小,颜色变浅,说明增大压强,平衡向气体分子总数减少的方向移动。快速拉出注射器活塞,管内体积增大,混合气体的颜色先变浅,后逐渐变深。这是因为快速拉出注射器活塞,体系中NO_2的浓度迅速变小,颜色变浅,然后平衡向逆反应方向移动,NO_2的浓度变大,颜色变深,说明减小压强,平衡向气体分子总数增加的方向移动。

对于有气体参加的可逆反应,压强对化学平衡的影响:其他条件不变时,增大压强,平衡向气体分子总数减少的方向移动;减小压强,平衡向气体分子总数增大的方向移动。如反应前后气体分子总数不变或者无气体参加,改变反应体系的压强,平衡不移动。

由于催化剂能同等程度地增加正、逆反应速率,所以使用催化剂,对平衡没有影响。但催化剂能缩短可逆反应达到平衡的时间,从而提高生产效率。

综上所述,在平衡体系中:增大(减小)反应物浓度或减小(增大)生成物浓度,平衡向正(逆)反应方向移动;升高(降低)温度,平衡向吸(放)热反应方向移动;增大(减小)体系压强,平衡向气体分子总数减少(增加)的方向移动。

可见,如果改变影响平衡的一个因素,平衡就向着能够削弱或消除这种改变的方向移动。这个规律称为勒夏特列原理,又称平衡移动原理。

化学平衡移动原理的提出,为化工生产提高产能提供了重要的理论基础。如在合成氨工业中,人们应用化学平衡移动原理来选择和优化反应条件(如控制反应的温度、压强等),提高氨的产率。

> **化学与强国**
>
> ### 碳达峰和碳中和
>
> 气候变化是人类面临的全球性问题。由于CO_2过度排放,温室气体猛增,生态系统遭到了威胁。在这一背景下,我国提出碳达峰和碳中和目标。CO_2减排策略主要有三方面:减少排放、捕集封存、转化利用。如利用CO_2和H_2在高温、高压和催化条件下反应生成甲醇,可实现碳资源的绿色循环。
>
> $$CO_2(g)+H_2(g) \rightleftharpoons CH_3OH(g)+H_2O(g)$$
>
> 经过我国科学家的不断努力,2020年在海南建成了5 000 t级的CO_2制备甲醇的生产装置,该装置提高了CO_2转化能力、降低了CO_2排放量,标志着我国在"碳中和"领域已经走到了世界前列。

学习评价

1. 当反应$2NO(g)+O_2(g) \rightleftharpoons 2NO_2(g)$($\Delta H>0$)达平衡时,改变下列条件,平衡一定向右移动的是(　　)

   A. 升温加压　　　B. 升温降压　　　C. 降温升压　　　D. 降温降压

2. 改变体系总压强,下列平衡不发生移动的是(　　)

   A. $C(s)+O_2(g) \rightleftharpoons CO_2(g)$　　　　B. $N_2(g)+3H_2(g) \rightleftharpoons 2NH_3(g)$

   C. $3O_2(g) \rightleftharpoons 2O_3(g)$　　　　　　D. $CaCO_3(s) \rightleftharpoons CaO(s)+CO_2(g)$

3. 当可逆反应$N_2+3H_2 \rightleftharpoons 2NH_3$达到平衡时,下列说法正确的是(　　)

   A. N_2和H_2不再反应　　　　　　　B. N_2、H_2、NH_3浓度相等

   C. N_2、H_2、NH_3各自浓度保持恒定　　D. 正、逆反应速率等于零

4. 某一化学反应,反应物和生成物都是气体,改变下列条件一定能使化学平衡向正反应方向进行的是(　　)

   A. 增大反应物的浓度　　　　　　B. 减小反应容器的体积

   C. 升高反应温度　　　　　　　　D. 使用催化剂

5. 向$FeCl_3+6KSCN \rightleftharpoons K_3[Fe(SCN)_6]+3KCl$平衡体系中加入$FeCl_3$溶液,混合液的血红色_____,表明平衡向_____移动。

6. 某温度下,在体积为2 L的密闭容器中,注入10 mol 二氧化硫和5 mol 氧气,发生如下反应:$2SO_2+O_2 \rightleftharpoons 2SO_3$。平衡时,平衡体系中三氧化硫共6 mol,求该反应的平衡常数。

第五章　电解质溶液

电解质溶液在生命科学、生产生活和环境保护等方面有着极其广泛的应用。例如，人体中的多种电解质离子，对维持体内酸碱平衡和渗透平衡起着重要作用。调控溶液的酸碱性，对保证产品质量意义重大。酸、碱、盐之间的离子反应可以用于有害废水的治理等。本章将运用物质结构知识和化学平衡理论，进一步讨论电解质溶液的性质，以便从本质上更好地认识酸、碱、盐在水溶液里所发生的反应及其应用。

● **预期目标**

从宏观与微观结合的角度分析问题，理解强、弱电解质的区别，离子反应的实质和离子反应发生的条件。会进行溶液 pH 的简单计算，会书写离子反应方程式。

能运用变化观念和平衡思想，分析弱电解质的解离平衡、盐类水解的本质，理解弱电解质解离平衡的移动、溶液的酸碱性，以及盐的水解机制和缓冲作用的原理，解决医药卫生领域的实际问题。

通过对离子反应条件的探究，揭示离子反应的实质。通过对缓冲作用、盐类水解的分析，理解弱电解质的解离和平衡移动原理。发展认知规律、总结规律的能力。

进行溶液酸碱性、离子反应、盐类水解和缓冲溶液的实验探究，养成良好的实验习惯，初步掌握科学的实验探究方法，强化综合应用能力，激发创新意识。

掌握电解质溶液在生产生活和医药方面的应用，形成环保意识，培养社会责任感；学习科学家探索未知、严谨求实的科学精神，形成爱国、敬业的核心价值观。

第一节 弱电解质的解离平衡

温故知新

在初中化学中,我们知道:凡是在溶液中解离(也称电离)出的阳离子全部是 H^+ 的是酸;凡是在溶液中解离出的阴离子全部是 OH^- 的是碱。那么,什么是解离?什么样的物质能够解离?

解离是溶液中电解质的重要性质。在水溶液中,电解质都能解离。

一、电解质的概念

1. 电解质和非电解质

实验探究

在图 5-1 所示溶液导电性实验装置中,分别加入 0.5 mol/L 相同体积的葡萄糖溶液、盐酸、NaOH 溶液、NaCl 溶液、醋酸和氨水进行导电实验,接通电源,观察并记录现象。

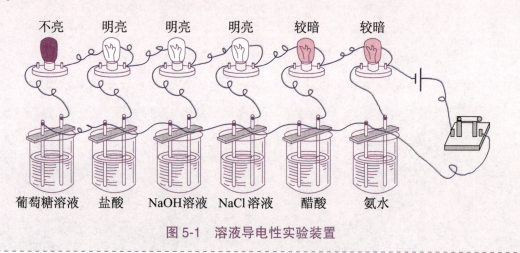

图 5-1　溶液导电性实验装置

实验表明,HCl、NaOH、NaCl、CH_3COOH、$NH_3 \cdot H_2O$ 在溶液中能够导电,而葡萄糖在溶液中不能导电。

进一步的实验表明,NaCl、$BaSO_4$ 等固体加热至熔融状态下也能导电。化学上,把在水溶液中或熔融状态下能导电的化合物称为电解质,把在水溶液中和熔融状态下都不能导电的化合物称为非电解质。酸、碱、盐都是电解质;大多数有机化合物,如葡萄糖、蔗糖、乙醇等都是非电解质。

为什么电解质在水溶液或熔融状态下能够导电？因为在水溶液或熔融状态下,电解质能够分离成自由离子,离子在电场作用下定向移动形成电流。电解质在水溶液或熔融状态下分离成自由离子的过程称为解离。本章仅讨论电解质在水溶液中的解离。

NaCl 可溶于水,在水溶液中发生如下解离:NaCl $\rightleftharpoons$ Na$^+$+Cl$^-$。在水溶液中,电解质都存在解离现象。从分子或离子层面更深入地观察溶液的组成,可以解释电解质溶液和非电解质溶液性质的差异。

交流讨论

写出 HCl、NaOH 的解离方程式。

2. 强电解质和弱电解质

从上述溶液导电性实验中可以看到,相同条件和浓度下,与盐酸、NaOH 溶液、NaCl 溶液连接的电路上的灯泡明亮,而与醋酸、氨水连接的电路上的灯泡较暗,说明不同电解质溶液的导电能力有所不同。溶液导电能力和溶液中自由离子的浓度有关,离子浓度越大,导电能力越强;离子浓度越小,导电能力越弱。

HCl、NaOH、NaCl 在水溶液中完全解离,离子浓度大,溶液的导电能力强;CH$_3$COOH、NH$_3$·H$_2$O 在水溶液中只能部分解离,离子浓度小,导电能力弱。在水溶液中,能完全解离的电解质称为强电解质,常见的强电解质有强酸、强碱和绝大多数盐;在水溶液中,只有部分解离的电解质称为弱电解质,常见的弱电解质有弱酸、弱碱、水和 HgCl$_2$ 等极少数的盐。

电解质
- 强电解质
  - 强酸——HCl、H$_2$SO$_4$、HNO$_3$ 等
  - 强碱——NaOH、KOH、Ba(OH)$_2$ 等
  - 绝大多数盐——KCl、Na$_2$SO$_4$ 等
- 弱电解质
  - 弱酸——CH$_3$COOH、H$_2$CO$_3$ 等
  - 弱碱——NH$_3$·H$_2$O、Al(OH)$_3$ 等
  - 极少部分盐
  - 水

电解质的解离通常用解离方程式表示。

强电解质的解离是完全的,解离方程式中通常用"$=\!=\!=$"(也可用"$\longrightarrow$")。例如:

HCl $=\!=\!=$ H$^+$+Cl$^-$ Na$_2$SO$_4$ $=\!=\!=$ 2Na$^+$+SO$_4^{2-}$

> **问题解决**
>
> 判断下列化合物是否属于强电解质：HNO_3、$Ba(OH)_2$、H_3PO_4、Na_2CO_3，如果是强电解质，请写出解离方程式。

二、弱电解质的解离

1. 解离平衡

弱电解质在溶液中只能部分解离，解离方程式中用"$\rightleftharpoons$"。例如：

$$CH_3COOH \rightleftharpoons CH_3COO^- + H^+ \qquad NH_3 \cdot H_2O \rightleftharpoons NH_4^+ + OH^-$$

弱电解质的解离过程是可逆的，解离平衡遵循化学平衡原理。以醋酸的解离为例：

$$CH_3COOH \rightleftharpoons CH_3COO^- + H^+$$

开始时，溶液中 CH_3COOH 的浓度最大，因此醋酸分子的解离速率最快。随着解离的进行，溶液中 CH_3COOH 的浓度逐渐减小，解离速率逐渐减慢；反之，开始时，CH_3COO^- 和 H^+ 浓度的数值为 0，随着解离的进行，溶液中 CH_3COO^- 和 H^+ 的浓度不断增大，离子结合成分子的速率逐渐加快。当解离和结合的速率相等时，溶液中各组分的浓度不再改变，体系处于平衡状态。这种在一定条件下，弱电解质分子解离成离子的速率和离子结合成分子的速率相等时的状态，称为弱电解质的**解离平衡**。

2. 解离平衡常数

如何定量表示弱电解质在溶液中的解离程度呢？

当弱电解质的解离达到平衡时，溶液中弱电解质分子、离子的浓度保持不变。在一定温度下，已解离的弱电解质各离子浓度的乘积和未解离的弱电解质分子浓度的比值是一个常数，称为**解离平衡常数**，简称解离常数，用符号 K_i 表示。通常弱酸用 K_a 表示，弱碱用 K_b 表示。

例如，CH_3COOH 的解离方程式和解离常数表达式为

$$CH_3COOH \rightleftharpoons CH_3COO^- + H^+$$

$$K_a = \frac{[CH_3COO^-] \cdot [H^+]}{[CH_3COOH]}$$

$NH_3 \cdot H_2O$ 的解离方程式和解离常数表达式为

$$NH_3 \cdot H_2O \rightleftharpoons NH_4^+ + OH^-$$

$$K_b = \frac{[NH_4^+] \cdot [OH^-]}{[NH_3 \cdot H_2O]}$$

和化学平衡常数相同,解离常数 K_i 的数值随温度而变,与浓度无关。

从 K_i 的表达式可以看出:在一定温度时,弱电解质的 K_i 越大,说明平衡体系中离子浓度越大,该弱电解质越容易解离;弱电解质的 K_i 越小,说明平衡体系中离子浓度越小,表示该弱电解质越难解离。因此,可以通过比较 K_i 的大小判断弱电解质的相对强弱。例如,25 ℃时,醋酸的 K_i 为 1.8×10^{-5},而氢氰酸的 K_i 为 4.93×10^{-10},表明醋酸的酸性比氢氰酸强。

多元弱酸的解离是分级进行的。例如,25 ℃时,碳酸分两级解离。

一级解离的方程式:$H_2CO_3 \rightleftharpoons H^+ + HCO_3^-$。

一级解离的解离常数表示式及数值:$K_{a1} = \dfrac{[HCO_3^-]\cdot[H^+]}{[H_2CO_3]}$,$K_{a1} = 4.3\times10^{-7}$。

二级解离的方程式:$HCO_3^- \rightleftharpoons H^+ + CO_3^{2-}$。

二级解离的解离常数表示式及数值:$K_{a2} = \dfrac{[CO_3^{2-}]\cdot[H^+]}{[HCO_3^-]}$,$K_{a2} = 5.61\times10^{-11}$。

从碳酸解离常数的数值可以看出,多元弱酸解离时,二级解离远比一级解离困难,多级解离越来越难。因此,多元弱酸的酸性强弱主要取决于一级解离的程度。常见弱酸、弱碱的解离常数见表 5-1。

表 5-1　常见弱酸、弱碱的解离常数(25 ℃)

电解质	化学式	K_i	电解质	化学式	K_i
甲酸	HCOOH	$K_a = 1.77\times10^{-4}$	磷酸	H_3PO_4	$K_{a1} = 7.52\times10^{-3}$ $K_{a2} = 6.23\times10^{-8}$ $K_{a3} = 2.2\times10^{-13}$
醋酸	CH_3COOH	$K_a = 1.8\times10^{-5}$			
次氯酸	HClO	$K_a = 2.95\times10^{-8}$			
氢氰酸	HCN	$K_a = 4.93\times10^{-10}$	氨水	$NH_3\cdot H_2O$	$K_b = 1.8\times10^{-5}$
碳酸	H_2CO_3	$K_{a1} = 4.3\times10^{-7}$ $K_{a2} = 5.61\times10^{-11}$			

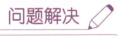

根据醋酸、碳酸、次氯酸的解离常数,判断三者酸性由强到弱的顺序。

3. 解离度

弱电解质在溶液中只能部分解离,解离程度的大小可以用解离度表示。一定温度下,当弱电解质在溶液里达到解离平衡时,溶液中已解离的弱电解质分子数占弱电解质分子总数(包括已解离的和未解离的)的百分数称为**解离度**。解离度用符号 α 表示:

$$\alpha = \frac{\text{已解离的弱电解质分子数}}{\text{弱电解质分子总数}} \times 100\%$$

例1 25 ℃ 0.1 mol/L 氨水中,经实验测定,每 10 000 个 $NH_3 \cdot H_2O$ 中,有 134 个 $NH_3 \cdot H_2O$ 解离,求 $NH_3 \cdot H_2O$ 在该温度下的解离度。

解:根据公式 $\alpha = \dfrac{\text{已解离的弱电解质分子数}}{\text{弱电解质分子总数}} \times 100\%$

得 $\alpha = \dfrac{134}{10\,000} \times 100\% = 1.34\%$

答:25 ℃时,0.1 mol/L 氨水中 $NH_3 \cdot H_2O$ 的解离度为 1.34%。

强电解质是完全解离的,其解离度的理论值为 100%。弱电解质的解离度主要取决于弱电解质的本性及溶液的温度和浓度,弱电解质的本性可以通过解离常数 K_i 体现。K_i 数值随溶液温度的变化而变化。

解离度在实际应用中具有重要的意义。在医药领域,许多有机药物在分子状态时难溶于水且解离度很小,影响药物在体内的吸收;通过将药物制成盐,可以明显增大溶解度和解离度,从而提高药效。在环境保护中,了解环境中各种化学物质的解离度,可以评估其对环境和生态的影响,为环境保护和污染治理提供依据。例如,当空气中 SO_2 等酸性气体含量增加时,雨水的酸性就会增强,严重时可引起酸雨。

4. 解离平衡的移动

解离平衡与化学平衡一样,也是动态平衡。解离达到平衡时,溶液中离子的浓度和分子的浓度都保持不变。当外界条件改变时,平衡会发生移动。

例如,当醋酸溶液达到解离平衡时,溶液里 CH_3COOH、H^+、CH_3COO^- 都保持一定浓度。若改变其中任一物质的浓度,则平衡会发生移动。

若加入盐酸,由于 HCl 是强电解质,解离出 H^+,溶液中的 H^+ 浓度增大,则解离平衡向左移动,CH_3COOH 的解离度减小。

向左移动,CH_3COOH 解离度减小

$$CH_3COOH \rightleftharpoons CH_3COO^- + H^+$$
$$HCl = Cl^- + H^+$$

若加入醋酸钠,由于 CH_3COONa 是强电解质($CH_3COONa = CH_3COO^- + Na^+$),解离出的 CH_3COO^- 增大了溶液中 CH_3COO^- 的浓度,则解离平衡向左移动,CN_3COOH 的解离度减小。

向左移动,CH_3COOH 解离度减小

$$CH_3COOH \rightleftharpoons CH_3COO^- + H^+$$
$$CH_3COONa = CH_3COO^- + Na^+$$

若加入氢氧化钠,由于 NaOH 是强电解质,解离出的 OH^- 能够和 H^+ 结合生成 H_2O,H^+

浓度降低,则解离平衡向右移动,CH_3COOH 的解离度增大。

平衡向右移动,CH_3COOH 解离度增大
$$CH_3COOH \rightleftharpoons CH_3COO^- + H^+$$
$$NaOH == Na^+ + OH^-$$
平衡向生成水方向移动,$[H^+]$ 减小
$$H_2O$$

可见,改变电解质分子或离子浓度可使原来的解离平衡发生移动,直至建立新的平衡。解离平衡移动也遵循化学平衡移动原理。

学习评价

1. 下列物质属于强电解质的是( )
   1. 氨水　　　　　B. 蔗糖　　　　　C. 醋酸　　　　　D. 氯化钠

2. 下列解离方程式书写错误的是( )
   A. $CH_3COOH \rightleftharpoons CH_3COO^- + H^+$　　　B. $NH_3 \cdot H_2O \rightleftharpoons NH_4^+ + OH^-$
   C. $NH_4Cl \rightleftharpoons NH_4^+ + Cl^-$　　　D. $NaCl == Na^+ + Cl^-$

3. 对于弱电解质溶液,下列说法正确的是( )
   A. 溶液中没有溶质分子,只有离子　　　B. 溶液中没有离子,只有溶质分子
   C. 溶液中只有溶质分子和溶剂分子存在　　　D. 弱电解质的解离是不完全的

4. 有一组物质:KNO_3、$C_6H_{12}O_6$(葡萄糖)、NH_4Cl、CH_3COONa、$NH_3 \cdot H_2O$、H_2S、HCN、Na_2CO_3,其中,属于强电解质的有_____,属于弱电解质的有_____,属于非电解质的有_____。

5. 氨水的解离方程式是_____,在氨水中存在的离子有_____,向其中分别加入① $NaOH$、② HCl、③ NH_4Cl,则加入①后解离平衡向_____移动,加入②后向_____移动,加入③后向_____移动。

6. 用 1 mol/L 醋酸溶液和 1 mol/L 氨水分别进行导电性实验,发现灯泡亮度都很低;将两种溶液等体积混合再进行导电性实验,灯泡亮度显著增加。请分析其中的原因。

7. 电解质水是近来在饮料市场出现的一种新型饮料,请查阅资料,了解电解质水的主要成分、功效和适用人群。

第二节 离子反应和离子方程式

温故知新

电解质在水溶液中能解离出自由移动的离子。那么,在水溶液中,电解质之间的反应是在离子之间进行的吗?电解质在溶液中反应时,其本质是什么?

在溶液中,电解质之间的反应是以离子的形式进行的,本质是离子之间发生了反应。

一、离子反应和离子方程式的概念

实验探究

取 2 支试管编号,1 号试管中加入 0.1 mol/L NaCl 溶液 1 mL,2 号试管中加入 0.1 mol/L HCl 溶液 1 mL。再向 2 支试管中各加入 0.1 mol/L $AgNO_3$ 溶液 3~5 滴,观察现象,分析反应过程中的离子变化。

实验现象:2 支试管中都生成了 AgCl 白色沉淀。

1 号试管中,$AgNO_3$ 和 NaCl 反应的化学方程式为

$$AgNO_3 + NaCl == AgCl\downarrow + NaNO_3$$

反应物 $AgNO_3$ 和 NaCl 都是强电解质,在溶液中完全解离,因此,反应容器中实际存在的是 Ag^+、NO_3^-、Na^+、Cl^- 四种离子。产物 $NaNO_3$ 是可溶于水的强电解质,仍然以 NO_3^-、Na^+ 的形式存在于溶液中。而 AgCl 不溶于水,以沉淀形式离开了溶液。所以该反应的本质是

$$Ag^+ + Cl^- == AgCl\downarrow$$

2 号试管中,$AgNO_3$ 和 HCl 反应的化学方程式为

$$AgNO_3 + HCl == AgCl\downarrow + HNO_3$$

$AgNO_3$ 和 HCl 反应的本质同样是 $Ag^+ + Cl^- == AgCl\downarrow$。像这种有离子参加的反应称为**离子反应**。用实际参加反应的离子符号表示化学反应的式子称为**离子方程式**。上述 $AgNO_3$ 溶液分别与 NaCl 溶液、盐酸的反应,都可以用离子方程式 $Ag^+ + Cl^- == AgCl\downarrow$ 表示,离子方程式能更清晰地反映电解质在溶液中进行反应的本质。

二、离子方程式的书写步骤

书写离子方程式可按照如下步骤进行。

第一步：根据化学反应写出反应方程式。

第二步：把易溶于水的强电解质用离子符号表示，其他物质均以化学式表示。

第三步：删去两边不参加反应的离子，并化简。

第四步：检查离子方程式两边各元素的原子个数和电荷总数是否相等。

例如，书写碳酸钠溶液与盐酸反应的离子方程式可按照如下步骤进行。

第一步：$Na_2CO_3+2HCl =\!=\!= 2NaCl+H_2O+CO_2\uparrow$

第二步：$2Na^++CO_3^{2-}+2H^++2Cl^- =\!=\!= 2Na^++2Cl^-+H_2O+CO_2\uparrow$

第三步：$CO_3^{2-}+2H^+ =\!=\!= H_2O+CO_2\uparrow$

第四步：经检查，离子方程式左右两边各元素原子个数相等，电荷总数也相等。

交流讨论

完成表5-2中各反应的化学方程式和离子方程式，思考两种方程式在表示某一类反应时，表达的含义有什么不同，并进行讨论。

表 5-2　化学方程式与离子方程式的对比

反应物	化学方程式	离子方程式	两种方程式的不同
HCl+NaOH			
HCl+KOH			
H₂SO₄+NaOH			

化学方程式只能表示某一个特定的化学反应，而离子方程式不仅可以表示一定物质间的某个化学反应，还可以表示同一类化学反应。例如，只要是可溶性的强酸和强碱在溶液中发生中和反应，其本质都是 $H^++OH^- =\!=\!= H_2O$。

三、离子反应发生的条件

初中化学中，我们知道：溶液中，两种化合物互相交换成分，生成另外两种化合物的反应，称为复分解反应。复分解反应发生的条件是生成沉淀、气体和水。表5-3是典型复分解反应举例：

表 5-3 典型复分解反应举例

发生条件	反应方程式	离子方程式
沉淀	$Na_2SO_4+BaCl_2 =\!=\!= 2NaCl+BaSO_4\downarrow$	$SO_4^{2-}+Ba^{2+} =\!=\!= BaSO_4\downarrow$
气体	$2HCl+Na_2CO_3 =\!=\!= 2NaCl+CO_2\uparrow+H_2O$	$2H^++CO_3^{2-} =\!=\!= CO_2\uparrow+H_2O$
水	$HCl+NaOH =\!=\!= NaCl+H_2O$	$H^++OH^- =\!=\!= H_2O$

酸、碱、盐在水溶液中的复分解反应，实质上是电解质在溶液中相互交换离子的反应。复分解反应属于离子反应，发生的条件是生成沉淀、气体和水（或其他难解离物质）。

除复分解反应属于离子反应外，还有一些反应也是离子反应，如溶液中进行的有电解质参加的置换反应、氧化还原反应等。

例如，锌和盐酸反应：

反应方程式为 $Zn+2HCl =\!=\!= ZnCl_2+H_2\uparrow$

离子方程式为 $Zn+2H^+ =\!=\!= Zn^{2+}+H_2\uparrow$

再如，氯气和碘化钾反应：

反应方程式为 $Cl_2+2KI =\!=\!= 2KCl+I_2$

离子方程式为 $Cl_2+2I^- =\!=\!= 2Cl^-+I_2$

问题解决

将下列反应方程式改写成离子方程式：

① $Fe+2FeCl_3 =\!=\!= 3FeCl_2$

② $2KMnO_4+5K_2SO_3+3H_2SO_4 =\!=\!= 2MnSO_4+6K_2SO_4+3H_2O$

学习评价

1. 下列各组离子，能在溶液中大量共存的是（　　）

 A. K^+、H^+、SO_4^{2-}、OH^- B. Na^+、Ca^{2+}、CO_3^{2-}、NO_3^-

 C. Na^+、H^+、Cl^-、CO_3^{2-} D. Na^+、Cu^{2+}、Cl^-、SO_4^{2-}

2. 下列离子方程式正确的是（　　）

 A. 将稀硫酸滴在铜片上：$Cu+2H^+ =\!=\!= Cu^{2+}+H_2\uparrow$

 B. 将氧化镁与稀盐酸混合：$MgO+2H^+ =\!=\!= Mg^{2+}+H_2O$

 C. 将铜片插入硝酸银溶液中：$Cu+Ag^+ =\!=\!= Cu^{2+}+Ag\uparrow$

 D. 将稀盐酸滴在石灰石上：$CaCO_3+2H^+ =\!=\!= Ca^{2+}+H_2CO_3$

3. 有_____参加的反应称为离子反应,它表示一个反应的_____,还代表了_____反应。

4. 对于下面4组物质,能发生反应的,写出有关化学方程式;属于离子反应的,写出离子方程式;不能发生反应的,说明原因。

① 锌片与硫酸铜溶液
② 碳酸钡与稀盐酸
③ 醋酸与氢氧化钠溶液
④ 硝酸钠溶液与氯化钾溶液

第三节 水的解离和溶液 pH

> **温故知新**
>
> 电解质溶液都具有导电能力。酸、碱、盐都是电解质,在溶液中可以发生解离。溶液导电性实验告诉我们:水不能使外加电路的灯泡发光。那么,水到底能不能导电?水是不是电解质呢?

通过更为精密的电导仪测定发现,纯水是可以导电的,只是导电能力较弱。水是极弱电解质。

一、水的解离

实验证明,水能微弱地解离,如图 5-2 所示。

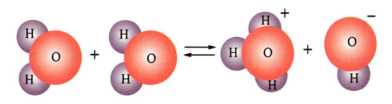

图 5-2 水的解离过程示意图

水的解离方程式为

$$H_2O + H_2O \rightleftharpoons H_3O^+ + OH^-$$

为方便表达,水的解离方程式常简写为

$$H_2O \rightleftharpoons H^+ + OH^-$$

研究表明,一定温度下,纯水中 H^+ 浓度和 OH^- 浓度的乘积总是一个常数,即 $[H^+] \cdot [OH^-] = K_w$。K_w 称为水的离子积常数,简称水的离子积。

实验测得,25 ℃时,纯水中 H^+ 和 OH^- 的浓度都等于 1×10^{-7} mol/L,则

$$K_w = [H^+] \cdot [OH^-] = 1\times10^{-14}$$

$K_w = 1\times10^{-14}$ 适用于 25℃时的纯水和任何稀溶液。K_w 随温度而变,温度升高,K_w 略有增大。通常,为方便讨论,在未注明条件时,默认条件为室温,即 25 ℃。

交流讨论

某溶液 $[H^+] = 1\times10^{-4}$ mol/L,求溶液中的 $[OH^-]$。

二、溶液的酸碱性和 pH

通过上述讨论可以得知,常温下,溶液的酸碱性与 $[H^+]$ 和 $[OH^-]$ 有如下关系。

中性溶液:$[H^+] = [OH^-] = 1\times10^{-7}$ mol/L

酸性溶液:$[H^+] > 1\times10^{-7}$ mol/L $> [OH^-]$

碱性溶液:$[H^+] < 1\times10^{-7}$ mol/L $< [OH^-]$

可见,$[H^+]$ 和 $[OH^-]$ 都可以表示溶液酸碱性的强弱。但在实际工作中,优先使用 $[H^+]$ 表示溶液的酸碱性。对于稀溶液,通常溶液中的 $[H^+]$ 或 $[OH^-]$ 都很小,给使用和计算带来不便。为了方便判断,常采用 pH 表示溶液的酸碱性。pH 是氢离子浓度的负对数,数学表达式为

$$pH = -\lg[H^+]$$

例如:

$[H^+] = 10^{-7}$ mol/L 的中性溶液,$pH = -\lg 10^{-7} = 7$

$[H^+] = 10^{-5}$ mol/L 的酸性溶液,$pH = -\lg 10^{-5} = 5$

$[H^+] = 10^{-9}$ mol/L 的碱性溶液,$pH = -\lg 10^{-9} = 9$

25 ℃时,中性溶液的 pH = 7,酸性溶液的 pH < 7,碱性溶液的 pH > 7。溶液的 pH 与 H^+ 浓度的关系见图 5-3。

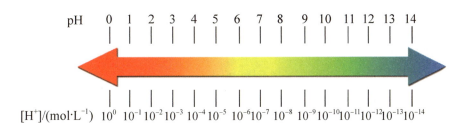

图 5-3　溶液的 pH 与[H^+]的关系(25 ℃)

综上所述,溶液的酸碱性通常可用[H^+]或 pH 来表示。[H^+]越大,pH 越小,表示溶液的酸性越强,碱性越弱。反之,[H^+]越小,pH 越大,表示溶液的酸性越弱,碱性越强。

需要指出,当溶液中[H^+]和[OH^-]大于 1 mol/L 时,一般不用 pH 表示溶液的酸碱性,而直接用[H^+]或[OH^-]表示。

血液的 pH 是诊断疾病的一个重要参数。正常人体血液的 pH 总是维持在 7.35~7.45 之间,临床上把血液的 pH 小于 7.35 时的情况称为**酸中毒**,血液的 pH 大于 7.45 时的情况称为**碱中毒**。无论是酸中毒还是碱中毒,必须采取适当的措施予以纠正,严重的酸中毒和碱中毒均会危及生命安全。

三、溶液 pH 的计算

1. 强酸、强碱溶液 pH 的计算

例 1　计算下列溶液中 H^+ 和 OH^- 的浓度以及溶液的 pH。

① 0.01 mol/L 的 HCl 溶液;

② 0.05 mol/L 的 $Ba(OH)_2$ 溶液。

解:HCl 和 $Ba(OH)_2$ 都是强电解质,在溶液中完全解离。

① $HCl = H^+ + Cl^-$

[H^+] = [HCl] = 0.01 mol/L

$$[OH^-] = \frac{K_w}{[H^+]} = \frac{1\times10^{-14}}{0.01} = 1\times10^{-12} \text{ mol/L}$$

pH = $-\lg[H^+]$ = $-\lg 0.01$ = 2

② $Ba(OH)_2 = Ba^{2+} + 2OH^-$

[OH^-] = 2×[$Ba(OH)_2$] = 2×0.05 mol/L = 0.1 mol/L

$$[H^+] = \frac{K_w}{[OH^-]} = \frac{1\times10^{-14}}{0.1} = 1\times10^{-13} \text{ mol/L}$$

pH = $-\lg[H^+]$ = $-\lg 10^{-13}$ = 13

答:0.01 mol/L 的 HCl 溶液中[H^+]为 0.01 mol/L,[OH^-]为 1×10^{-12} mol/L,pH = 2;0.05 mol/L 的 $Ba(OH)_2$ 溶液中[H^+]为 1×10^{-13} mol/L,[OH^-]为 0.1 mol/L,pH = 13。

2. 一元弱酸、弱碱溶液 pH 的计算

一元弱酸、弱碱都是弱电解质,弱电解质的解离是不完全的,其溶液中 H^+ 浓度或 OH^- 浓度的大小主要取决于弱酸或弱碱解离程度的大小。

以 HA 代表一元弱酸,进行公式推导。设 HA 的起始浓度为 c,平衡浓度为 $[HA]$,溶液中其他组分的平衡浓度为 $[H^+]$ 和 $[A^-]$。研究表明,虽然水也能解离出 H^+,但在 $c \cdot K_i \geq 20K_w$ 时,水解离出的 H^+ 可以忽略不计。此条件下,溶液中 $[H^+]$ 和 $[A^-]$ 近似相等。

$$HA \rightleftharpoons H^+ + A^-$$

起始浓度　　　c　　　　0　　　　0

平衡浓度　　$[HA]$　　$[H^+]$　　$[A^-]$

以上浓度之间,存在以下关系: $c = [HA] + [H^+]$, $[H^+] = [A^-]$

根据解离常数表达式,可得

$$K_a = \frac{[H^+] \cdot [A^-]}{[HA]} = \frac{[H^+]^2}{c - [H^+]}$$

研究表明,通常弱酸的解离程度是很小的。当 $\frac{c}{K_a} \geq 500$ 和 $c \cdot K_a \geq 20K_w$ 时,$[HA] = c - [H^+] \approx c$。

简化公式:

$$K_a = \frac{[H^+]^2}{c - [H^+]} \approx \frac{[H^+]^2}{c}$$

一元弱酸的 $[H^+]$ 计算近似公式为

$$[H^+] = \sqrt{K_a c}$$

例 2　计算 0.1 mol/L 醋酸溶液的 $[H^+]$ 和 pH。

解:查表 5-1 得知,醋酸的 $K_a = 1.8 \times 10^{-5}$

因为 $\frac{c}{K_a} > 500$,且 $c \cdot K_a > 20K_w$,所以可按照近似公式进行计算。

$[H^+] = \sqrt{K_a c} = \sqrt{1.8 \times 10^{-5} \times 0.1}$ mol/L $= 1.34 \times 10^{-3}$ mol/L

$pH = -\lg[H^+] = -\lg(1.34 \times 10^{-3}) \approx 2.87$

答:0.1 mol/L 醋酸溶液的 $[H^+]$ 为 1.34×10^{-3} mol/L,pH 为 2.87。

一元弱碱溶液中 $[OH^-]$ 计算公式的推导与一元弱酸相似,近似公式为

$$[OH^-] = \sqrt{K_b c}$$

使用近似公式的条件仍然是 $\frac{c}{K_b} \geq 500$ 和 $c \cdot K_b \geq 20K_w$。

试计算 25 ℃ 下，0.01 mol/L 氨水的 pH。已知氨水的 $K_b = 1.8 \times 10^{-5}$。

四、溶液酸碱性的测定

测定溶液酸碱性(pH)的方法很多，通常可用酸碱指示剂、pH 试纸或 pH 计(酸度计)。

酸碱指示剂是指在特定的 pH 范围内，其颜色随溶液 pH 的改变而变化的化合物，常用的有甲基橙、石蕊和酚酞等。指示剂由一种颜色过渡到另一种颜色时，溶液的 pH 变化范围称为**指示剂的变色范围**。常见几种指示剂的变色范围见图 5-4。

pH	1	2	3	4	5	6	7	8	9	10	11	12	13	14
甲基橙	红色	红色	橙色	橙色	黄色	黄色	黄色	黄色	黄色	黄色	黄色	黄色	黄色	黄色
酚酞	无色	无色	无色	无色	无色	无色	无色	浅红色	浅红色	浅红色	红色	红色	红色	红色
石蕊	红色	红色	红色	红色	紫色	紫色	紫色	蓝色	蓝色	蓝色	蓝色	蓝色	蓝色	蓝色

图 5-4 甲基橙、酚酞和石蕊的变色范围

在实际工作中可用 pH 试纸来测定溶液的 pH。pH 试纸是用多种酸碱指示剂混合溶液浸透，经晾干制成的。针对不同 pH 的溶液，它能显示不同的颜色，可用于迅速测定溶液的 pH。只要把待测试液滴在 pH 试纸上，和标准比色卡对照，就可以知道该溶液的 pH，这种方法经济、快速、使用方便。常用的 pH 试纸有广范 pH 试纸和精密 pH 试纸［图 5-5(a)］。广范 pH 试纸的 pH 范围是 1~14(最常用)或 0~10，可以识别的 pH 差约为 1；精密 pH 试纸的 pH 范围较窄，可以识别 0.2~0.3 的 pH 差。此外，还有用于酸性、中性或碱性溶液的专用 pH 试纸。

若要精确测定溶液的 pH，则需要用 pH 计［图 5-5(b)］。pH 计又叫酸度计，测量时可以直接从仪器上读出溶液的 pH，其量程为 0~14。人们根据生产与生活的需要，研制了多种类型的 pH 计，广泛应用于工业、农业、科研和环保等领域。

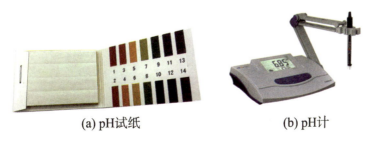

(a) pH 试纸　　　　(b) pH 计

图 5-5　pH 试纸和 pH 计

化学与生活

酸 雨

空气中存在少量CO_2,未受污染的正常雨水的pH通常接近但小于7,呈微弱酸性,pH低于5.6的酸性降水被称为"酸雨"。雨、雪在形成和降落过程中,吸收并溶解了空气中的硫、氮的氧化物等物质,形成酸雨。酸雨是当前全球主要的环境问题之一。酸雨使土壤中大量的营养元素流失,农作物大幅减产;酸雨使病虫害明显增加,严重抑制林木的生长;世界上很多古建筑和石雕艺术因遭酸雨腐蚀而严重损坏;酸雨使土壤和岩石中的金属元素溶解,最终经过食物链进入人体,影响人的身体健康。

我国是一个人口大国,在20世纪的经济起步阶段,经济发展主要依靠燃烧煤炭等高能耗投入方式,科技含量低,能源消耗大。通过燃煤获取能源加剧了酸雨问题的严重性。随着我国经济腾飞、科技进步,污染治理引起国家高度重视并注入科技动能,促进了空气质量改善,迎来了蓝天白云、绿水青山,如今已基本解决了酸雨污染问题。环境保护、酸雨治理是国家可持续发展的重要组成部分,我们每位同学都要养成绿色、低碳的生活习惯,为环境保护做贡献。

化学与健康

人体体液和代谢产物的pH

人体体液和代谢产物都有正常的pH范围,测定人体体液和代谢产物的pH,可以帮助了解人的健康状况。表5-4列举了人体部分体液的pH。

表5-4 人体部分体液的pH

体液	pH	体液	pH
血液	7.35~7.45	大肠液	8.3~8.4
成人胃液	0.9~1.5	乳	6.6~6.9
婴儿胃液	5.0	泪	7.4
唾液	6.35~6.85	尿液	4.8~7.5
胰液	7.5~8.0	脑脊液	7.35~7.45
小肠液	7.6左右		

不同体液的功能不同,pH的波动范围也不同,血液pH的波动范围很小,而胃液和尿液等pH的波动范围相对大一些。

学习评价

1. 在酸性溶液中,下列叙述正确的是(　　)
   1. 只有 H^+ 存在　　　　　　　　　　B. $[H^+]>[OH^-]$
   C. $pH \leqslant 7$　　　　　　　　　　D. $[OH^-]>10^{-7}$ mol/L

2. 常温下,在纯水中加入少量酸或碱后,水的离子积(　　)
   A. 增大　　　　B. 减小　　　　C. 不变　　　　D. 无法判断

3. 测定溶液 pH 最简便、常用的方法是使用(　　)
   A. 石蕊溶液　　　　　　　　　　B. 酚酞溶液
   C. 甲基橙试液　　　　　　　　　D. pH=1～14 的广泛试纸

4. 下列溶液中酸性最强的是(　　)
   A. pH=5 的溶液　　　　　　　　　B. $[H^+]=1\times10^{-7}$ mol/L 的溶液
   C. $[OH^-]=1\times10^{-8}$ mol/L 的溶液　　D. $[OH^-]=1\times10^{-12}$ mol/L 的溶液

5. 水是一种_____的电解质,能电离出_____和_____。实验测得,25 ℃时,1 L 纯水中_____和_____相等,都是 1×10^{-7} mol/L,二者的乘积是一个常数,用 K_w 表示,称为水的_____。

6. pH 是_____,可以用来表示溶液的酸碱性。在酸的稀溶液中,_____浓度大于_____浓度,pH_____7;在碱的稀溶液中,_____浓度大于_____浓度,pH_____7。

7. 0.01 mol/L HCl 溶液的 pH 为_____,向此溶液中加入几滴甲基橙试液,溶液呈_____色;0.01 mol/L NaOH 溶液的 pH 为_____,向此溶液中加入几滴酚酞溶液,溶液呈_____色。

第四节　盐类水解

酸溶液呈酸性,碱溶液呈碱性。那么,盐溶液的酸碱性如何呢?

常见的盐很多,如 $NaCl$、Na_2CO_3、NH_4Cl、CH_3COONa 等。这些盐在水溶液中没有直接解离出 H^+ 或 OH^-,其水溶液似乎应该显中性。但 Na_2CO_3 俗称"纯碱",常在面点加工时用于中和酸并使食品松软或酥脆,为什么 Na_2CO_3 可以被当作"碱"使用呢?

一、盐类水解的概念

实验探究

用广范 pH 试纸,在点滴板上测定 0.1 mol/L 下列溶液的 pH,并将结果填入表 5-5。

表 5-5　0.1 mol/L 盐溶液的 pH 测定

盐溶液	NaCl	Na_2CO_3	NH_4Cl	CH_3COONa
pH				

实验结果表明,同为 0.1 mol/L 溶液,NaCl 的 pH 为 7,Na_2CO_3 的 pH 为 11,NH_4Cl 的 pH 为 5,CH_3COONa 的 pH 为 9。盐溶液可以呈中性,也可以呈酸性或碱性。Na_2CO_3 的水溶液呈碱性,这就是它可以被当作"碱"使用的原因。

溶液中,盐并没有解离出 H^+ 或 OH^-,水虽然解离出了 H^+ 和 OH^-,但是两者的浓度相等,应该呈中性。为什么盐溶液呈现不同的酸碱性?这是因为盐解离的离子和水解离的 H^+ 或 OH^- 发生了反应,生成了弱电解质,破坏了水的解离平衡,改变了溶液中 H^+ 或 OH^- 的浓度,导致盐溶液呈现不同的酸碱性。

溶液中,盐解离出的离子与水解离出的 H^+ 或 OH^- 结合生成弱电解质的反应称为**盐的水解**。盐溶液能否发生水解反应,可通过盐的类型进行判断。

二、盐的分类和盐溶液的酸碱性

1. 盐的分类

盐是酸碱中和反应的产物,根据生成盐的酸和碱的强弱,可以将盐分为以下四种类型(表 5-6)。

表 5-6　盐的形成、分类与溶液的酸碱性

实例	盐的形成	盐的分类	盐溶液酸碱性
NaCl	HCl + NaOH 强酸　强碱	强酸强碱盐	中性
NH_4Cl	$HCl + NH_3·H_2O$ 强酸　　弱碱	强酸弱碱盐	酸性

续表

实例	盐的形成	盐的分类	盐溶液酸碱性
CH_3COONa	$CH_3COOH+NaOH$ 弱酸　　　强碱	强碱弱酸盐	碱性
CH_3COONH_4	$CH_3COOH+NH_3·H_2O$ 弱酸　　　　弱碱	弱酸弱碱盐	近中性

观察上表,盐的类型和盐溶液酸碱性之间,似乎存在"酸强显酸性、碱强显碱性"的规律。

下面对四类盐在水溶液中是否水解和水解结果逐一进行分析。

(1) 强碱弱酸盐

以 CH_3COONa 溶液为例进行分析。

CH_3COONa 属于强碱弱酸盐。在 CH_3COONa 溶液中,同时存在 CH_3COONa 和水的解离。其中 CH_3COONa 是强电解质,完全解离;H_2O 是弱电解质,部分解离。解离方程式如下:

$$CH_3COONa = CH_3COO^- + Na^+ \qquad H_2O \rightleftharpoons H^+ + OH^-$$

由于 CH_3COO^- 可以和 H^+ 结合,生成弱电解质 CH_3COOH:

$$CH_3COO^- + H^+ \rightleftharpoons CH_3COOH$$

导致溶液中$[H^+]$减小,破坏了水的解离平衡,使水的解离平衡向右移动。当达到新的平衡时,溶液中$[OH^-]>[H^+]$,因此,CH_3COONa 溶液呈碱性。

上述过程可以表示为

$$
\begin{array}{l}
CH_3COONa = \boxed{CH_3COO^-} + Na^+ \\
\qquad\qquad\qquad\quad + \\
H_2O \rightleftharpoons \boxed{H^+} + OH^- \\
\qquad\qquad\qquad\ \updownarrow \\
\qquad\qquad\ \boxed{CH_3COOH}
\end{array}
$$

CH_3COONa 水解的总反应为

$$CH_3COONa + H_2O \rightleftharpoons CH_3COOH + NaOH$$

水解的离子方程式为

$$CH_3COO^- + H_2O \rightleftharpoons CH_3COOH + OH^-$$

结论:强碱弱酸盐水解,溶液呈碱性。

(2) 强酸弱碱盐

以 NH_4Cl 溶液为例进行分析。

NH_4Cl 属于强酸弱碱盐。在 NH_4Cl 溶液中,同时存在 NH_4Cl 和水的解离。其中,

NH_4Cl 是强电解质,完全解离;H_2O 是弱电解质,部分解离。

由于 NH_4Cl 解离的 NH_4^+ 可以和 H_2O 解离的 OH^- 结合,生成弱电解质 $NH_3 \cdot H_2O$,导致溶液中 $[OH^-]$ 减小,破坏了水的解离平衡,使水的解离平衡向右移动。当达到新的平衡时,溶液中 $[H^+] > [OH^-]$,因此,NH_4Cl 溶液呈酸性。上述过程可以表示为

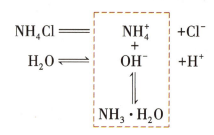

NH_4Cl 水解的总反应为

$$NH_4Cl + H_2O \rightleftharpoons NH_3 \cdot H_2O + HCl$$

水解的离子方程式为

$$NH_4^+ + H_2O \rightleftharpoons NH_3 \cdot H_2O + H^+$$

结论:强酸弱碱盐水解,溶液呈酸性。

(3)强酸强碱盐和弱酸弱碱盐

交流讨论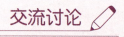

NaCl 是强酸强碱盐,NaCl 在溶液中是否水解,溶液为什么呈中性?

NaCl 在溶液完全解离:$NaCl \rightleftharpoons Na^+ + Cl^-$。由于 NaCl 是由 HCl 和 NaOH 中和生成的,两者都是强电解质,因此 NaCl 不能水解。

结论:强酸强碱盐不水解,溶液呈中性。

综上所述,如果形成盐的酸或碱中有弱酸或弱碱,则相应的盐就会发生水解反应。盐水解的过程:盐解离出的阴离子或阳离子结合水解离出的 H^+ 或 OH^-,生成弱酸或弱碱,促使水的解离平衡向着水进一步解离的方向移动,最终导致盐溶液呈现酸性、碱性或者中性。

拓展延伸

弱酸弱碱盐的水解

CH_3COONH_4 是由 CH_3COOH 和 $NH_3 \cdot H_2O$ 发生中和反应生成的,两者都是弱电解质,因此 CH_3COONH_4 属于弱酸弱碱盐,在水溶液中的解离如下:

$$CH_3COONH_4 \rightleftharpoons CH_3COO^- + NH_4^+$$

CH_3COO^-和NH_4^+都能水解并分别生成弱酸CH_3COOH和弱碱$NH_3 \cdot H_2O$,因此CH_3COONH_4在水溶液中发生强烈水解,水的解离平衡被严重破坏。但由于CH_3COOH的K_a和$NH_3 \cdot H_2O$的K_b都是1.8×10^{-5},因此两者水解程度相等,溶液呈中性。

弱酸弱碱盐水解后溶液的酸碱性,取决于组成弱酸弱碱盐的弱酸和弱碱的相对强弱。如弱酸强于弱碱,则溶液显酸性;如弱碱强于弱酸,则溶液显碱性;如弱酸和弱碱的强弱相近,则溶液显中性。

以上四类盐都属于正盐。医药和生活中常用到的$NaHCO_3$是多元弱酸的酸式盐,在溶液中存在两种倾向——水解和解离。

一方面,$NaHCO_3$通过水解,消耗溶液中的H^+,过程如下:

$$NaHCO_3 \rightleftharpoons Na^+ + HCO_3^-$$
$$H_2O \rightleftharpoons OH^- + H^+$$
$$H^+ + HCO_3^- \rightleftharpoons H_2CO_3$$

另一方面,$NaHCO_3$通过解离,生成H^+,过程如下:

$$HCO_3^- \rightleftharpoons H^+ + CO_3^{2-}$$

综合两方面因素,$NaHCO_3$在溶液中以水解为主,消耗的H^+更多,因此溶液呈弱碱性。$NaHCO_3$常用于食品行业,例如,苏打水是含小苏打的碱性饮料,用小苏打中和面粉发酵中的酸等;在医药上,$NaHCO_3$是维持血液pH最重要的成分之一,临床用药中常被用于纠正酸中毒、中和胃酸等。

2. 影响盐类水解的主要因素

盐类水解程度的大小,主要由盐的性质所决定,也受浓度、温度、外加酸或碱等外界条件的影响。

① 盐类水解程度的大小与盐的组成有关。组成盐的弱酸或弱碱愈弱,其水解程度愈大。

② 盐的水解受温度的影响。盐类水解是中和反应的逆反应,由于中和反应是放热反应,因此,盐类的水解是吸热反应。升高温度可以促进盐类的水解。例如,在日常生活中用纯碱(Na_2CO_3)溶液洗涤油污物品时,热的纯碱溶液去油污能力更强。

③ 加水、加酸或加碱都能影响盐的水解平衡,促进或抑制盐的水解。例如,加水稀释

可以促进盐的水解。

三、盐类水解的应用

盐类的水解在日常生活和医药卫生方面有着重要意义。NH_4Cl 和 $ZnCl_2$ 溶液可以作焊接时的除锈剂,原因是 NH_4Cl 和 $ZnCl_2$ 溶液水解后显酸性,可以与铁锈(Fe_2O_3)反应,从而将其去除。明矾[$KAl(SO_4)_2·12H_2O$]净水的原理是利用其水解后生成 $Al(OH)_3$,$Al(OH)_3$ 有吸附性,可以去除水中的杂质。泡沫灭火器的内筒里装有 $Al_2(SO_4)_3$ 溶液,外筒和内筒之间装有 $NaHCO_3$ 溶液。使用时,将泡沫灭火器倒置,两种溶液混合在一起,Al^{3+} 和 HCO_3^- 水解后发生反应就会产生大量的 $Al(OH)_3$ 和 CO_2 等,再以泡沫的形式喷出,覆盖在可燃物表面,从而达到灭火的目的。

临床上纠正酸中毒使用 $NaHCO_3$ 和乳酸钠,是利用其水解后显碱性的特性;治疗碱中毒使用 NH_4Cl,也是利用其水解后显酸性的特性。$Al_2(SO_4)_3$ 和 $MgSO_4$ 可以作为治疗胃溃疡的药物,是利用其水解后形成的 $Al(OH)_3$ 或 $Mg(OH)_2$,在胃内壁上形成保护膜,阻止胃酸对胃内壁的侵蚀。枸橼酸钠是由有机弱酸枸橼酸和强碱氢氧化钠所制成的盐,其水溶液显碱性,临床上可作为抗凝血剂使用。

学习评价

1. 实验室装碱性溶液的试剂瓶不能用玻璃瓶塞,是因为碱性溶液会与玻璃中的 SiO_2 反应。下列溶液保存时不能用玻璃瓶塞的是(   )

   A. NaCl   B. Na_2CO_3 C. NH_4Cl D. KNO_3

2. 在 $Al^{3+}+3H_2O \rightleftharpoons Al(OH)_3+3H^+$ 的平衡体系中,要抑制 Al^{3+} 的水解,可采取的措施为(   )

   A. 升高温度   B. 滴加少量盐酸
   C. 加入适量氢氧化钠溶液   D. 加水稀释

3. 盐的水解反应是指_____,是_____的逆反应。

4. 将下列盐溶液进行归类,并判断其酸碱性:Na_2SO_4,Na_2CO_3,NH_4NO_3,CH_3COONa,$FeCl_3$,NH_4Cl,$NaCl$,$CuSO_4$。其中,强酸强碱盐有_____,显_____性;强碱弱酸盐有_____,显_____性;强酸弱碱盐有_____,显_____性。

5. 在配制 $Al_2(SO_4)_3$ 溶液时,为了防止发生水解,可以先将 $Al_2(SO_4)_3$ 固体溶于一定浓度的_____中,然后再加水稀释至所需浓度。

6. 长期使用硫酸铵[$(NH_4)_2SO_4$]会导致土壤的酸化,为什么?

第五节 缓冲溶液

> **情境导学**
>
> 快速深呼吸会减少血液中 CO_2 的含量,称为换气过度。当一个人紧张、害怕或情绪冲动时,会不自觉地快速深呼吸,甚至出现换气过度。换气过度使肺部释放过多的 CO_2,血液酸度下降,pH 上升。如果不采取一定措施停止深呼吸,会发生换气过度综合征,呼吸性碱中毒,严重时甚至危及生命。为什么换气过度会引起碱中毒等严重症状?

为了理解换气过度会引起碱中毒的原因,我们需要学习缓冲溶液的相关知识。

一、缓冲作用原理

1. 缓冲溶液的概念

> **实验探究**
>
> 取 2 支试管,分别加入 4 mL 蒸馏水。另取 0.2 mol/L CH_3COOH 溶液 4 mL、0.2 mol/L CH_3COONa 溶液 4 mL,配成混合溶液,平均分装在 2 支试管中。给 4 支试管编号,按表 5-7 进行以下实验。

表 5-7 缓冲作用的实验

试管编号	试剂量	测 pH 实验值	测 pH 理论值	加酸或加碱	再测 pH 实验值	再测 pH 理论值
1	蒸馏水 4 mL		7.0	1 滴 1 mol/L HCl 溶液		1.6
2	蒸馏水 4 mL		7.0	1 滴 1 mol/L NaOH 溶液		12.4
3	混合溶液 4 mL		4.75	1 滴 1 mol/L HCl 溶液		4.74
4	混合溶液 4 mL		4.75	1 滴 1 mol/L NaOH 溶液		4.76

实验结果和理论计算均表明,纯水的 pH 是不稳定的,易受外来少量强酸或强碱的影响而发生较大改变;而在 CH_3COOH-CH_3COONa 混合溶液中加入少量强酸或强碱溶液,混

合溶液的 pH 几乎不变。这说明纯水没有抗酸、抗碱能力，而 $CH_3COOH-CH_3COONa$ 混合溶液有抗酸、抗碱能力。

混合溶液的这种能对抗外来少量强酸、强碱或经适当稀释而保持溶液 pH 几乎不变的作用称为**缓冲作用**，具有缓冲作用的溶液称为**缓冲溶液**。

2. 缓冲溶液的组成

缓冲溶液具有缓冲作用，是因为溶液中同时含有足量的抗酸成分和抗碱成分。通常把这两种成分称为**缓冲对**或**缓冲系**。根据缓冲对组成不同，缓冲溶液可分为以下三种类型。

（1）弱酸及其对应的盐

弱酸　　——　对应的盐
（抗碱成分）　（抗酸成分）
CH_3COOH —— CH_3COONa

H_2CO_3 —— $NaHCO_3$

H_3PO_4 —— KH_2PO_4

（2）弱碱及其对应的盐

弱碱　　——　对应的盐
（抗酸成分）　（抗碱成分）
$NH_3 \cdot H_2O$ —— NH_4Cl

（3）多元弱酸的酸式盐及其对应的次级盐

多元弱酸的酸式盐 —— 对应的次级盐
（抗碱成分）　　　　（抗酸成分）
$NaHCO_3$ —— Na_2CO_3

NaH_2PO_4 —— Na_2HPO_4

分析以上三种类型缓冲溶液中抗酸成分和抗碱成分的组成，不难看出，抗酸成分的组成上少 1 个 H^+（如 $CH_3COOH-CH_3COONa$ 缓冲对中的 CH_3COO^-），抗碱成分的组成上多 1 个 H^+（如 $CH_3COOH-CH_3COONa$ 缓冲对中的 CH_3COOH）。化学上把组成上仅差 1 个 H^+ 的一对物质称为共轭酸碱对，多 1 个 H^+ 的是**共轭酸**，少 1 个 H^+ 的是**共轭碱**。通常缓冲溶液都是由共轭酸碱对组成的，其中的共轭酸充当**抗碱成分**，共轭碱充当**抗酸成分**。表 5-8 列出了与医学关系比较密切的缓冲对中的共轭酸碱对。

表 5-8　与医学关系比较密切的缓冲对中的共轭酸及共轭碱

缓冲对	共轭酸	共轭碱
$CH_3COOH-CH_3COO^-$	CH_3COOH	CH_3COO^-
$NH_3 \cdot H_2O-NH_4^+$	NH_4^+	$NH_3 \cdot H_2O$
$H_2CO_3-HCO_3^-$	H_2CO_3	HCO_3^-
$H_2PO_4^--HPO_4^{2-}$	$H_2PO_4^-$	HPO_4^{2-}

3. 缓冲作用的原理

(1) 同离子效应

在弱电解质的解离平衡理论中,当弱电解质的解离达到平衡后,向平衡体系中加入不同的溶液,弱电解质的解离平衡将发生移动。

实验探究

向 2 mL 0.1 mol/L 氨水中加 1 滴酚酞试液,振荡,有何现象产生?再向溶液中加入少量氯化铵晶体,振荡后溶液颜色有何变化?为什么?在表 5-9 中记录实验现象,并利用化学平衡的相关知识进行分析。

表 5-9 同离子效应实验

实验操作	实验现象	原因分析
向氨水中加入酚酞试液		
再加入少量氯化铵晶体		

氨水中滴加酚酞,溶液显红色,说明溶液呈碱性。因为在溶液中,氨水解离出 OH^-,所以溶液呈碱性。

加入氯化铵后,溶液红色变浅,说明溶液碱性减弱。因为氯化铵是强电解质,在溶液中能完全解离出 NH_4^+,$[NH_4^+]$ 增大,使氨水解离平衡向左移动,氨水的解离度降低,溶液中 $[OH^-]$ 减小,碱性减弱。

平衡移动方向 ←

$$NH_3 \cdot H_2O \rightleftharpoons NH_4^+ + OH^-$$

$$NH_4Cl \rightleftharpoons NH_4^+ + Cl^-$$

这种在弱电解质溶液中加入与该弱电解质具有相同离子的强电解质,使弱电解质解离度降低的现象称为<u>同离子效应</u>。NH_4Cl 完全解离出了 NH_4^+,而 $NH_3 \cdot H_2O$ 几乎不再解离。因此,溶液中 NH_4^+ 和 $NH_3 \cdot H_2O$ 都是大量存在的。

同离子效应是弱电解质溶液的普遍性质。例如,向 CH_3COOH 溶液中加入 CH_3COONa 溶液同样会发生同离子效应。同离子效应在缓冲溶液中起重要作用。

(2) 缓冲作用的原理

缓冲溶液为什么具有缓冲作用,而使溶液的 pH 保持几乎不变呢?现以 $CH_3COOH-CH_3COONa$ 为例,说明<u>缓冲作用原理</u>。

在 CH_3COOH-CH_3COONa 混合溶液中，CH_3COOH 为弱电解质，在水溶液中部分解离；而 CH_3COONa 为强电解质，在水溶液中完全解离，因此溶液中[CH_3COO^-]较大。两者发生同离子效应：

$$\overset{\text{平衡移动方向}}{\longleftarrow}$$
$$CH_3COOH \rightleftharpoons CH_3COO^- + H^+$$
$$CH_3COONa \Longrightarrow CH_3COO^- + Na^+$$

由于同离子效应，溶液中存在大量的 CH_3COOH 和 CH_3COO^-，两者是一对共轭酸碱对，共轭酸 CH_3COOH 是抗碱成分，共轭碱 CH_3COO^- 是抗酸成分。

当向此溶液中加少量强酸(H^+)时，溶液中大量存在的 CH_3COO^- 就与 H^+ 结合生成 CH_3COOH，平衡向左移动。达到新的平衡时，[CH_3COO^-]略有减小，[CH_3COOH]略有增大，溶液中[H^+]几乎没有增大，溶液的 pH 几乎不变。溶液中的 CH_3COO^-（主要来自 CH_3COONa）起了对抗外来 H^+ 的作用，是抗酸成分。其抗酸离子方程式为

$$CH_3COO^- + H^+ \rightleftharpoons CH_3COOH$$

当向此溶液中加少量碱(OH^-)时，溶液中 H^+ 与外来少量的 OH^- 结合成 H_2O，由于[H^+]减小，CH_3COOH 进一步解离以补充消耗掉的 H^+，平衡向右移动。达到新的平衡时，[CH_3COOH]略有减小，[CH_3COO^-]略有增大，溶液中[H^+]几乎没有减小，溶液的 pH 几乎不变。溶液中的 CH_3COOH 起到了对抗外来 OH^- 的作用，是抗碱成分。其抗碱离子方程式为

$$CH_3COOH + OH^- \rightleftharpoons CH_3COO^- + H_2O$$

加少量水稀释时，缓冲溶液中的[CH_3COOH]和[CH_3COO^-]同步减小，两者比值不会因一定限度的稀释而改变，故溶液的 pH 基本不变。若稀释过度，溶液的 pH 将发生明显改变并最终趋近中性溶液。

综上所述，CH_3COOH-CH_3COONa 缓冲对具有缓冲作用的原因如下：

① 该缓冲对组成的缓冲溶液中，存在同离子效应，因此，存在大量的抗碱成分（共轭酸：CH_3COOH）和抗酸成分（共轭碱：CH_3COO^-）；

② 向此溶液中加少量强酸(H^+)、强碱(OH^-)或适量稀释时，溶液通过平衡移动，抗碱成分和抗酸成分分别发挥抗碱作用和抗酸作用，实现溶液 pH 几乎不变。

其余两类缓冲溶液的作用原理，也与上述作用原理基本相似。

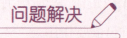
问题解决

请参照 CH_3COOH-CH_3COONa 缓冲对的缓冲作用原理，以 $NH_3 \cdot H_2O$-NH_4Cl 为例，说明其缓冲作用原理。

二、缓冲溶液的配制和医药应用

> **交流讨论**
>
> 滴眼液的 pH 为 6~8 时，眼睛无不舒适感觉，pH=7.4 的溶液对眼睛的刺激性最小。药物对 pH 也有要求，如氯霉素在 pH 小于 2 或大于 8 时均易水解并失效。因此，滴眼液的配制中常使用缓冲溶液。医疗常用的缓冲溶液（图 5-6）有硼酸盐缓冲溶液、磷酸盐缓冲溶液等。你知道如何配制一定 pH 的缓冲溶液吗？你了解缓冲溶液在医药上的用途吗？

pH=4.00　pH=6.86　pH=9.18

图 5-6　医疗常用的缓冲溶液

1. 缓冲溶液 pH 的简单计算

以 $CH_3COOH\text{-}CH_3COO^-$ 为例，推导一元弱酸及其对应盐组成的缓冲溶液 pH 的计算公式。

$$CH_3COOH \rightleftharpoons CH_3COO^- + H^+$$

$$K_a = \frac{[CH_3COO^-] \cdot [H^+]}{[CH_3COOH]}$$

$$[H^+] = K_a \cdot \frac{[CH_3COOH]}{[CH_3COO^-]}$$

$$pH = -\lg[H^+] = -\lg K_a - \lg\frac{[CH_3COOH]}{[CH_3COO^-]} = pK_a + \lg\frac{[CH_3COO^-]}{[CH_3COOH]}$$

缓冲溶液的 pH 计算公式为

$$pH = pK_a + \lg\frac{[共轭碱]}{[共轭酸]}$$

公式中，$pK_a = -\lg K_a$，$\dfrac{[共轭碱]}{[共轭酸]}$ 称为 <u>缓冲比</u>。

由于缓冲溶液的共轭酸和共轭碱共存于同一溶液中，因此，缓冲溶液中

$$\frac{[共轭碱]}{[共轭酸]} = \frac{n_{共轭碱}/V}{n_{共轭酸}/V} = \frac{n_{共轭碱}}{n_{共轭酸}}$$

缓冲溶液 pH 计算公式的另一种表示方式为

$$pH = pK_a + \lg\frac{n_{共轭碱}}{n_{共轭酸}}$$

例 1　已知 25 ℃ 时 CH_3COOH 的 $pK_a = 4.75$，计算 25 ℃ 时 10 mL 0.10 mol/L

CH_3COOH 溶液与 20 mL 0.10 mol/L CH_3COONa 溶液混合后缓冲溶液的 pH。

解：缓冲溶液中，$n_{共轭酸} = V_{共轭酸} \times [共轭酸]$，$n_{共轭碱} = V_{共轭碱} \times [共轭碱]$。

$$pH = pK_a + \lg \frac{n_{共轭碱}}{n_{共轭酸}}$$

$$= pK_a + \lg \frac{V_{共轭碱} \times [共轭碱]}{V_{共轭酸} \times [共轭酸]} = 4.75 + \lg \frac{20 \text{ mL} \times 0.10 \text{ mol/L}}{10 \text{ mL} \times 0.10 \text{ mol/L}} = 4.75 + \lg 2 = 5.05$$

答：25 ℃时 10 mL 0.10 mol/L CH_3COOH 溶液与 20 mL 0.10 mol/L CH_3COONa 溶液混合后缓冲溶液的 pH 等于 5.05。

2. 缓冲溶液的缓冲能力

缓冲溶液的<u>缓冲能力</u>是有限度的。当外加的酸或碱的量过多时，缓冲溶液就会失去缓冲能力，溶液的 pH 也将发生明显改变。根据缓冲作用原理，缓冲能力和溶液中共轭酸、共轭碱的浓度密切相关。影响缓冲溶液缓冲能力的因素包括共轭酸碱的<u>总浓度</u>和<u>缓冲比</u>。

$$总浓度 = [共轭酸] + [共轭碱] \qquad 缓冲比 = \frac{[共轭碱]}{[共轭酸]}$$

① 当缓冲比一定时，总浓度越大，则溶液中抗酸成分、抗碱成分越多，所以缓冲溶液的缓冲能力就越大。

② 当缓冲溶液总浓度一定时，缓冲溶液的缓冲能力随缓冲比的改变而改变。若缓冲比等于1，则缓冲溶液的缓冲能力最大，此时 $pH = pK_a$。[共轭碱]与[共轭酸]相差越大，则缓冲溶液的缓冲能力就越小。

实验表明，缓冲比在 10∶1 到 1∶10 之间，即溶液的 pH 在 $pK_a \pm 1$ 之间时，溶液具有较大的缓冲能力。因此，人们将缓冲作用的有效 pH 范围——<u>$pH = pK_a \pm 1$</u> 称为缓冲溶液的<u>缓冲范围</u>。

3. 缓冲溶液的配制

实际工作中，常常需要配制一定 pH 的缓冲溶液。缓冲溶液的配制可按以下原则和步骤进行。

① 选择适当的缓冲对。所配制的缓冲溶液的 pH 应尽可能在所选缓冲对的缓冲范围内，使所配溶液的 pH 接近共轭酸的 pK_a（$pK_a = -\lg K_a$），以保证缓冲溶液具有合适的缓冲比。

② 选择适当的总浓度。为了使缓冲溶液有较大的缓冲能力，一般所需共轭酸碱的总浓度在 0.05~0.5 mol/L 之间。为配制方便，实验室常使用相同浓度的共轭酸和共轭碱备用液。

③ 计算所需共轭酸碱的用量。缓冲对选定之后，利用缓冲溶液的 pH 计算公式 $\left(pH = pK_a + \lg \frac{V_{共轭碱}}{V_{共轭酸}}\right)$ 计算出所需共轭酸碱备用液的体积。

④ 按计算结果，量取所需共轭酸碱的体积，混合即得所需配制的缓冲溶液。若需要

配制具有精确 pH 的缓冲溶液,还需要用 pH 计进行校正。

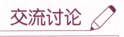

下列溶液是否属于缓冲溶液?
① 0.1 mol/L CH₃COOH 溶液和 0.2 mol/L CH₃COONa 溶液等体积混合。
② 0.2 mol/L CH₃COOH 溶液和 0.1 mol/L NaOH 溶液等体积混合。

4. 缓冲溶液在医药领域的应用

缓冲溶液在医药领域有广泛的用途。如血液的冷藏、微生物的培养、组织切片和细菌染色、酶活性的测定等,都需要一定 pH 的缓冲溶液。

正常人体血液的 pH 应维持在 7.35~7.45 之间,但食物的消化、吸收或组织中的新陈代谢作用,会不断产生酸性或碱性的代谢物质。例如,有机食物被完全氧化可产生碳酸,嘌呤被氧化可产生尿酸,蔬菜、果类、豆类等食物中含有较多的碱性盐类等。为什么这些酸性或碱性的物质进入血液后,血液的 pH 还能维持在正常范围内?一个重要的原因是人体的血液也是缓冲溶液,在血液里存在多种缓冲对,主要有:

$$MHCO_3-H_2CO_3$$
$$M_2HPO_4-MH_2PO_4$$
$$M\ 蛋白质-H\ 蛋白质$$

其中 M^+ 代表 Na^+ 或 K^+。在这些缓冲对中,$H_2CO_3—HCO_3^-$ 缓冲对在血液中的浓度最高,缓冲能力最大,对维持血液的正常 pH 起着决定性作用,它存在着如下平衡:

$$H_2CO_3 \rightleftharpoons HCO_3^- + H^+$$

当人体代谢过程中产生的酸或外来少量的酸进入血液时,HCO_3^- 发挥抗酸作用,与 H^+ 结合成 H_2CO_3,H_2CO_3 随血液流到肺部并以 CO_2 形式排出体外,而损失的 HCO_3^- 则由肾脏的调节得到补充。

当人体代谢过程中产生的碱或外来少量的碱进入血液时,H_2CO_3 发挥抗碱作用,解离产生的 H^+ 与 OH^- 结合生成 H_2O,上述解离平衡向右移动以补充消耗掉的 H^+,减少的 H_2CO_3 可通过降低肺部 CO_2 的呼出量来调节,HCO_3^- 增多的部分则由肾脏排出体外,从而使血液的 pH 保持在恒定范围。但如果出现过度换气,呼出大量 CO_2,就会导致体内酸性物质减少,血液碱性上升。

如果人体内蓄积过多的酸或碱,造成缓冲比的明显变化,就会出现酸中毒或碱中毒,严重时将危及生命。临床上常用乳酸钠或碳酸氢钠纠正酸中毒,用氯化铵纠正碱中毒。

化学与生活

蓝印花布的染色与缓冲溶液

江苏山清水秀,人杰地灵,拥有许多地方特产。蓝印花布是江苏南通的特产,其历史可追溯至南宋时期。传统蓝印花布染色使用的染料是从蓼蓝草中提取的染料靛蓝,经石灰水调节至碱性,再进行反复染色并氧化,最终得到蓝白相间的纹样图案。现代工艺中,会使用 $NaHCO_3—Na_2CO_3$ 缓冲溶液代替石灰水,其目的是调节染色液的 pH,使色泽更为均匀,质量更好控制。这是现代化学知识对传统工艺的促进。你能说出该缓冲对的 pH 缓冲范围、抗酸及抗碱成分吗?

学习评价

1. 在弱电解质中,加入与该弱电解质具有_____的强电解质,使弱电解质解离度_____的现象,称为同离子效应。

2. 在 0.1 mol/L $NH_3·H_2O$ 中分别加入① NaOH、② NaCl、③ NH_4Cl、④ HCl 四种物质的稀溶液,产生同离子效应的是(　　)

    A. ①②　　　　B. ③　　　　C. ①③　　　　D. ④

3. 血液的 pH 能保持恒定,其中起主要作用的缓冲对是(　　)

    A. HHb-KHb
    B. $HHbO_2$-$KHbO_2$
    C. NaH_2PO_4-Na_2HPO_4
    D. H_2CO_3-$NaHCO_3$

4. 欲配制与血浆 pH 相同的缓冲溶液,应选用的缓冲对是(　　)

    A. CH_3COOH-CH_3COONa(pK_a = 4.75)
    B. NaH_2PO_4-Na_2HPO_4(pK_a = 7.20)
    C. $NH_3·H_2O$-NH_4Cl(pK_a = 9.25)
    D. H_2CO_3-$NaHCO_3$(pK_a = 6.37)

5. 治疗碱中毒常用(　　)

    A. 碳酸氢钠　　　B. 乳酸钠　　　C. 氯化钠　　　D. 氯化铵

6. 以 H_2CO_3-$NaHCO_3$ 缓冲对为例,说明该缓冲对缓冲作用的原理。

7. 分析换气过度造成碱中毒的原因。如果身边有人因为情绪激动等因素出现换气过度,该如何指导其缓解症状?

第六章　开启有机化学之旅——烃

在已发现或人工合成的千万种物质中,虽然组成有机化合物的常见元素不足十种,但有机化合物的种类已经超过一千万种,而无机化合物却只有几万种。在生产、生活中,有机物的应用十分广泛:食物中的糖、脂肪和蛋白质是有机物;燃料中的汽油、煤、天然气是有机物;衣物中的棉、麻、真丝、化学纤维也是有机物。从简单的甲烷、乙醇到复杂的蛋白质及高分子材料,我们生活在充满有机物的世界里。同时,人体本身就是由有机物构成的有机体。因此,有机物是人类赖以生存的重要物质基础,认识、了解和掌握有机化合物的组成、结构、性质和用途具有十分重要的意义。

● 预期目标

通过结构模型和动画视频,理解有机化合物的结构,初步建立结构和性质之间存在联系的思维模式。

理解有机化学的基本反应类型,体会有机化学中化学反应的实质是物质发生结构变化的思维方式。

观察烯烃加溴等实验现象,思考性质和结构的联系,建立从现象发现规律的思维模式。

通过探究苯是否能发生加成反应和氧化反应,提出苯与不饱和烃性质差异的质疑,推理苯环的稳定性。

通过屠呦呦研究青蒿素的事迹,知道化学对医药领域的巨大贡献,树立爱国、敬业的核心价值观,提升科学素养和培养社会责任感。

第一节 有机化合物概述

> **温故知新**
>
> 初中化学中,我们已经学习了3个典型有机化合物:甲烷、乙醇和乙酸。你能写出三者的结构简式吗?甲烷、乙醇、乙酸的燃烧产物是什么?

甲烷、乙醇和乙酸的结构简式如下:

$$CH_4 \qquad CH_3CH_2OH \qquad CH_3COOH$$

甲烷、乙醇、乙酸的燃烧产物均为 CO_2 和 H_2O。生活经验和已有化学知识告诉我们,多数有机化合物能燃烧,且燃烧产物都有 CO_2 和 H_2O,几乎所有的有机化合物的分子中都含有 C 和 H 两种元素。那么,什么是有机化合物呢?

一、有机化合物的概念

有机化合物简称有机物,其名称来源于"有生机之物"。19 世纪初,人们把来源于无生命的矿物界的物质称为无机物,把来源于有生命的动植物体内的物质称为有机物。并且认为,有机物只有在生物体内一种特殊的"生命力"的作用下才能产生,这就是所谓的"生命力"学说。由于"生命力"学说认为有机物和无机物之间没有联系,不可能用人工方法将无机物合成为有机物,这限制了有机化学的发展。

19 世纪 20 年代,年轻的德国化学家维勒在蒸发氰酸铵(NH_4CNO)水溶液时意外得到了尿素[$(NH_2)_2CO$]。氰酸铵是无机物,而尿素是典型的有机物。这一实验给了"生命力"学说有力的冲击,证明人工合成有机物是完全可能的。此后不久,人们又陆续制得了乙酸、油脂等多种有机物,"生命力"学说最终被否定。显然,有机物的"有机"两字早已失去了它的原意,但由于习惯,一直沿用至今。

研究发现,组成有机物的基本元素是 C 和 H,常见元素还有 O、N、S、P、X(卤素)等。一般将仅含 C、H 两种元素的化合物称为**碳氢化合物**(简称烃);将烃分子中 H 原子被其他原子或原子团取代得到的化合物称为**烃的衍生物**。烃可以看作是有机化合物的母体。因此,**有机化合物**的定义是碳氢化合物及其衍生物,**有机化学**就是研究碳氢化合物及其衍生物的组成、结构、性质、制备、分离提纯以及变化规律的科学。

对于一些简单的含碳化合物,如一氧化碳、二氧化碳、碳酸盐等,由于它们的性质和无机物相似,通常被归类为无机物。

有机物和无机物之间虽然没有绝对的界限,但在组成上有明显的不同之处。构成无机物的化学元素有100余种,而在有机物中只有为数不多的几种化学元素。目前已知的有机物已达上千万种,而无机物仅有几万种。在物理性质和化学性质上,有机物与无机物之间也存在明显的差异。

二、有机化合物的性质

有机化合物都含有碳元素,与无机化合物的组成和结构存在较大差异,因此,有机化合物的性质与无机化合物具有明显的不同。

> **实验探究**
>
> 取少量食盐和固体石蜡,分别进行以下实验:(a) 加热;(b) 点燃;(c) 试验两者在水和汽油中的溶解性。观察并记录实验现象。

实验表明,石蜡加热易熔化,点燃易燃烧,难溶于水,但易溶于汽油等有机溶剂,而食盐的性质明显不同。石蜡是烷烃的混合物,属于典型的有机化合物。有机化合物具有以下几个特性。

① 对热不稳定,易燃烧。如生活中常见的乙醇、汽油、棉花、木材等,均易燃烧。而大多数无机化合物一般不易燃烧。

② 熔点、沸点较低。如甲烷、汽油、乙醇等,即使常温下呈固态的有机物,其熔点一般在400 ℃以下,沸点也较低。而无机化合物的熔点和沸点较高,如氯化钠的熔点为801 ℃,沸点为1 413 ℃。

③ 难溶于水而易溶于有机溶剂。如石蜡、油脂等,均易溶于汽油。而无机化合物则相反,大多易溶于水,难溶于有机溶剂。

④ 反应速率较慢,产物复杂,副反应多。因此在书写有机化学反应式时,一般只需写反应物和主要产物,不写副产物,反应物和主要产物之间用箭头"——→",而不用等号"═══",反应需要注明反应条件。

有机物和无机物理化性质的主要差异见表6-1。

表6-1 有机物和无机物理化性质的主要差异

化合物类别	熔点	燃烧情况	溶解情况		反应情况		化学键	种类
			水	有机溶剂	速率	副反应		
有机物	低于400 ℃	易	难	易	慢	有	共价键	1 000万种以上
无机物	高,难熔	难	易	难	快	无	离子键 共价键	5万种左右

表中所述的性质是一般有机物的共性,各种有机物还有其个性。例如,乙醇可以与水以任意比例混溶;四氯化碳不但不能燃烧,还能作灭火剂;等等。

三、有机化合物的结构特点

有机化合物都含碳元素,碳是构成有机化合物的必需元素,其结构特性决定了有机化合物的结构特点。

1. 碳原子的成键方式

碳元素位于第 2 周期、ⅣA 族,最外层有 4 个电子。在有机化合物中,碳原子既不容易失去电子,也不容易得到电子,而是通过和其他原子形成 4 个共用电子对的方式成键,碳原子总是形成 4 个共价键。

甲烷是最简单的有机物,分子式为 CH_4,电子式为 H : C : H 。

将共用电子对用短线"—"表示,每根短线表示 1 个共价键。因此,甲烷的结构式如下:

$$\begin{array}{c} H \\ | \\ H-C-H \\ | \\ H \end{array}$$

这种表示分子中原子的种类和数目,原子之间连接顺序和方式的式子称结构式,其简写形式称结构简式。为了更清楚地表示和分析有机化合物的结构和性质,在书写时很少使用分子式,通常都使用结构式或结构简式。例如:

有机物:	乙烷	乙烯	乙炔
结构式:	H H │ │ H—C—C—H │ │ H H	H　　　H 　＼　／ 　　C=C 　／　＼ H　　　H	H—C≡C—H
结构简式:	CH_3CH_3	$CH_2=CH_2$	$CH≡CH$

有机化合物分子中碳原子之间可自由结合成键。两个碳原子之间可以共用 1 对电子形成**碳碳单键**,也可以共用 2 对电子形成**碳碳双键**,或共用 3 对电子形成**碳碳三键**。但是无论是哪种成键方式,碳原子总是形成 4 个共价键。

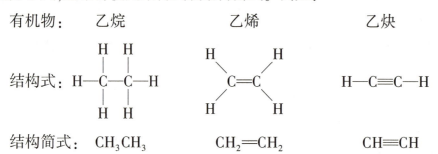

碳碳单键　　　碳碳双键　　　碳碳三键

2. 碳原子之间的连接形式

由碳原子相互结合后构成的有机化合物基本碳链骨架称为**碳架**。碳架可分**链状**和**环状**两类。例如：

> **交流讨论**
>
> 请将下列结构式改写为结构简式。

3. 同分异构现象

> **实验探究**
>
> 搭建分子式为 C_2H_6O 的有机化合物结构模型，分析其可能的结构模型的数目并写出相应的结构式和结构简式。

实验结果表明，分子式为 C_2H_6O 的有机化合物有乙醇和甲醚 2 种不同的结构（图 6-1）。

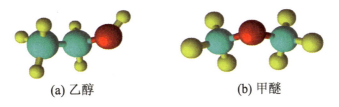

(a) 乙醇　　　　　　(b) 甲醚

图 6-1　乙醇和甲醚的球棍模型

像乙醇和甲醚这种分子式相同而化学结构不同的化合物互称为**同分异构体**，这种现象称为**同分异构现象**。同分异构现象在有机化合物中普遍存在，是有机化合物种类繁多的原因之一。

四、有机化合物的分类

为了方便讨论数量繁多的有机化合物,揭示各种有机化合物之间的联系,需要对有机化合物进行分类。

1. 按元素组成分类

组成有机化合物的常见元素有 C、H、O、N 和卤素等,根据有机化合物的元素组成,将有机化合物分为烃和烃的衍生物。

仅含 C 和 H 两种元素的有机物,称为**碳氢化合物**,简称**烃**,如 CH_4;除 C、H 两种元素外(个别不含 H),还含有其他元素的有机物,称为**烃的衍生物**,如 CH_3CH_2OH 是烃的含氧衍生物。

> **问题解决**
>
> 下列有机物中哪些属于烃?哪些属于烃的衍生物?
>
> CH_3COOH　　　CH_3CH_3　　　CH_3CH_2Cl　　　CCl_4　　　$CH_2{=\!=}CH_2$

2. 按照碳骨架分类

(1) 开链化合物

碳原子与碳原子或其他原子结合形成的链状有机化合物称为开链化合物。这类化合物最初是从油脂中发现的,所以也被称为**脂肪族化合物**。例如:

$$CH_3-CH_2-\underset{\underset{CH_3}{|}}{CH}-CH_2-OH \qquad CH_3-CH_2-\underset{\underset{CH_3}{|}}{CH}-CH_3$$

(2) 碳环化合物

全部由碳原子组成环状结构的化合物称为碳环化合物。根据碳环中碳原子的结合方式不同又分为**脂环族化合物**和**芳香族化合物**。

脂环族化合物,具有碳环结构,但性质和脂肪族化合物相似,如环戊烷、环己烷等。

环戊烷　　　　　　　　环己烷

芳香族化合物,通常都具有苯环结构,性质比较特殊,和脂肪族化合物有明显区别,如苯和萘等。

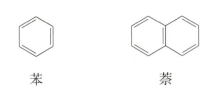

苯　　　　　　萘

（3）杂环化合物

具有环状结构，性质类似于芳香族化合物，但组成环的原子除了碳原子外还有其他元素的原子(称为**杂原子**)的化合物称为**杂环化合物**。常见的杂原子包括 O、S、N 等原子。常见的杂环化合物有呋喃、吡啶等。

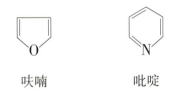

呋喃　　　　　吡啶

3. 按官能团分类

有机物分子中，有些原子或原子团能决定其化学性质。例如，乙酸(CH_3—COOH)分子中的羧基"—COOH"决定了乙酸的化学性质。化学上，把能决定一类有机化合物典型化学性质的原子或原子团称为**官能团**。羧基是乙酸的官能团。在以后的学习中，认识各类有机物首先要认识它们的官能团。有机化合物中的官能团种类较多，表 6-2 列出了几种常见有机物的官能团。

表 6-2　几种常见有机物的官能团

有机物实例			官能团	
名称	结构	类别	名称	结构
乙烯	$CH_2=CH_2$	烯烃	碳碳双键	$\diagup$C=C$\diagdown$
乙炔	$CH\equiv CH$	炔烃	碳碳三键	—C≡C—
乙醇	CH_3CH_2OH	醇	羟基	—OH
乙酸	$CH_3-\overset{O}{\underset{\|}{C}}-OH$	羧酸	羧基	$-\overset{O}{\underset{\|}{C}}-OH$

问题解决 ✎

我们知道，氨基酸是蛋白质水解的产物，甘氨酸$\left(\overset{NH_2}{\underset{\|}{CH_2}}-COOH\right)$是最简单的氨基酸。请写出甘氨酸中的两个官能团：氨基＿＿＿＿＿＿，羧基＿＿＿＿＿＿。

学习评价

1. 下列化合物中属于无机化合物的是（　　）

   A. CH_4　　　B. HCN　　　C. CCl_4　　　D. CH_3CN

2. 下列基团中不属于官能团的是（　　）

   A. —CH_3　　　B. —NH_2　　　C. —Cl　　　D. —CHO

3. 下列各组物质，互为同分异构体的是（　　），互为同一物质的是（　　）

   A. $CH_3CH_2CH_2CH_3$ 和 $CH_3—CH_2—\overset{\overset{CH_3}{|}}{C}H_2$

   B. $CH_3—CH_2—\overset{\overset{CH_3}{|}}{C}H—CH_3$ 和 $CH_3CH_2CH_2CH_2CH_3$

   C. $CH_3CH_2CH_2CH_3$ 和 $CH_3—CH_2—\overset{\overset{CH_3}{|}}{C}H—CH_3$

   D. $CH_3—CH_2—\overset{\overset{CH_3}{|}}{C}H—CH_3$ 和 $CH_3—CH_2—\overset{\overset{OH}{|}}{C}H—CH_3$

4. 下列关于烃的说法正确的是（　　）

   A. 烃是指燃烧反应后生成 CO_2 和 H_2O 的有机物

   B. 烃是指分子中含有碳元素的化合物

   C. 烃是指仅由碳和氢两种元素组成的化合物

   D. 烃是指分子中含有碳、氢元素的化合物

5. 有机化合物的定义是_____，在组成上主要含有_____、_____、_____、_____等元素。有机化合物中的原子都以一定价态存在,碳原子总是显示_____价,氧原子总是显示_____价,氮原子总是显示_____价。

6. 在有机物中,碳原子与碳原子之间可以共用1对电子,以_____(共价/离子)键结合,称为碳碳_____键;还可以共用2对电子,称为碳碳_____键;共用3对电子,称为碳碳_____键。

7. 以下结构简式中有4处错误,你找到了吗？请分别标出并说明理由。

$$CH_3—\overset{}{C}H—\overset{\overset{OH}{|}}{C}H—\overset{}{C}H=CH_2$$
$$\underset{Cl}{|}\ \ \ \underset{CH_3}{|}$$

第二节 饱和链烃——烷烃

情境导学

我国西部地区蕴藏着丰富的天然气资源,为了改善东部能源结构,国家启动了西气东输工程。西气东输工程西起新疆,东至苏、沪,南至广州。目前一线、二线工程已经使用。西气东输工程极大地提高了东部、南部人民的生活质量。你知道天然气的主要成分是什么吗?

天然气的主要成分是甲烷(CH_4),甲烷仅含碳和氢两种元素。前面已经学习过,仅含碳和氢两种元素的有机物称为碳氢化合物,简称烃。根据烃分子碳骨架的不同,可把烃分为链烃和环烃。根据链烃和环烃中碳原子之间的结合方式不同,还可进一步分类:

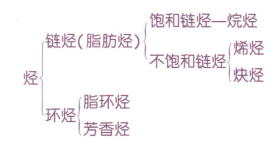

一、甲烷

1. 甲烷的结构

甲烷是最简单的烷烃,分子式为 CH_4,结构见图 6-2。

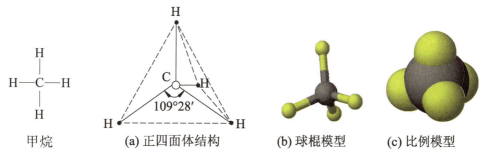

图 6-2 甲烷的结构

甲烷分子为正四面体空间构型,碳原子位于正四面体的中心,4 个氢原子分别位于正四面体的 4 个顶点。甲烷分子中的 4 个 C—H 键都是共价单键,称为 σ 键。σ 键是碳原子和氢原子以最好的成键形式形成的稳定的共价键,不易断裂。

2. 甲烷的化学性质

甲烷是无色、无味、无毒气体,比空气轻,极难溶于水,极易燃烧。

甲烷化学性质稳定,室温下与强酸、强碱、强氧化剂及强还原剂都不发生化学反应。甲烷的化学性质有以下两点。

(1) 氧化反应

甲烷在空气或氧气中易燃烧,发生剧烈的氧化反应,生成二氧化碳和水,并放出大量的热。

$$CH_4 + 2O_2 \longrightarrow CO_2 + 2H_2O; \Delta H < 0$$

甲烷燃烧时产生大量的热,因此被用作燃料。

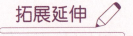

甲烷的爆炸极限和使用安全

可燃气体与空气均匀混合形成预混气并达到一定浓度范围,遇着火源才会发生爆炸,发生爆炸的浓度范围称为爆炸极限。例如,甲烷在空气中的爆炸极限是体积分数为 5%~15.4%。当甲烷和空气混合气体的浓度在该爆炸极限范围内时,任何火星、静电火花等都可能引起爆炸。

生活中,甲烷十分常见。例如,已经进入家家户户的天然气的主要成分是甲烷。使用燃气灶具时要做到通风良好,严防燃气泄漏,点火时应遵循"火等气"的操作规则;沼气的主要成分也是甲烷,因此,下水道、化粪池、污水池等场所可能存在较多甲烷,甚至达到爆炸极限。在上述场所使用火源或燃放烟花爆竹是十分危险的。

---

(2) 取代反应

甲烷与氯气在加热或光照下,碳原子上的氢原子逐步被卤素原子取代生成卤代烷。

$$CH_4 + Cl_2 \xrightarrow{\text{加热或光照}} \underset{\text{一氯甲烷}}{CH_3Cl} + HCl$$

$$CH_3Cl + Cl_2 \xrightarrow{\text{加热或光照}} \underset{\text{二氯甲烷}}{CH_2Cl_2} + HCl$$

$$CH_2Cl_2 + Cl_2 \xrightarrow{\text{加热或光照}} \underset{\text{氯仿}}{CHCl_3} + HCl$$

$$CHCl_3 + Cl_2 \xrightarrow{\text{加热或光照}} \underset{\text{四氯化碳}}{CCl_4} + HCl$$

这种有机化合物分子中的某些原子或原子团被其他原子或原子团所取代的反应,称为**取代反应**。其中,有机化合物分子中的某些原子或原子团被卤素原子取代的反应,称为**卤代反应**。

甲烷以天然气、沼气、油田气、煤矿坑道气、可燃冰等形式广泛存在于自然界。

二、烷烃

有机化合物中,碳原子之间均以单键相连,剩余价键均与氢原子相连的开链烃称为**烷烃**。和碳原子数目相同的其他烃类化合物相比较,烷烃含氢最多,因此又称**饱和链烃**。

1. 烷烃的结构

烷烃的结构和甲烷相似,图 6-3 是甲烷、乙烷和丙烷的结构式、结构简式和球棍模型。

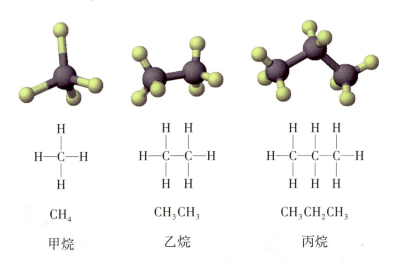

图 6-3　甲烷、乙烷和丙烷的结构式、结构简式和球棍模型

在烷烃分子中,所有 C—H 键和 C—C 键都是共价单键,都是 σ 键。因此,烷烃的化学性质都相似且稳定。

2. 烷烃的同系列和通式

> **交流讨论** ✏
>
> 观察甲烷、乙烷和丙烷的结构简式和分子组成,想一想,烷烃的结构和分子组成有哪些特点?

烷烃中除了甲烷外,还有乙烷、丙烷、丁烷、戊烷等一系列有机化合物。例如:

甲烷　　　　　　CH_4

乙烷　　　　　　CH_3CH_3

丙烷　　　　　　$CH_3CH_2CH_3$

丁烷　　　　　　CH₃CH₂CH₂CH₃

戊烷　　　　　　CH₃CH₂CH₂CH₂CH₃

可以看出,这些烷烃每增加1个碳原子,同时会增加2个氢原子,即相邻烷烃分子在组成上均相差一个 CH₂ 原子团。从以上烷烃的分子组成中找规律,可得出烷烃的**通式**为 $C_nH_{2n+2}(n \geq 1)$。

这些通式相同、结构相似、性质相近、组成上相差一个或几个 CH₂ 的一系列化合物称为**同系列**。同系列中的各个化合物之间互称为**同系物**。CH₂ 称为同系列的**系差**。

> **问题解决**
>
> 根据烷烃的通式,写出含7个碳原子的烷烃的分子式。为什么同系物之间有相似的化学性质?

3. 烷烃的同分异构现象

在烷烃中,4个碳原子以上的烷烃都有同分异构体。图6-4是丁烷(C_4H_{10})的2种同分异构体的球棍模型。

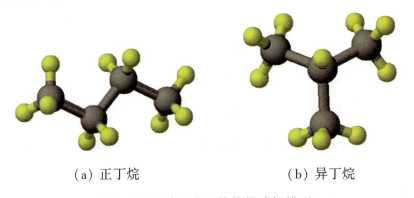

（a）正丁烷　　　　　　（b）异丁烷

图 6-4　丁烷同分异构体的球棍模型

丁烷(C_4H_{10})同分异构体相应的结构简式:

　　　CH₃—CH₂—CH₂—CH₃　　　　　CH₃—CH—CH₃
　　　　　　　　　　　　　　　　　　　　　|
　　　　　　　　　　　　　　　　　　　　　CH₃
　　　　　　正丁烷　　　　　　　　　　　异丁烷

随着烷烃分子中碳原子数的增多,同分异构体的数目迅速增多。如戊烷(C_5H_{12})有3种同分异构体,己烷(C_6H_{14})有5种同分异构体,庚烷(C_7H_{16})有9种同分异构体,二十烷($C_{20}H_{42}$)有366 319种同分异构体。这种由于碳骨架不同引起的同分异构现象称为**碳链异构**。

> **问题解决** ✏️
>
> 你能写出庚烷(C_7H_{16})的 9 种同分异构体吗？有点难度，试一下！需要时，可以网上查阅或向老师请教书写方法。

在书写烷烃同分异构体的过程中，我们发现一个碳原子可以与另外 1 个、2 个、3 个或 4 个碳原子直接相连。根据碳原子所连的其他碳原子数目的多少，可把碳原子分为伯、仲、叔、季四类碳原子。例如：

$$^5CH_3-^4CH_2-^3CH-^2C-^1CH_3$$
（3号C 连 CH_3，2号C 连 两个 CH_3）

伯碳原子：与 1 个其他碳原子相连，如 1 号 C
仲碳原子：与 2 个其他碳原子相连，如 4 号 C
叔碳原子：与 3 个其他碳原子相连，如 3 号 C
季碳原子：与 4 个其他碳原子相连，如 2 号 C

三、烷烃的命名

烷烃的命名是有机物命名的基础，常用的命名法有普通命名法和系统命名法。

1. 普通命名法

根据分子中碳原子的总数称"某烷"，碳原子数为 1~10 时，用天干（甲、乙、丙、丁、戊、己、庚、辛、壬、癸）表示，若碳原子数在 10 个以上，用中文数字十一、十二……命名。例如：

甲烷：CH_4　乙烷：C_2H_6　戊烷：C_5H_{12}　十二烷：$C_{12}H_{26}$

为了能够区分烷烃的碳链异构，通常在烷烃名称的前面加"正、异、新"。即：

直链结构的烷烃称"正某烷"，如正戊烷：$CH_3-CH_2-CH_2-CH_2-CH_3$

直链一端连有两个甲基的烷烃称"异某烷"，如异戊烷：$CH_3-CH_2-CH(CH_3)-CH_3$

直链一端连有三个甲基的烷烃称为"新某烷"，如新戊烷：$CH_3-C(CH_3)_2-CH_3$

需要注意的是，普通命名法只适用于少数特定结构的烷烃，不能满足所有烷烃的命名需求。

2. 系统命名法

系统命名法是根据国际纯粹与应用化学联合会（IUPAC）的命名原则，结合我国文字特点而制定的命名方法。对结构较复杂的烷烃，均可使用系统命名法进行命名。

（1）烷基的命名

在有机化合物的命名中,常用到烷基的概念。**烷基**是指烷烃分子去掉一个氢原子后所剩的原子团,常见的烷基有:

甲基:—CH_3　　　　　　　　　乙基:—CH_2CH_3

丙基:—$CH_2CH_2CH_3$　　　　　异丙基:—$\overset{\overset{\displaystyle CH_3}{|}}{CH}$—$CH_3$

（2）烷烃的系统命名

直链烷烃的系统命名与普通命名法相似。根据所含碳原子数称为"某烷"。若带有支链,支链作为取代基。系统命名法主要原则如下。

① 选主链:选最长的碳链作为主链,根据主链所含碳原子的数目称为"某烷"。"某烷"为烷烃母体名称。支链部分的烷基作取代基。例如:

CH_3—CH—CH_2—CH_2—CH_3　　　　CH_3—CH—CH_2—CH—CH_2—CH_3
　　　　|　　　　　　　　　　　　　　　　　　|　　　　　　|
　　　$\boxed{CH_3}$　　　　　　　　　　　　　　$\boxed{CH_3}$　　$\boxed{CH_2—CH_3}$

　　主链:戊烷　　　　　　　　　　　　　　　　主链:己烷
　　取代基:甲基　　　　　　　　　　　　　　　取代基:甲基、乙基

② 编号:从靠近支链的一端开始用阿拉伯数字给主链碳原子依次编号,支链的位置由它所连接的主链碳原子的编号来表示。

$^1CH_3$—^2CH—$^3CH_2$—$^4CH_2$—$^5CH_3$　　　　$^1CH_3$—^2CH—$^3CH_2$—^4CH—$^5CH_2$—$^6CH_3$
　　　　　|　　　　　　　　　　　　　　　　　　　　|　　　　　　　|
　　　　CH_3　　　　　　　　　　　　　　　　　　CH_3　　　　CH_2—CH_3

③ 命名:把支链看作取代基,把取代基的位次、数目、名称均写在主链名称之前,简单的取代基写在前面,复杂的取代基依次写在后面。多个相同的取代基要分别注明位次,位次用阿拉伯数字表示,位次间用逗号隔开,用汉字二、三、四……注明数目。取代基的编号与取代基名称之间用半字线"-"隔开。例如:

$^1CH_3$—^2CH—$^3CH_2$—$^4CH_2$—$^5CH_3$　　　　$^1CH_3$—^2CH—$^3CH_2$—^4CH—$^5CH_2$—$^6CH_3$
　　　　　|　　　　　　　　　　　　　　　　　　　　|　　　　　　　|
　　　　CH_3　　　　　　　　　　　　　　　　　　CH_3　　　　CH_2—CH_3

　　　2-甲基戊烷　　　　　　　　　　　　　　　　　2-甲基-4-乙基己烷

烷烃的系统命名是有机化合物系统命名的基础,其他有机化合物的命名都是在烷烃的基础上展开的。

问题解决

给下列烷烃命名或写出下列烷烃的结构简式。

CH₃—CH₂—CH(CH₃)—CH₂—C(CH₃)₂—CH₃   2,2-二甲基丁烷   2-甲基-3-乙基庚烷

四、烷烃的化学性质

烷烃同系物的性质和甲烷相似,都比较稳定,室温下与强酸、强碱、强氧化剂及强还原剂都不发生化学反应。但在一定条件下,烷烃可以发生氧化、卤代等化学反应。烷烃易燃,常用作燃料。

问题解决

2008年我国成功举办北京奥运会,火炬"祥云"为奥运会增光添彩,请写出火炬燃料丙烷($CH_3CH_2CH_3$)燃烧的化学反应式。

五、烷烃的用途

烷烃主要来源于石油、天然气和煤加工产物。其中,石油是极其重要的资源,素有"工业血液"之称。天然采集的石油是多种烃的混合物,通过工业分馏可得到不同沸点范围的产物,石油的分馏产物及其用途详见表6-3。

表6-3 石油的分馏产物及其用途

分馏产物	主要成分	主要用途	分馏产物	主要成分	主要用途
石油气	$C_1 \sim C_4$	燃料	润滑油	$C_{16} \sim C_{20}$	润滑剂,防锈剂
石油醚	$C_5 \sim C_8$	溶剂	凡士林	$C_{20} \sim C_{24}$	润滑剂,软膏基质
汽油	$C_4 \sim C_{12}$	溶剂,飞机、汽车燃料	石蜡	$C_{25} \sim C_{34}$	蜡烛,蜡纸,医药用蜡
煤油	$C_{12} \sim C_{16}$	燃料,工业洗涤剂	沥青	$C_{30} \sim C_{40}$	防腐,防漏,建筑材料
柴油	$C_{16} \sim C_{18}$	柴油机燃料			

拓展延伸

汽油的化学成分和辛烷值

汽油主要成分是 $C_4\sim C_{12}$ 的烃类,主要是烷烃,其中以 $C_5\sim C_9$ 为主。汽油挥发性强,爆炸极限为 1%~6%,汽油靠近火源时极易引发爆燃。

汽油是汽油发动机的专用燃料。汽油是多种烃的混合物,其中有些烃(如正庚烷)易引发爆震现象,不仅损失能量还会对汽车部件造成损害;有些烃类(如 2,2,4-三甲基戊烷,俗称异辛烷)爆震现象很小,能量利用率高,对汽车部件无损害或损害很小。为了表示汽油的抗爆震性能,设立了辛烷值指标。将异辛烷的辛烷值设为 100,正庚烷的辛烷值设为 0。市售汽油通常都标示了辛烷值,如 95 号、92 号等(图 6-5),辛烷值越高,抗爆震的性能越好。

图 6-5 加油站汽油辛烷值

学习评价

1. 将秸秆、垃圾、粪便等生活垃圾加水并在隔绝空气的条件下发酵,能产生大量的可燃性气体,这种可燃性气体的主要成分是(　　)
   A. CO　　　　B. H_2　　　　C. CH_4　　　　D. H_2S

2. 下列物质中属于烷烃同系物的是(　　)
   A. C_6H_6　　　B. C_6H_{10}　　　C. C_6H_{12}　　　D. C_6H_{14}

3. 下列烷烃的名称正确的是(　　)
   A. 3-甲基丁烷　　B. 2-乙基戊烷　　C. 2,3-甲基戊烷　　D. 2-甲基戊烷

4. 烃仅由_____和_____两种元素组成。烃分子中,碳原子互相连接成链状的烃叫_____,碳原子互相连接成环状的烃叫_____。

5. 烷烃的通式是_____。烷基是指烷烃分子中失去 1 个_____后所剩余的部分。如丙基的结构是_____,甲基的结构是_____。

6. 请写出己烷的所有同分异构体并命名。

7. 给下列化合物命名或写出下列化合物的结构简式。
   ① CH_3—CH—CH—CH_2—CH_3　　② 2,2-二甲基丁烷
   　　　　　｜　｜
   　　　　CH_3 CH_3

第三节 不饱和链烃——烯烃和炔烃

> **温故知新**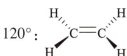
>
> 在烷烃中,碳原子相互之间均以碳碳单键相连接,构成饱和链烃。那么,碳原子之间是以什么样的方式相互连接,使相应的链烃成为不饱和链烃的呢?

分子中含有碳碳双键或碳碳三键的链烃,由于其氢原子数目少于相应的烷烃,因此被称为**不饱和链烃**。不饱和链烃包括烯烃和炔烃。乙烯是最简单的烯烃,乙炔是最简单的炔烃。

一、乙烯

1. 乙烯的结构

乙烯是最简单的烯烃,分子式为 C_2H_4,结构式为 $\begin{array}{c}H\\ \diagdown\\ \end{array}C\!\!=\!\!C\begin{array}{c}H\\ \diagup\\ \end{array}$,结构简式为 $CH_2\!\!=\!\!CH_2$,分子模型见图 6-6。

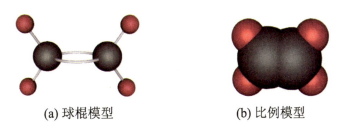

(a) 球棍模型　　(b) 比例模型

图 6-6　乙烯的分子模型

乙烯分子中的 2 个碳原子和 4 个氢原子都处于同一平面上,为平面型分子,键角为 120°: $\begin{array}{c}H\\ \diagdown\\ \end{array}C\!\!=\!\!C\begin{array}{c}H\\ \diagup\\ \end{array}$。

碳碳双键($\diagdown\!\!C\!\!=\!\!C\!\!\diagup$)是乙烯的官能团,双键中的一个键是 σ 键,这个键和烷烃中的碳碳 σ 键是一样的,比较稳定;另一个键是 π 键,π 键不稳定。由于碳碳双键中的 π 键不稳定,容易断裂,因此乙烯的化学性质比较活泼。

2. 乙烯的化学性质

乙烯是无色、无味、无毒气体,难溶于水,极易燃烧。乙烯的官能团是碳碳双键,其中的π键不稳定,所以烯烃的化学性质比烷烃活泼,容易发生加成反应、氧化反应等。

(1) 加成反应和氧化反应

> **实验探究**
>
> 按图6-7所示,安装制备乙烯的实验装置,检查气密性,将5 mL普通酒精和15 mL浓硫酸依次加入烧瓶中,混匀,加数粒沸石,加热使温度快速升高至170 ℃,制取乙烯。
>
> $$CH_3CH_2OH \xrightarrow[170\ ℃]{浓 H_2SO_4} CH_2=CH_2\uparrow + H_2O$$
>
>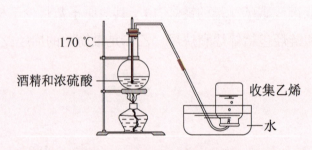
>
> **图6-7 制备乙烯的实验装置**
>
> 将制取的乙烯进行如下实验。
> ① 将乙烯通入盛有2 mL溴的四氯化碳溶液的试管中,观察现象。
> ② 将乙烯通入盛有2 mL酸性高锰酸钾溶液的试管中,观察现象。
> ③ 在确认生成的乙烯气体中无空气后,在导管口点燃,观察现象。

步骤①的实验现象:试管中溴的红棕色褪去。该现象说明乙烯与溴易发生化学反应,化学反应式如下:

$$CH_2=CH_2 + Br_2 \longrightarrow \underset{\text{1,2-二溴乙烷}}{CH_2-CH_2} \atop \underset{Br\ \ \ \ Br}{|\ \ \ \ \ |}$$

有机化合物分子中的双键(或三键)中的π键发生断裂,加入其他原子或原子团的反应,称为**加成反应**。常温下,乙烯即能和溴发生加成反应,并使溶液褪色。因此可以用溴水或溴的四氯化碳溶液鉴别乙烯。

乙烯不仅容易和溴发生加成反应,在催化剂(Pt或Ni)的存在下,乙烯与H_2也能发生加成反应,生成乙烷。

$$CH_2=CH_2 + H_2 \xrightarrow{Pt 或 Ni} CH_3-CH_3$$

此外，乙烯还能在一定条件下与 HX（如 HCl）、H_2O 等试剂发生加成反应。

步骤②的实验现象：将乙烯通入酸性高锰酸钾溶液中，溶液的紫红色褪去。说明乙烯容易被强氧化剂氧化。例如，乙烯可以被酸性高锰酸钾氧化，使酸性高锰酸钾溶液紫红色褪去，此现象可用于鉴别乙烯。

步骤③的实验现象：乙烯燃烧时火焰明亮并伴有黑烟产生，生成二氧化碳和水，同时释放大量的热。说明乙烯容易燃烧。

问题解决

请写出乙烯燃烧的化学反应式。

（2）聚合反应

在高温、高压和催化剂的作用下，乙烯分子可以发生自身加成反应，形成高分子化合物聚乙烯。乙烯聚合的反应式为

$$n\text{CH}_2\!=\!\text{CH}_2 \longrightarrow \underset{\text{聚乙烯}}{\left[\text{CH}_2\!-\!\text{CH}_2\right]_n}$$

这种由小分子化合物聚合形成大分子化合物的反应称为**聚合反应**。聚乙烯是一种塑料，无色、无味、无臭、无毒，用途十分广泛，常用于制造食品塑料袋、保鲜膜、食品塑料容器、管线、砧板等；在医药上可用来制造注射器、真空采血管、输液器等。

二、乙炔

乙炔是最简单的炔烃，分子式为 C_2H_2，结构式为 H—C≡C—H，结构简式为 CH≡CH，分子模型见图 6-8。

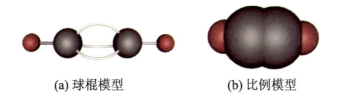

(a) 球棍模型　　　　(b) 比例模型

图 6-8　乙炔的分子模型

乙炔分子中的 2 个碳原子和 2 个氢原子在 1 条直线上，为直线型分子。

乙炔的官能团是碳碳三键（—C≡C—），碳碳三键和碳碳双键相似，同样存在 π 键，其中的 π 键不稳定，因此，乙炔的化学性质和乙烯相似。例如，乙炔可以和溴的四氯化碳溶液发生加成反应，反应式为

$$CH\equiv CH \xrightarrow{Br_2} \underset{\underset{Br}{|}}{\overset{\overset{}{|}}{CH}}=\underset{\underset{Br}{|}}{\overset{\overset{}{|}}{CH}} \xrightarrow{Br_2} \underset{\underset{Br}{|}}{\overset{\overset{Br}{|}}{CH}}-\underset{\underset{Br}{|}}{\overset{\overset{Br}{|}}{CH}}$$

1,2-二溴乙烯　　1,1,2,2-四溴乙烷

和乙烯相同，乙炔容易发生氧化反应，也能使酸性高锰酸钾溶液褪色，因此，溴水和酸性高锰酸钾溶液都可用于乙炔的鉴别。

乙炔含碳量高，燃烧时可释放大量的热并伴浓烟。

问题解决

写出下列化学反应式。

$$CH\equiv CH \xrightarrow[Ni/\triangle]{+H_2} \xrightarrow[Ni/\triangle]{+H_2}$$

三、乙烯和乙炔的用途

乙烯和乙炔均有重要用途。

1. 乙烯

乙烯是重要的基础化工原料，能通过多种合成途径制备一系列重要的石油化工中间产品和最终产品。乙烯的生产量可衡量一个国家石化工业（图6-9）的水平。我国拥有世界

图6-9　石化工业

上最大的乙烯生产基础设施和产能，8个百万吨级乙烯项目的建设和投产使我国在基础化工领域处于世界领先地位。

乙烯的主要用途之一是生产聚乙烯，聚乙烯是一种热塑性树脂。聚乙烯用途十分广泛，是日常生活中最常用的高分子材料之一，广泛用于日常生活用品制造及电气、食品、制药等领域。

2. 乙炔

纯净的乙炔是无色、无味气体，微溶于水，而易溶于有机溶剂（如苯、丙酮），比空气略轻。乙炔可以用电石和水反应制取，但电石制得的乙炔气体中常混有少量硫化氢、磷化氢等杂质气体而有难闻的臭味。

乙炔是有机合成的重要原料和中间体，可制备乙醛、醋酸、树脂、塑料、合成纤维及合成橡胶等。乙炔易燃易爆，当空气的混合物中含乙炔30%~70%（体积分数）时，遇火立即爆炸。为避免爆炸的危险，通常将乙炔压入盛满丙酮浸泡的多孔性物质（如硅藻土、石棉

或活性炭)的钢瓶中。乙炔在氧气中燃烧产生的氧炔焰温度可达3 000 ℃以上,被用于焊接或切割金属(图 6-10)。

乙炔燃烧

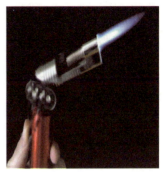
氧炔焰

图 6-10　乙炔的燃烧

四、烯烃和炔烃

分子中含有碳碳双键的链烃称为**烯烃**,**碳碳双键**是烯烃的官能团。

1. 烯烃的结构

烯烃中除乙烯外还有丙烯、丁烯、戊烯等一系列化合物。例如:

乙烯　　　　　　$CH_2=CH_2$

丙烯　　　　　　$CH_2=CHCH_3$

1-丁烯　　　　　$CH_2=CHCH_2CH_3$

1-戊烯　　　　　$CH_2=CHCH_2CH_2CH_3$

分析上述烯烃的结构和组成,发现它们的结构相似,组成上相差一个或若干个 CH_2,构成烯烃的同系列。烯烃同系列的**通式**为 $C_nH_{2n}(n \geq 2)$。

碳碳双键是烯烃的官能团,在碳碳双键( )中,有一个键是 σ 键,另一个键是 π 键。

碳碳双键中的 σ 键和烷烃中的碳碳 σ 键是一样的,形成 σ 键时,两个碳原子的电子云通过"头碰头"实现了最大程度的重叠,成键效果好,且能自由旋转,见图 6-11。

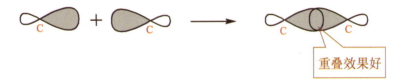

图 6-11　碳碳 σ 键的形成

碳碳双键中的另一个键是 π 键,π 键形成时,两个碳原子的电子云通过"肩并肩"从侧面进行重叠,成键效果差,且不能自由旋转,因此 π 键不稳定,见图 6-12。

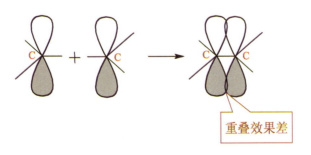

图 6-12　碳碳 π 键的形成

σ 键和 π 键是有机化学中两种重要的共价键，由于成键形式不同，两种键的特点也不同，见表 6-4。

表 6-4　σ 键和 π 键的主要特点

σ 键的特点	π 键的特点
① σ 键的电子云通过"头碰头"重叠，比较牢固、稳定； ② σ 键能单独存在； ③ σ 键不易被极化； ④ σ 键的两个成键原子可沿键轴自由旋转。	① π 键的电子云通过"肩并肩"从侧面进行重叠，不稳定、易断裂并发生反应； ② π 键不能单独存在，只能与 σ 键共存； ③ π 键易被极化； ④ π 键的两个成键原子不能沿键轴自由旋转。

烷烃分子中的所有化学键都是共价单键，都是 σ 键，因此，烷烃的化学性质稳定。烯烃和炔烃的官能团碳碳双键及碳碳三键中，除了 1 个 σ 键外，其余都是 π 键，因此，烯烃和炔烃的化学性质活泼，容易发生化学反应。

2. 烯烃的同分异构现象

烯烃的同分异构现象比烷烃复杂。例如，丁烯（C_4H_8）有 3 种同分异构体：

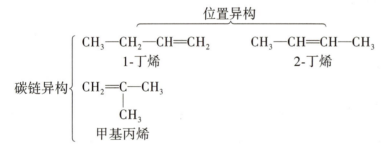

这 3 个异构体中，因为碳链不同造成的异构属于**碳链异构**，因为双键在碳链中位置不同而引起的异构属于**位置异构**。

交流讨论

观察丁烯的同分异构体，了解什么叫碳链异构、位置异构，并以此思路写出戊烯（C_5H_{10}）的碳链异构和位置异构的 5 种同分异构体。

拓展延伸

烯烃的顺反异构现象

观察以下 2 个 2-丁烯分子的结构，它们是同一个分子吗？

$$CH_3-CH=CH-CH_3$$
2-丁烯

由于碳碳双键不能自由旋转,因此这两个分子不是同一个分子,前者为顺-2-丁烯,后者为反-2-丁烯。

当2个双键碳原子分别连有2个不同的原子或原子团时,双键碳上的4个基团在空间就有2种不同的排列方式,产生2种异构体,这种异构现象称为顺反异构现象。这两种异构体分别以"顺""反"命名。2个相同的基团排在双键同侧时称为顺式;2个相同的基团排在双键异侧时称为反式。

顺反异构现象是有机结构中的普遍现象。例如,自然界油脂中的不饱和脂肪酸都是顺式的,但在通过加氢反应制作人造黄油的过程中,部分顺式结构转变为反式结构。反式结构的不饱和脂肪酸可能不利于人体健康。

3. 烯烃的命名

烯烃的命名在烷烃命名的基础上进行。由于烯烃结构中存在官能团碳碳双键,所以命名时要优先考虑双键。

① 选定烯烃中含双键的最长碳链作为主链,称为"某烯"。"某烯"为烯烃母体的名称。

② 以靠近双键的一端为起点,为主链碳原子编号,确定双键及支链烷基的位置。

③ 用阿拉伯数字标明双键的位次,写在烷基名称与烯烃母体名称之间,用半字线隔开。

例如:

$$CH_2=CH-CH-CH_3$$
$$\quad\quad\quad\quad | $$
$$\quad\quad\quad\quad CH_3$$
3-甲基-1-丁烯

$$CH_3-CH=CH-CH-CH_3$$
$$\quad\quad\quad\quad\quad\quad\quad | $$
$$\quad\quad\quad\quad\quad\quad\quad CH_3$$
4-甲基-2-戊烯

4. 烯烃的化学性质

烯烃的官能团是碳碳双键,双键中的 π 键不稳定,易断裂,所以烯烃的化学性质较活泼,和乙烯相似。

烯烃容易发生加成反应。例如,丙烯能与 H_2、X_2(如 Br_2)、HX(如 HBr)等发生加成反应。化学反应式如下:

$$CH_3CH=CH_2+H_2 \xrightarrow[\triangle]{Pt\text{ 或 }Ni} CH_3CH_2CH_3$$

$$CH_3CH=CH_2 + Br_2 \xrightarrow{\text{一定条件}} CH_3-\underset{Br}{CH}-\underset{Br}{CH_2}$$
$$\text{1,2-二溴乙烷}$$

丙烯和 HBr 发生加成反应时，可以有两种产物：

$$CH_3CH=CH_2 + HBr \longrightarrow CH_3-\underset{Br}{CH}-CH_3 + CH_3-CH_2-\underset{Br}{CH_2}$$
$$\text{2-溴乙烷} \qquad \text{1-溴乙烷}$$
$$\text{（主要产物）} \qquad \text{（副产物）}$$

俄国化学家马尔科夫尼科夫通过大量实验研究发现：丙烯和 HBr 发生加成反应的主要产物是 2-溴乙烷，即 HBr 分子中的氢原子加到含氢较多的双键碳原子上。这个规律也适用于类似的化学反应，被称为马氏规则。在书写反应式时，如果反应中有多种产物生成，仅需写出主要产物。

问题解决

搜索关键词"马氏规则"，了解马氏规则的具体内容，并补全以下反应式。

$$CH_3CH=CH_2 + H-OH \xrightarrow{\text{一定条件}}$$

烯烃均能被高锰酸钾等强氧化剂氧化。例如，将烯烃通入酸性高锰酸钾溶液中，溶液的紫红色褪去，此现象可以用于鉴别烯烃。

一定条件下，丙烯可以发生聚合反应，生成聚丙烯。聚丙烯塑料是一种性能优良的热塑性合成树脂，为无色半透明的热塑性轻质通用塑料，具有耐化学性（耐酸、碱、盐、溶剂和其他化学物质）、耐热性、电绝缘性、高强度机械性能和高耐磨加工性能等，广泛应用于纤维制品、医疗器械、输送管道、化工容器等生产，也用于食品、药品包装。

烯烃容易燃烧，生成 CO_2 和 H_2O，同时释放大量的热。

分子中含有碳碳三键的链烃称为**炔烃**，**碳碳三键**是炔烃的**官能团**。和烯烃类似，炔烃也有炔烃的同系列，**通式**为 $C_nH_{2n-2}(n \geq 2)$，炔烃的化学性质和乙炔相似，这里不做详细介绍。

5. 烯烃在医药领域的应用

许多人体营养物质中都有烯烃结构，烯烃结构是医药上重要的结构。例如，胡萝卜、柑橘等蔬菜、水果中富含 β-胡萝卜素，β-胡萝卜素属于环烯，在人体中可转化成维生素 A。维生素 A 有促进生长、繁殖，维持黏膜上皮正常分泌等多种生理功能，缺乏时可引起夜盲症等疾病。亚麻酸和花生四烯酸等必需脂肪酸主要是从植物油中获取的，也含有烯烃结构，是人体必需的营养物质。

学习评价

1. 烯烃是指分子中含_____的开链烃,烯烃属_____烃。烯烃的通式是_____,官能团是_____,烯烃比碳原子相同的烷烃少_____个氢原子。

2. 烯烃_____(能/不能)使酸性高锰酸钾溶液褪色,_____(能/不能)使溴的四氯化碳溶液褪色。其中,与高锰酸钾发生的反应是_____反应,与溴发生的反应是_____反应。

3. 炔烃是指分子中含_____的开链烃,炔烃属_____烃。炔烃的通式为_____,官能团是_____。

4. 下列各组物质间,互为同系物的是( ),互为同分异构体的是( ),属于同一物质的是( )

   A. $CH_3—CH—CH_3$ 和 $CH_3—CH—CH—CH_3$
       $\quad\ \ |$ $\qquad\qquad\qquad\ \ \ |\quad\ \ \ |$
       $CH_3—CH—CH_3$ $\qquad\quad CH_3\ \ CH_3$

   B. $CH_3—CH—CH_3$ 和 $CH_3—CH_2—CH_2—CH_2—CH_3$
       $\qquad\ \ \ |$
       $\quad\ \ \ CH_3$

   C. $CH_3—CH—CH—CH_3$ 和 $CH_3—CH—CH_2—CH_2$
       $\qquad\ \ |\quad\ \ |$ $\qquad\qquad\qquad\ \ \ |\qquad\qquad\ |$
       $\quad\ \ CH_3\ \ CH_3$ $\qquad\qquad\qquad CH_3\qquad\quad CH_3$

   D. $CH_3—CH=CH—CH_3$ 和 $CH_3—CH_2—CH_2—CH_3$

5. 下列链烃,不能使溴水或酸性高锰酸钾溶液褪色的是( )

   A. C_7H_{14} B. C_3H_6 C. C_5H_{12} D. C_4H_6

6. 下列化合物命名正确的是( )

   A. 2,2-二甲基-2-戊烯   B. 2-甲基-2-戊烯
   C. 2-二甲基-2-戊烯   D. 2,4-甲基-3-己烯

7. 下列各组化合物互为同分异构体的是( )

   A. 2-甲基丁烷与丁烷   B. 1-丁烯与1-丁炔
   C. 1-丁烯与2-丁烯   D. 乙烯与丙烯

8. 给下列化合物命名或写出下列化合物或基团的结构简式。

   ① $CH_3—CH—CH—CH=CH—CH_3$
       $\qquad\ \ |\quad\ \ |\qquad\quad\ \ |$
       $\quad\ \ CH_3\ CH_3\qquad CH_3$

   ② $CH_2=C—CH—CH_3$
       $\qquad\quad\ |\quad\ \ |$
       $\quad\ \ CH_3\ CH_2CH_3$

   ③ 甲基   ④ 2-甲基-3-庚烯   ⑤ 乙炔

第四节 脂环烃

情境导学

校运会上,同学们正在参加激烈的比赛项目。医务室的校医也严阵以待,预防学生在运动中可能发生的运动损伤。松节油是镇痛类非处方药,用于减轻肌肉痛、关节痛、神经痛以及扭伤。松节油的主要成分之一是 β-蒎烯(），你能写出 β-蒎烯中的碳环结构吗?

β-蒎烯中含有一个环己烷结构 。环己烷属于脂环烃,是药物分子中的常见结构。

一、脂环烃的结构和分类

具有脂肪烃性质的环烃称为脂环烃。脂环烃可分为环烷烃、环烯烃和环炔烃(表6-5)。

表6-5 脂环烃的结构和分类

脂环烃	环烷烃	环烯烃	环炔烃
举例	环己烷	环己烯	环辛炔

分子中成环的碳原子间只含有单键结构的脂环烃称为环烷烃。环烷烃比相同碳原子数的烷烃少两个氢原子,通式为 C_nH_{2n} ($n \geq 3$)。具有相同碳原子数的环烷烃与烯烃是同分异构体。碳环中含有双键和三键结构的脂环烃分别称为环烯烃和环炔烃。

实验探究

用原子结构模型搭建环丙烷、环丁烷、环戊烷和环己烷的球棍模型,观察成环碳原子之间的键角是否等于或接近于碳原子之间的正常键角 109°28′,探讨键角大小对脂环的稳定性有哪些影响。

从上述环烷烃的球棍模型可以发现,三元环和四元环中,碳原子之间的键角明显小于正常键角,环系存在张力,不稳定;而五元环或六元环中,碳原子之间的键角接近或等于正常键角,环系不存在张力,比较稳定。由于环系稳定,自然界中含五元环或六元环结构的物质较为常见。

二、脂环烃的命名与性质

脂环烃的命名是在相同碳原子的开链烃名字之前加一"环"字。环上碳原子以顺时针或逆时针的方向编号,首先考虑不饱和键(双键和三键)的位次最小,其次考虑取代基的位次尽量小。

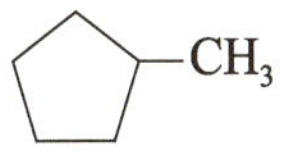

甲基环戊烷 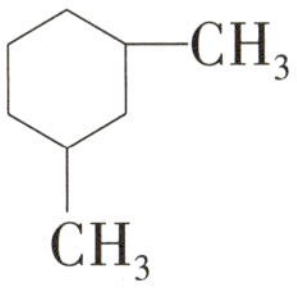　　1,3-二甲基环己烷 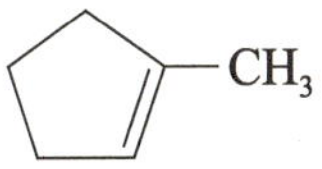　　1-甲基环戊烯 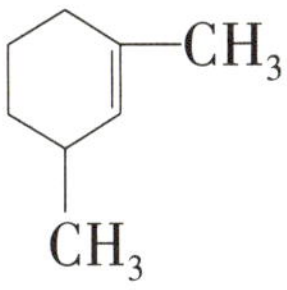　　1,3-二甲基环己烯

当环上有复杂烃基时,以脂肪烃为母体,将脂环烃基作为取代基命名。

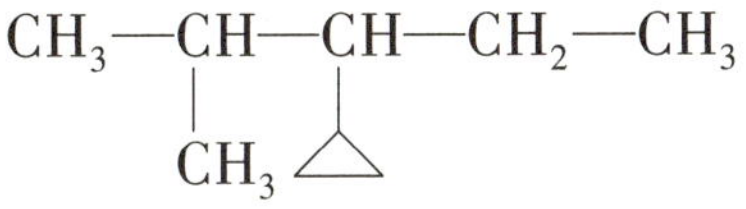

2-甲基-3-环丙基戊烷

因为五元环或六元环的环系比较稳定,所以环烷中的环戊烷、环己烷性质与烷烃相似。但是,三元环和四元环的环系不稳定,故环丙烷和环丁烷易开环发生加成反应,能使红棕色的溴水褪色。

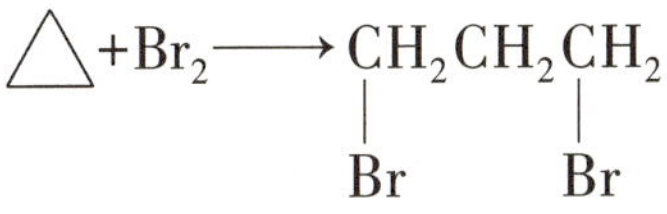

$$\triangle + Br_2 \longrightarrow CH_2CH_2CH_2$$
　　　　　　　　　　　　| 　　|
　　　　　　　　　　　 Br 　Br

环烷烃通常不容易发生氧化反应,不能使酸性高锰酸钾溶液褪色。

环烯烃的性质与烯烃相似,易加成,能使溴水褪色;易氧化,能使酸性高锰酸钾溶液褪色。

三、脂环烃在医药领域的应用

自然界的脂环烃通常以五元环或六元环的形式存在于香精油、挥发油中。医药领域常用的脂环烃有 β-蒎烯、α-蒎烯和 β-胡萝卜素等。此外,还有很多药物分子的结构中都存在脂环结构。

1. 松节油

松节油是一种无色至深棕色的液体,具有特殊气味,易溶于乙醇、乙醚、氯仿等有机溶剂。松节油是通过蒸馏松柏科植物的树脂所提取的液体,主要成分为 α-蒎烯

([α-蒎烯结构] CH₃)及β-蒎烯([β-蒎烯结构] CH₂)。松节油在工业上可用于合成樟脑和冰片等,是应用广泛的化工原料。医药中,松节油用作搽剂,能促进血液循环,用于治疗肌肉痛、风湿痛和神经痛。

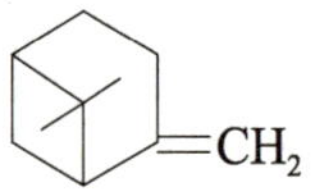

2. β-胡萝卜素

胡萝卜素主要有α、β、γ三种形式,其中最为重要的为β-胡萝卜素。β-胡萝卜素是橘黄色、脂溶性烃类化合物,在人体内氧化为维生素A。β-胡萝卜素主要来源于深色蔬菜和水果,如胡萝卜、西兰花、番茄、甜瓜、橘子、芒果等。维生素A对人体视觉发育至关重要,缺少维生素A可致视力下降甚至患夜盲症。β-胡萝卜素有很高的药理学及营养学价值,广泛应用于医药、保健品、食品添加剂及化妆品等行业。

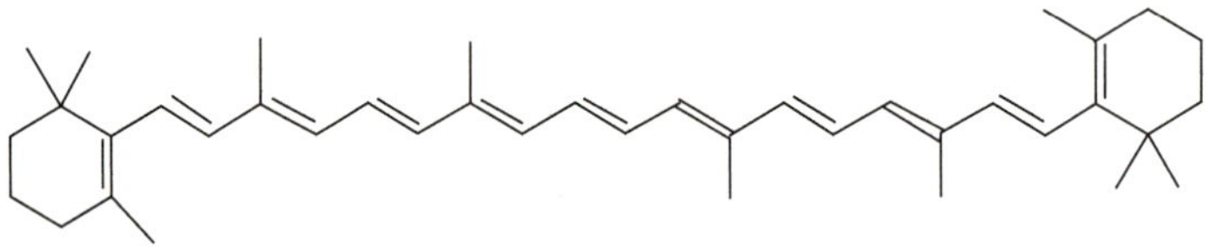

β-胡萝卜素

化学与健康

屠呦呦和青蒿素

屠呦呦,浙江宁波人,中国中医科学院终身研究员兼首席研究员,共和国勋章获得者。她的突出贡献是创制新型抗疟药青蒿素和双氢青蒿素,该药品已经拯救了千万疟疾患者的生命。她于2015年10月获得诺贝尔生理学或医学奖。

屠呦呦团队在研究新型抗疟药的过程中经历了反复的失败和挫折。在面临困境时,从东晋葛洪《肘后备急方》有关"青蒿一握,以水二升渍,绞取汁,尽服之"的截疟记载中得到启发,用低沸点乙醚作溶剂成功提取了青蒿素,并进一步合成了高效抗疟药双氢青蒿素。

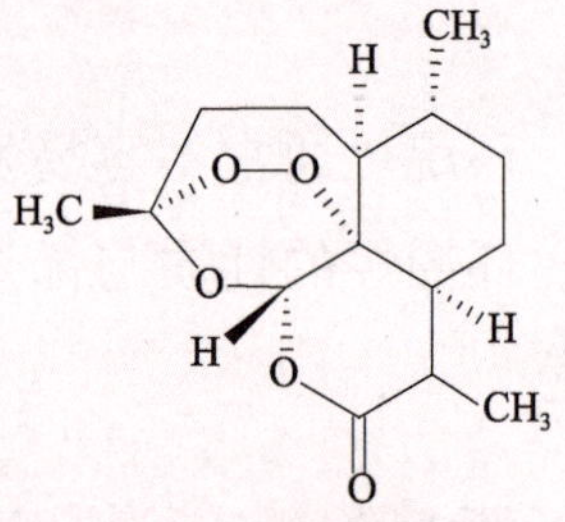

屠呦呦曾表示:"青蒿素的发现,是团队共同努力的成果,也是中医药走向世界的一项荣誉。"

青蒿素

拓展延伸

医药领域的萜类化合物

萜类化合物可以看成是由异戊二烯（$CH_2{=}\overset{\overset{\displaystyle CH_3}{|}}{C}{-}CH{=}CH_2$）以首尾、首首等各种方式连接而成的一类天然化合物，分子中碳原子数都是5的倍数。萜类化合物种类繁多，蒎烯、β-胡萝卜素、樟脑、薄荷脑、冰片、青蒿素等都是萜类化合物。萜类化合物与医药关系密切，如樟脑、薄荷脑、冰片都是清凉油、风油精、花露水的主要成分；薄荷脑作用于皮肤或黏膜，有清凉止痒作用，内服可用于头痛及鼻、咽、喉炎症等；青蒿素可用于治疗疟疾等。

学习评价

1. 环烷烃和_____烃的分子组成相同，均可用通式_____表示。环烷烃和_____互为同分异构体。

2. 简单环烷烃的命名方法与烷烃相似，只需在某烷前加_____字即可。

3. 自然界存在的环烷烃中以_____元环的和_____元环的居多，三元环和四元环的环系不稳定的原因是_____。

第五节 芳香烃

情境导学

乙烯的分子组成是 C_2H_4，乙炔的分子组成是 C_2H_2，它们都是不饱和烃。苯是最简单的芳香烃，分子组成为 C_6H_6。显然，苯属于高度不饱和烃。那么，苯的性质和烯烃相似吗？

下面通过实验,探究苯能否发生加成反应和氧化反应。

> **实验探究**
>
> 取2支试管,各加入1 mL苯,再向2支试管中分别加入数滴饱和溴水和 0.1 mol/L $KMnO_4$ 溶液,充分振荡,观察溶液颜色变化。

实验结果表明:苯既不能使溴水褪色,也不能使酸性高锰酸钾溶液褪色,说明苯不容易发生加成反应和氧化反应。为什么苯和烯烃的性质有明显不同呢?

一、苯

1. 苯的结构

苯的不饱和结构和化学性质的背离引起了当时科学界的严重困扰。1865年,有机结构理论的奠基人——德国化学家凯库勒提出了苯的结构的构想。他认为苯分子中的6个碳原子是以单、双键交替的形式互相连接,分子中的所有键角均为120°,构成一个正六边形的平面结构,每个碳原子连接一个氢原子。

现代有机结构理论完善了苯的凯库勒式结构:苯分子中碳环上的单、双键交替结构,并不是孤立的单键和双键,而是形成了共轭体系,共轭体系中碳原子之间形成了大 π 键。苯分子中的大 π 键是由6个碳原子共同形成的平面、环状闭合大 π 键,和孤立的 π 键不同,闭合大 π 键更稳定、牢固。因此,苯和烯烃的性质有明显不同,苯环具有特殊的稳定性。但因为历史原因,苯的结构习惯上仍然用凯库勒式结构表示。苯分子的凯库勒式结构和比例模型见图6-13。

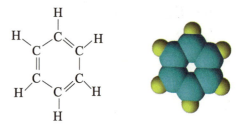

图 6-13　苯分子的凯库勒式结构和比例模型

苯分子的结构可以使用 ⌬ 或 ⬡ 来表示。

2. 苯的性质

苯是无色、有特殊气味的液体,相对密度小于1,不溶于水,易溶于有机溶剂,沸点为80.1 ℃,熔点为5.5 ℃,易挥发。

苯具有特殊的环状结构,与不饱和烃性质有显著区别,化学性质比较稳定,具有**芳香性**,即容易发生取代反应,不易发生加成反应和氧化反应。

(1) 取代反应

在一定条件下,苯环上的氢原子可以被其他原子或原子团取代,生成苯的衍生物。苯能发生卤代、硝化和磺化等取代反应。

① 卤代反应。用铁粉或三卤化铁作催化剂，苯能与卤素发生反应，苯环上的氢原子被卤原子取代，生成卤代苯。例如：

$$\text{C}_6\text{H}_6 + \text{Cl}_2 \xrightarrow{\text{Fe 或 FeCl}_3} \text{C}_6\text{H}_5\text{Cl (氯苯)} + \text{HCl}$$

② 硝化反应。

> **实验探究**
>
> 取1支干燥大试管，加入2 mL浓HNO_3，再分次加入2 mL浓H_2SO_4，振荡并冷却。然后逐滴加入1 mL苯，边加边振荡。如图6-14所示安装实验装置，水浴60 ℃加热10 min。
>
> 反应结束后，将反应液倒入已盛有20 mL水的烧杯中，观察生成物的状态、颜色。

图6-14 硝基苯实验装置和硝基苯

实验结果表明，在浓硫酸的催化下，苯与浓硝酸作用，苯环上的氢原子被硝基($—NO_2$)取代，生成硝基苯。硝基苯为淡黄色油状液体，比水重，有苦杏仁气味。

$$\text{C}_6\text{H}_6 + \text{HONO}_2 \xrightarrow[55\sim60\ ℃]{\text{浓 H}_2\text{SO}_4} \text{C}_6\text{H}_5\text{NO}_2\text{(硝基苯)} + \text{H}_2\text{O}$$

> **交流讨论**
>
> 你能说出硝基($—NO_2$)和二氧化氮(NO_2)的区别吗？

③ 磺化反应。苯与浓硫酸共热，苯环上的氢原子被磺酸基($—SO_3H$)取代，生成苯磺酸。

$$\text{C}_6\text{H}_6 + \text{HOSO}_3\text{H(浓)} \xrightleftharpoons{75\sim80\ ℃} \text{C}_6\text{H}_5\text{SO}_3\text{H (苯磺酸)} + \text{H}_2\text{O}$$

(2) 加成反应

苯不易发生加成反应，如苯不能使溴水褪色。但在特定条件下，苯也可发生一些加成反应，如在镍的催化下，180~250 ℃时，苯与氢气可发生加成反应，生成环己烷。

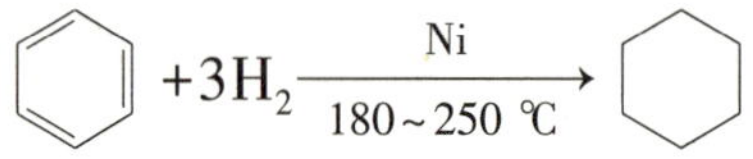

$$\text{苯} + 3H_2 \xrightarrow[180\sim250\ ℃]{Ni} \text{环己烷}$$

（3）氧化反应

苯环相当稳定,即使在酸性高锰酸钾等强氧化剂的作用下,也不能被氧化。但苯能在空气中燃烧,燃烧时完全氧化,生成二氧化碳和水,并发出明亮并带有浓烟的火焰。

二、苯的同系物

1. 苯的同系物的通式和命名

苯环上的氢原子被烷基取代得到的化合物称为苯的同系物,又称烷基苯。苯及苯的同系物的通式为 $C_nH_{2n-6}(n\geq 6)$。

苯环上有一个烷基,命名时以苯作为母体,烷基作为取代基,称为"某苯"。例如：

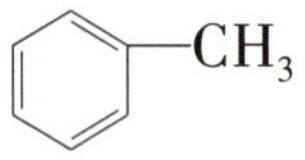

甲苯

苯环上有两个相同的烷基时,可有三种因烷基在苯环上相对位置不同而产生的异构体。命名时,用阿拉伯数字或用文字"邻、间、对"表示取代基的位置。例如：

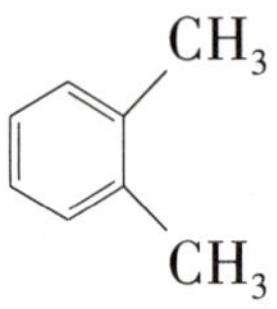

邻二甲苯　　　　　间二甲苯　　　　　对二甲苯

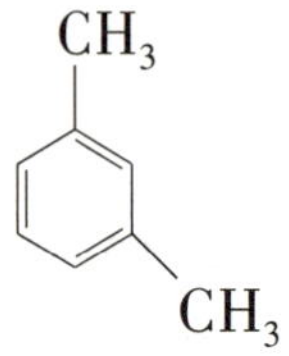

（1,2-二甲苯）　　（1,3-二甲苯）　　（1,4-二甲苯）

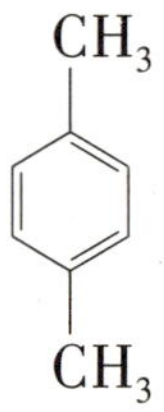

苯环上有三个相同的烷基时,也有三种因烷基在苯环上位置不同而产生的异构体。命名时,用阿拉伯数字或用文字"连、偏、均"表示取代基的位置。例如：

连三甲苯　　　　　偏三甲苯　　　　　均三甲苯

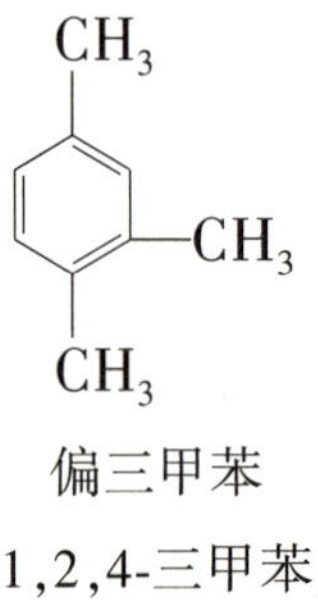

（1,2,3-三甲苯）　（1,2,4-三甲苯）　（1,3,5-三甲苯）

苯环和较复杂烃基相连时,则以苯环作为取代基来命名。芳香烃分子中去掉1个氢原子的剩余部分称为芳香烃基,用—Ar表示。重要的芳香烃基有：

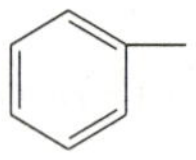

苯基 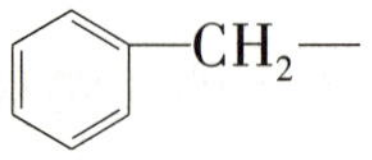　　　　　苯甲基（苄基）

2. 苯的同系物的性质

苯的同系物的性质和苯相似，具有芳香性，表现为苯环稳定，容易发生取代反应，不易发生加成反应和氧化反应。例如，甲苯同样可以发生卤代、硝化和磺化等取代反应。

虽然苯环稳定，不能被酸性高锰酸钾氧化，但当苯环上连有烷基，且烷基与苯环直接相连的碳原子上有氢原子（α-H）时，烷基容易被氧化，并且无论侧链长短，氧化产物均为苯甲酸。甲苯被酸性高酸锰钾氧化的反应式为

如果苯环侧链上没有 α-H，就难以被氧化。利用这一性质可区分苯与有 α-H 原子的烷基苯。

3. 苯及苯的同系物的应用

苯的同系物中，常见的化合物包括甲苯、二甲苯。二甲苯又包括邻二甲苯、间二甲苯和对二甲苯三种。

苯有毒，易挥发，短时间吸入高浓度的苯蒸气，会引起急性中毒，甚至危及生命；长时间吸入低浓度的苯蒸气，可引起慢性中毒，损害造血器官与神经系统。苯也易被皮肤吸收引起中毒，因此，在人体能直接接触溶剂的生产过程中，苯已禁止用作溶剂。苯是重要的化工原料，用于合成染料、橡胶、树脂、纤维、塑料、医药、农药等各类化工产品。

甲苯有一定的毒性，是一种重要的化工原料，广泛用于合成染料、农药、香料、药品等。二甲苯也是重要的化工原料，广泛用于合成染料、农药、香料、药品等。二甲苯曾用作油漆的溶剂，但因对人有危害，现已禁用。

许多芳香烃是化工和制药原料，在化工和制药行业十分重要。

三、稠环芳香烃

稠环芳香烃简称稠环芳烃，是由两个或两个以上的苯环，分别共用相邻的两个碳原子而形成的多环芳烃。常见的稠环芳烃有萘、蒽、菲等。

1. 萘

萘的分子式为 $C_{10}H_8$，由两个苯环共用两个相邻碳原子稠合而成。

萘

萘是最简单的稠环芳烃，它是一种有光亮的白色片状晶体，易升华，熔点为 80.5 ℃，沸点为 218 ℃，具有特殊的气味，存在于煤焦油中。萘是制备染料、树脂等的原料，曾被制成卫生球用于防蛀，但因萘蒸气及其粉尘对人体有害，现已停止使用。

2. 蒽和菲

蒽和菲的分子式均为 $C_{14}H_{10}$，两者互为同分异构体。它们均由三个苯环互相稠合而成。

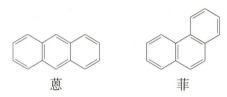

蒽　　　菲

蒽是无色的片状结晶，熔点为 216 ℃，沸点为 342 ℃。菲是具有光泽的无色晶体，熔点为 101 ℃，沸点为 340 ℃。蒽和菲都存在于煤焦油中，蒽是制造染料的重要原料，菲用于制造染料和药物等。

有机物在高温条件下，易产生稠环芳香烃，如柴草燃烧、食物烧烤或烧焦、烟叶燃烧等过程。

3. 致癌烃

20 世纪初，人们发现，长期从事煤焦油作业的人员中患皮肤癌症比例较高，后来用动物实验的方法，证实了煤焦油中存在的微量 3,4-苯并芘有着高度的致癌性。一些含有 4 个或 5 个苯环的多环芳香烃具有强的致癌性，被称为致癌烃。这些致癌烃存在于石油、煤和沥青中。常在秸秆焚烧、香烟烟雾、汽车尾气、烧烤食物、食品烧焦等高温过程中产生。

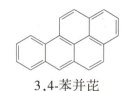

3,4-苯并芘

学习评价

1. 苯的结构式是_____，分子中的单、双键交替结构称为_____体系。由于苯分子中 6 个碳原子形成了_____、_____的_____键，因此苯环具有特殊的稳定性。

2. 写出芳香烃 C_8H_{10} 的所有同分异构体的结构式并命名。

3. 写出甲苯和酸性高锰酸钾发生反应的化学反应式。

4. 用化学方法鉴别苯、甲苯、松节油。

第七章　认识种类繁多的烃的衍生物

烃的衍生物包括卤代烃、含氧衍生物等,含氧衍生物又可分为醇、酚、醚、醛、酮、醌和羧酸等,种类繁多。生活中,烃的衍生物用途很广。例如,氯乙烯是生产聚氯乙烯塑料的单体;乙醇是酒的主要成分;甲苯酚可用于医院病房消毒;乙酸是食醋的有效成分;水果和花卉的香气通常是低级酯散发的,如乙酸乙酯。这些化合物都是烃的衍生物,本章将逐一介绍。

● 预期目标

通过结构模型和动画视频,掌握醇、酚、醚等衍生物的结构,认识各类衍生物的官能团,理解对映异构的概念,建立结构决定性质的观念。

从醇的脱水,伯、仲、叔醇的氧化规律,建立变化是有条件的观念,理解结构变化引起性质变化的本质。

观察醇、酚、醛、羧酸等的性质实验,分析结构特点,解释现象发生的原因,提升观察现象、认知规律的能力。

设计苯酚的酸性等探究实验,推理苯酚的性质,理解不断探究、不断创新的意义和价值。

了解烃的衍生物在医药领域的应用,进行职业素养的培养。知道化学对社会、对健康的重大贡献,进一步提升科学素养,培养社会责任感。

第一节 卤代烃

温故知新

溴乙烷(图7-1)是典型的卤代烃,主要用作制冷剂、麻醉剂、溶剂、熏蒸剂,也可用于有机合成。溴乙烷可以通过乙烯和溴化氢的加成反应制备,请写出乙烯和溴化氢发生加成反应的化学反应式。

图7-1 溴乙烷

溴乙烷(CH_3CH_2Br)是乙烯和溴化氢发生加成反应的产物,也可以看作是乙烷分子中1个氢原子被溴原子取代的产物。烃分子中的氢原子被其他原子或者原子团所取代,而生成的一系列除含 C、H 两种元素外,还含有其他元素的有机化合物称为**烃的衍生物**,常见的"其他元素"有卤素、氧、氮、硫等。溴乙烷是烃的含卤衍生物,属于卤代烃。

一、溴乙烷的结构

溴乙烷的结构式为 $CH_3—\underset{\underset{Br}{|}}{CH_2}$,其比例模型和球棍模型如图7-2所示,官能团是溴原子。

图7-2 溴乙烷的比例模型和球棍模型

二、溴乙烷的性质

溴乙烷中的 C—Br 键容易断裂,可以发生取代反应、消除反应等。

1. 取代反应

溴乙烷与强碱(如 NaOH、KOH)的水溶液共热,分子中的溴原子被羟基取代生成醇。此反应又称为卤代烃的水解反应。

$$CH_3CH_2Br+NaOH \xrightarrow{H_2O/\triangle} \underset{乙醇}{CH_3CH_2OH}+NaBr$$

2. 消除反应

溴乙烷和强碱(如 NaOH、KOH)的醇溶液共热,分子内脱去溴化氢生成乙烯。这种有机物分子中脱去一个简单分子(如 HBr 或 H_2O 等),生成不饱和化合物的反应称为**消除反应**。

$$CH_3CH_2Br + NaOH \xrightarrow{\text{乙醇}/\triangle} CH_2\!=\!CH_2\uparrow + H_2O + NaBr$$
乙烯

三、卤代烃及其应用

烃分子中的氢原子被卤素原子取代而生成的一系列有机化合物称为**卤代烃**,一元卤代烃的通式一般用 R-X 表示。

常见的卤代烃除溴乙烷外,还有氯仿($CHCl_3$)、四氯化碳(CCl_4)、氯乙烯($CH_2\!=\!CHCl$)等。

卤代烃的命名方法:以烃作为母体,卤原子作为取代基,将卤原子的位次、数目和名称写在母体之前。当分子中有烷基和几种卤原子时,应以烷基、F、Cl、Br、I 的顺序依次命名。

例如:

$CH_3\!-\!\underset{CH_3}{\overset{}{CH}}\!-\!\underset{Cl}{\overset{}{CH}}\!-\!CH_3$　　　　　$CH_2\!=\!CHCl$　　　　　间氯甲苯结构

2-甲基-3-氯丁烷　　　　氯乙烯　　　　间氯甲苯

溴乙烷是无色油状液体,有类似乙醚的气味和灼烧味,能与乙醇、乙醚、氯仿等多种有机溶剂混溶;露置于空气或见光逐渐变为黄色;易挥发,蒸气有毒,浓度高时有麻醉作用。溴乙烷可用作制冷剂、麻醉剂、溶剂、熏蒸剂,也是有机合成的原料。

氯仿和四氯化碳均为无色液体,是常用有机溶剂;四氯化碳不导电,可被用作扑救电器设备火灾的灭火剂;氯乙烯为无色气体,主要用于合成聚氯乙烯,聚氯乙烯塑料是具有广泛用途的一种塑料。

学习评价

1. 烃分子中的_____原子被_____所取代而生成的一系列有机化合物称为烃的衍生物。

2. 溴乙烷的结构式是_____。溴乙烷与 NaOH 水溶液共热,主要产物是_____,该反应属于_____反应。溴乙烷与 NaOH 乙醇溶液共热,主要产物是_____,该反应属于_____。

3. 给下列化合物命名或写出下列化合物的结构简式。

① 氯乙烯　　② 溴苯　　③ $CH_3\!-\!\underset{CH_3}{\overset{}{CH}}\!-\!\underset{Cl}{\overset{CH_3}{C}}\!-\!CH_3$

4. 写出氯乙烷和 NaOH 醇溶液反应的化学反应方程式。

第二节 醇、酚、醚

> **温故知新**
>
> 消毒酒精(图7-3)是生活中、医药上常用的消毒剂,消毒酒精的主要成分是乙醇,你能写出乙醇的结构式吗?

图7-3 消毒酒精

一、醇

(一) 乙醇

乙醇俗称酒精,是醇的典型代表。

1. 乙醇的结构

乙醇的结构简式为 CH_3CH_2OH,其球棍模型和比例模型如图7-4所示。

乙醇的官能团是醇羟基,醇羟基比较活泼。

图7-4 乙醇的球棍模型和比例模型

2. 乙醇的性质

乙醇是无色透明、有挥发性的液体,沸点为78.5 ℃,能与水和大多数有机溶剂混溶。乙醇的化学性质比较活泼,如乙醇与活泼金属的反应、脱水反应、氧化反应等。

(1) 与活泼金属的反应

> **实验探究**
>
> 在两支干燥试管中分别加入约2 mL水和无水乙醇,再分别投入一小块新切好并用滤纸吸干了表面煤油的金属钠,观察放出气体速率的快慢。

实验现象:两支试管中均有气体(氢气)生成。金属钠与水反应放出氢气的反应十分剧烈,而乙醇和金属钠反应放出氢气的反应虽然十分明显,但并不剧烈。实验室可用乙醇处理报废的金属钠。化学反应式分别为

乙醇和金属钠:$2CH_3CH_2OH+2Na \longrightarrow 2CH_3CH_2ONa+H_2\uparrow$

水与金属钠：$2Na+2H_2O == 2NaOH+H_2\uparrow$

（2）脱水反应

一定条件下,乙醇可发生脱水反应。乙醇的脱水反应有两种方式:分子内脱水和分子间脱水。在浓硫酸存在下,加热到 170 ℃时,乙醇发生分子内脱水,生成乙烯。乙醇分子内脱水属于消除反应,实验室用此反应制备乙烯。

$$\underset{H\ \ \ OH}{CH_2-CH_2} \xrightarrow[170\ ℃]{浓硫酸} CH_2=CH_2\uparrow + H_2O$$

在浓硫酸存在下,加热到 140 ℃时,乙醇发生分子间脱水,生成乙醚。乙醚微溶于水,是优良的有机溶剂,沸点为 34.5 ℃,极易挥发和燃烧。

$$CH_3CH_2-OH + HO-CH_2CH_3 \xrightarrow[140\ ℃]{浓硫酸} \underset{乙醚}{CH_3CH_2-O-CH_2CH_3} + H_2O$$

问题解决

青蒿素难溶于水,易溶于有机溶剂,在水溶液中加热至沸腾时结构被破坏。植物青蒿中含有青蒿素,它是一种有效的抗疟疾药物。为了获取青蒿素,屠呦呦及其科研团队将青蒿汁和乙醚混合并充分振荡,使青蒿汁中的青蒿素溶解在乙醚中,再将提取物中的乙醚蒸发,从而成功获取了青蒿素。屠呦呦成功提取青蒿素的关键在哪？为什么蒸发乙醚时青蒿素结构没有被破坏？

（3）氧化反应

在有机化学中,物质得到氧或失去氢的反应都称为氧化反应,乙醇容易发生氧化反应。在酸性高锰酸钾或酸性重铬酸钾($K_2Cr_2O_7$)条件下,乙醇首先被氧化成乙醛,乙醛可继续被氧化而生成乙酸。该过程可表示为

$$\underset{乙醇}{CH_3CH_2OH} \xrightarrow{[O]} \underset{乙醛}{CH_3CHO} \xrightarrow{[O]} \underset{乙酸}{CH_3COOH}$$

检测司机是否属于酒后驾车的仪器,是依据乙醇能够被酸性 $K_2Cr_2O_7$ 氧化且反应过程中颜色发生明显变化的原理设计的。

（二）醇的概述

1. 醇的结构及分类

从结构上看,脂肪烃、脂环烃分子中的氢原子或芳香烃侧链上的氢原子被羟基取代后生成的化合物称为醇。一元脂肪醇的结构通式为 R—OH。醇分子中的羟基称为醇羟基,

是醇的官能团。

醇通常用以下三种方法分类。

① 根据醇分子中烃基种类的不同,醇可分为饱和醇、不饱和醇、脂环醇及芳香醇。

② 根据分子中羟基数目的不同,醇可分为一元醇、二元醇、三元醇等,二元醇及二元以上的醇叫多元醇。

归纳以上两种分类,总结成表 7-1。

表 7-1 醇的分类和实例

分类			实例	
烃基种类不同	脂肪醇	饱和醇	CH_3OH	甲醇
		不饱和醇	$CH_2=CHCH_2OH$	烯丙醇
	脂环醇		⌬—OH	环己醇
	芳香醇		C₆H₅—CH_2—OH	苯甲醇
羟基数目不同	一元醇		CH_3CH_2OH	乙醇
	多元醇		CH_2—CH—CH_2 │ │ │ OH OH OH	丙三醇

在描述一种醇的分类时,常将多种分类方法合并使用。例如,乙醇为饱和一元醇,苯甲醇为一元芳香醇。

③ 醇还可以根据羟基所连碳原子类型不同,分为伯醇、仲醇和叔醇,三者的通式分别为

羟基与伯碳原子相连的醇称为伯醇:R—CH_2—OH。例如:CH_3—CH_2—OH。

羟基与仲碳原子相连的醇称为仲醇:$\begin{matrix}R'\\R''\end{matrix}$CH—OH。例如:$CH_3$—CH—$CH_3$。
$\quad\quad\quad\quad\quad\quad\quad\quad\quad\quad\quad\quad\quad\quad\quad\quad\quad\quad\quad\quad\quad\quad\quad\quad$|
$\quad\quad\quad\quad\quad\quad\quad\quad\quad\quad\quad\quad\quad\quad\quad\quad\quad\quad\quad\quad\quad\quad\quad\quad$OH

羟基与叔碳原子相连的醇称为叔醇:R''—$\underset{R'''}{\overset{R'}{C}}$—OH。例如:$CH_3$—$\underset{OH}{\overset{CH_3}{C}}$—$CH_3$。

2. 醇的命名

醇的命名包括系统命名和普通命名,系统命名的要点如下。

(1) 饱和一元醇的系统命名

首先,选择包含与羟基直接相连碳原子在内的最长碳链为主链,根据主链碳原子数称

"某醇"。其次,从靠近羟基的一端开始,用阿拉伯数字依次将主链的碳原子编号。最后,将羟基的位次写在"某醇"之前,即为母体名称;取代基的位次、数目、名称写在母体名称之前。例如:

$$CH_3-\underset{OH}{CH}-CH_3 \qquad CH_3-\underset{OH}{\overset{CH_3}{\underset{|}{C}}}-CH_3 \qquad CH_3-\underset{OH}{CH}-CH_2-\underset{CH_3}{CH}$$

  2-丙醇   2-甲基-2-丙醇   4-甲基-2-戊醇

(2)不饱和一元醇的系统命名

命名时应选择包括羟基所连碳和不饱和键碳在内的最长碳链作主链,从靠近羟基的一端开始编号,根据主链所含碳原子数目称为某烯醇或某炔醇。例如:

$$CH_3-\underset{OH}{CH}-CH=\underset{CH_3}{C}-CH_3$$

4-甲基-3-戊烯-2-醇

(3)脂环醇的系统命名

命名时在脂环烃基的名称后加"醇"字,再从连接羟基的碳原子开始,给环上的碳原子编号,使环上取代基的位次最小。例如:

  2-甲基环戊醇   2,4-二甲基环己醇

(4)芳香醇的系统命名

命名时以脂肪醇为母体,将芳香烃基作为取代基进行命名。例如:

  苯甲醇(苄醇)   邻甲基苯甲醇

(5)多元醇的系统命名

命名时选择连有尽可能多羟基的碳链作主链,根据羟基的数目称某二醇、某三醇等。当羟基数与主链碳原子数相同时可以不标明羟基的位次。例如:

$$\underset{OH\ \ OH}{CH_2-CH_2} \qquad \underset{OH\ OH\ OH}{CH_2-CH-CH_2} \qquad \underset{OH\ \ \ \ \ \ OH}{CH_2-CH_2-CH_2}$$

  乙二醇   丙三醇(甘油)   1,3-丙二醇

一些结构特定的一元醇,也常使用普通命名法,方法是在醇字前面加上烃基的名称,"基"字一般可以省略。例如:

CH₃CH₂CH₂CH₂OH	CH₃CH₂CHOH|CH₃	CH₃CHCH₂CH₂OH|CH₃	CH₃—C(CH₃)(OH)—CH₃
正丁醇	仲丁醇	异戊醇	叔丁醇

以上是醇系统命名和普通命名的要点,醇广泛存在于自然界,因此,有些醇常用俗名。例如,乙醇的俗名为酒精,丙三醇的俗名为甘油,己六醇的俗名为甘露醇等。

请分别写出 3-甲基-2-己醇、异丙醇的结构简式。

3. 醇的理化性质

低级饱和一元醇是无色易挥发的液体,较高级的醇为黏稠的液体,11 个碳原子以上的醇在室温下为蜡状固体,多元醇具有更高的沸点。

醇羟基可以与水分子形成氢键。低级醇易溶于水,随着醇分子中烃基的增大,醇在水中的溶解度明显减小,如甲醇、乙醇、丙醇能与水以任意比例混溶,但 4 个碳以上的醇在水中的溶解度快速减小。25 ℃时,正丁醇的溶解度为 7.9 g,而正癸醇则难溶于水。

醇的化学性质和乙醇相似。但不同醇中羟基所连烃基的结构不同,因此,不同醇的性质也有区别。

(1) 与活泼金属反应

醇和活泼金属(如 Na、K)反应都生成金属醇化物和氢气。

$$2ROH + 2Na \longrightarrow 2RONa + H_2 \uparrow$$

和水相比,醇和活泼金属反应的速率明显减慢。观察乙醇和水分子的球棍模型(图 7-5),乙醇可以看作是水分子中的 1 个氢原子被乙基取代而成。因此,当水分子中的 1 个氢原子被乙基取代后,醇羟基上的氢原子活泼性就降低了。

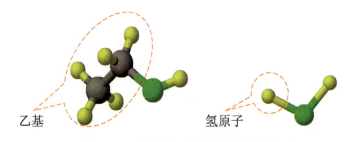

图 7-5 乙醇和水分子的球棍模型

(2) 脱水反应

前面已学习过,乙醇的脱水反应有两种方式,即分子内脱水和分子间脱水。醇的分子结构和反应条件决定了醇的脱水方式和脱水主要产物。

(3) 氧化反应

> **实验探究**
>
> ① 向一支盛有 2 mL 无水乙醇的试管中加入 5 滴酸性高锰酸钾溶液,振荡,观察现象。
>
> ② 取铜丝一根,在酒精灯外焰上加热至红热,并快速插入另一支同样盛有 2 mL 无水乙醇的试管中,红热铜丝尽量靠近液面但不插入液体,使铜丝和乙醇蒸气充分接触并保持高温,反复多次,嗅闻气味,观察现象。

醇的氧化有两种途径:加氧氧化和脱氢氧化。在高锰酸钾等强氧化剂条件下,醇发生加氧氧化反应,在铂、铜等催化剂存在下,醇发生脱氢氧化反应。

$$\text{加氧氧化:} CH_3-\overset{H}{\underset{|}{C}}H-OH \xrightarrow{[O]} \left[CH_3-CH\underset{OH}{\overset{OH}{<}} \right] \xrightarrow{-H_2O} CH_3-\overset{O}{\overset{\|}{C}}H$$

$$\text{脱氢氧化:} CH_3-\overset{H}{\underset{|}{C}}H-OH \xrightarrow{-2H} CH_3-\overset{O}{\overset{\|}{C}}H$$

醇在氧化时,羟基所连碳(α-C)上必须有氢原子(α-H)。因此,不同醇的氧化情况不同。例如,伯醇氧化生成醛:

$$R-CH_2-OH \xrightarrow{-2H} RCHO \qquad\qquad CH_3CH_2OH \xrightarrow{-2H} CH_3CHO$$
$$\text{伯醇} \qquad\qquad \text{醛} \qquad\qquad\qquad \text{乙醇} \qquad\qquad \text{乙醛}$$

仲醇氧化生成酮:

$$\underset{R''}{\overset{R'}{>}}CH-OH \xrightarrow{-2H} \underset{R''}{\overset{R'}{>}}C=O \qquad\qquad CH_3-\overset{OH}{\underset{|}{C}}H-CH_3 \xrightarrow{-2H} CH_3-\overset{O}{\overset{\|}{C}}-CH_3$$
$$\text{仲醇} \qquad \text{酮} \qquad\qquad\qquad \text{异丙醇} \qquad\qquad \text{丙酮}$$

叔醇($R''-\underset{R'''}{\overset{R'}{\underset{|}{\overset{|}{C}}}}-OH$)因为分子中不存在 α-H,所以在同样条件下不被氧化。

脱氢氧化反应和加氢还原反应在生物体内的代谢过程中相当普遍。生物体内的氧化还原反应一般是在脱氢酶的催化下进行的。

(4) 与无机含氧酸生成酯

醇和无机含氧酸脱水生成无机酸酯。例如,异戊醇和亚硝酸脱水生成亚硝酸异戊酯。

$$\underset{\text{异戊醇}}{\underset{|}{\underset{CH_3}{CH_3CHCH_2CH_2OH}}} + HONO \xrightarrow{\text{酯化}} \underset{\text{亚硝酸异戊酯}}{\underset{|}{\underset{CH_3}{CH_3CHCH_2CH_2ONO}}} + H_2O$$

丙三醇(甘油)可与三分子硝酸反应生成三硝酸甘油酯,又称硝酸甘油。医药上,亚硝酸异戊酯和硝酸甘油均用作血管舒张药,具有缓解心绞痛等作用。

醇还可以和硫酸、磷酸等生成多元酸酯,其中磷酸酯在生物体中十分重要。例如,在人体中葡萄糖(含有醇羟基)首先生成磷酸酯,然后才能进行一系列反应。

(三)医学上常见的醇

1. 甲醇

甲醇俗名木精,最初由木材干馏制得。甲醇为无色透明液体,沸点为64.5 ℃,能与水及多数有机溶剂混溶。甲醇有毒,误服少量(10 mL)就会导致双目失明,30 mL能中毒致死。由于甲醇的气味和乙醇相近,须谨防误饮。甲醇可作溶剂,也是一种重要的化工原料。

2. 乙醇

乙醇俗名酒精,是酒的主要成分。乙醇是无色透明的液体,沸点为78.5 ℃,能与水以任意比例混溶。市售酒精有两种:无水乙醇($\varphi_B \geq 99.5\%$)和普通酒精($\varphi_B = 95\%$)。在医药领域,酒精也有多种,如φ_B为70%~75%的酒精溶液用于消毒,φ_B为30%~50%的酒精溶液用于高烧患者擦浴以降低体温。乙醇是良好的溶剂,在医药上常用乙醇配制药酒、酊剂及作为提取某些中药的有效成分。乙醇也是重要的化工原料。

必须注意,食用酒精和药用酒精在制备工艺上不同,使用范围也不同。食用酒精是由粮食、水果等可食用原料酿造的,符合食品标准。而药用酒精为工业制造,严禁食用。

3. 丙三醇

丙三醇俗名甘油,为无色、有甜味的黏稠液体,沸点为290 ℃,吸湿性强,能与水或乙醇混溶。甘油有润肤作用,但它的吸湿性很强,会对皮肤产生刺激,所以在使用时须先用适量水稀释。在医药上,甘油可用作溶剂,如酚甘油、碘甘油等。便秘患者可用甘油栓剂或50%甘油溶液灌肠,它既有润滑作用,又能产生高渗透压,可引起排便反射。

实验探究

试管中加入0.1 mol/L $CuSO_4$溶液5滴和1 mol/L NaOH溶液10滴,然后再加入甘油10滴,观察现象。

实验结果表明,甘油能和新制备的$Cu(OH)_2$发生反应,生成易溶于水的深蓝色甘油铜。凡是具有邻二醇结构的多元醇都能与新制备的$Cu(OH)_2$发生反应,生成深蓝色溶液。利用这一性质可以鉴别具有邻二醇结构的多元醇。

问题解决

1,2-丙二醇和1,3-丙二醇两种无色溶液,能否用新制备的$Cu(OH)_2$进行鉴别?

4. 苯甲醇

苯甲醇又名苄醇,常以酯的形式存在于植物香精油中。它是无色液体,有芳香味,沸点为205 ℃,微溶于水,可与乙醇、乙醚混溶。苯甲醇具有微弱的麻醉作用和防腐作用,也可作为局部止痒剂。在中草药注射剂中加入少量的苯甲醇既可防腐又可镇痛。

5. 己六醇

己六醇（$\begin{matrix}CH_2CH\ CHCHCHCH_2\\ |\ \ \ \ |\ \ \ \ |\ \ |\ \ |\ \ |\\ OH\ OH OH OH OH OH\end{matrix}$）俗名甘露醇,为白色结晶性粉末,味甜,易溶于水。甘露醇广泛存在于植物中,许多水果及蔬菜均含有甘露醇。临床上,200 g/L 或 250 g/L 的甘露醇注射液是常用的高渗脱水药,可用于治疗脑水肿、降低眼内压等。

拓展延伸

硫 醇

烷烃分子中一个氢原子被羟基取代后生成醇,同样,烷烃分子中一个氢原子被巯基(—SH)取代则生成硫醇,硫醇和醇具有某些类似的性质。巯基在医药专业较为重要,如蛋白质中都含有巯基。

硫醇的命名与醇的命名相似,只是在母体名称前加一个"硫"字。例如:

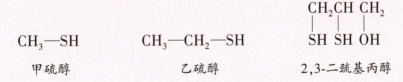

CH_3—SH	CH_3—CH_2—SH	$\begin{matrix}CH_2CH\ CH_2\\|\ \ \ \ |\ \ \ \ |\\SH\ SH\ OH\end{matrix}$
甲硫醇	乙硫醇	2,3-二巯基丙醇

相对分子质量较低的硫醇具有极强的难闻气味。例如,乙硫醇的浓度在空气中达到百亿分之一时,人即可闻到,因此常将痕量的乙硫醇添加到天然气中,用以检测管道是否漏气。

硫醇能与重金属离子(Hg^{2+}、Cu^{2+}、Pb^{2+}等)生成不溶于水的重金属盐。利用这一性质,硫醇可作为某些重金属中毒的解毒剂。例如,二巯基丙醇曾被用作汞中毒的一种解毒剂,它与汞离子形成的螯合物可从尿液中排出。由我国首创的二巯基丁二酸是一种毒性较低、效力较强的治疗重金属离子中毒的新型解毒剂。

二、酚

（一）苯酚

1. 苯酚的结构

苯酚俗称石炭酸，苯酚的结构简式为

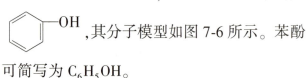，其分子模型如图 7-6 所示。苯酚

可简写为 C_6H_5OH。

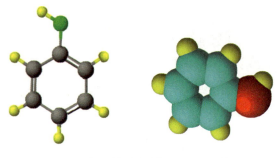

图 7-6　苯酚的球棍模型和比例模型

苯酚分子中的羟基直接和苯环相连接。和苯环直接相连的羟基称为**酚羟基**，是苯酚的官能团。

2. 苯酚的性质

苯酚主要存在于煤焦油中，为无色针状结晶，熔点为 43 ℃。苯酚溶于水，68 ℃ 以上可与水以任意比例混溶；易溶于乙醇、乙醚等有机溶剂。在固体苯酚中加入 10% 的水可形成液化酚。苯酚遇光和空气易氧化，宜避光密闭保存。

苯酚与乙醇有相似的性质，但由于苯酚的酚羟基与苯直接相连，所以苯酚具有不同于醇的特殊性质。主要表现为：苯环对酚羟基产生影响，使酚羟基的氢具有弱酸性；酚羟基对苯环产生影响，使苯环上的氢原子更容易被取代；苯酚容易发生氧化反应。

（1）弱酸性

> **实验探究** ✏️
>
> 向试管中加少量固体苯酚，再加 2 mL 蒸馏水，振荡得苯酚浑浊液。向浑浊液中滴加 1 mol/L NaOH 溶液至有明显现象发生，观察并记录实验现象。再向上述反应液中通入 CO_2，观察并记录实验现象。

苯酚是一种弱酸，可以与氢氧化钠反应生成苯酚钠。

$$C_6H_5\text{—}OH + NaOH \longrightarrow C_6H_5\text{—}ONa\ (\text{苯酚钠}) + H_2O$$

苯酚钠易溶于水，反应液变澄清。向苯酚钠水溶液中通入 CO_2，游离出的苯酚使溶液重新变浑浊，说明苯酚的酸性比碳酸更弱。

$$C_6H_5\text{—}ONa + CO_2 + H_2O \longrightarrow C_6H_5\text{—}OH + NaHCO_3$$

（2）与三氯化铁的显色反应

> **实验探究**
>
> 取一支试管，加入苯酚溶液 1 mL，再加入 0.06 mol/L 三氯化铁溶液 2 滴，振荡，观察实验现象。

实验现象：苯酚遇三氯化铁溶液显紫色。大多数酚都能和三氯化铁溶液发生显色反应，不同的酚类化合物与三氯化铁溶液反应可显不同的颜色。显色反应可以用来鉴别酚类化合物。

（3）与溴水反应

> **实验探究**
>
> 在试管中加入 10 滴苯酚溶液，再加入过量饱和溴水，观察实验现象。

实验现象：苯酚与溴水反应立即生成 2,4,6-三溴苯酚白色沉淀。该反应非常灵敏，可以用作苯酚的定性、定量分析。

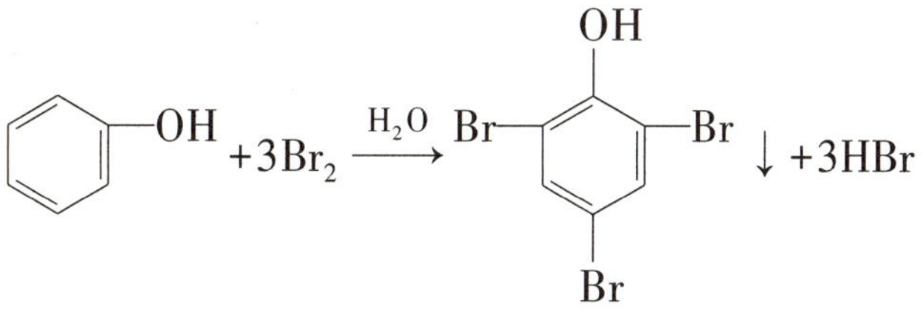

$$\text{C}_6\text{H}_5\text{OH} + 3\text{Br}_2 \xrightarrow{\text{H}_2\text{O}} \text{C}_6\text{H}_2\text{Br}_3\text{OH}\downarrow + 3\text{HBr}$$

2,4,6-三溴苯酚

（4）氧化反应

酚类化合物很容易被氧化，例如在酸性高锰酸钾作用下，苯酚可被氧化成黄色的对苯醌。对苯醌结构简式为 O=⟨⟩=O。

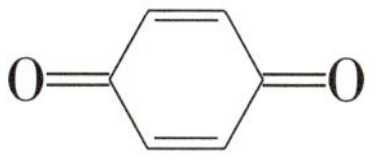

空气中的氧气即可使酚类化合物氧化，在空气中放置的苯酚会因氧化而带有不同程度的红色。许多新鲜的水果和蔬菜中含有酚类化合物，去皮后会很快氧化成醌类并导致果蔬变色，如新鲜去皮的马铃薯等。

（二）酚的概述

1. 酚的结构、分类和命名

芳香烃分子中芳环上的氢原子被羟基(—OH)取代后生成的化合物称为酚。酚类的官能团是酚羟基。酚可以根据分子中所含酚羟基数目的不同分为一元酚、二元酚及多元酚，一元酚的通式为 Ar—OH。

一元酚命名时以苯酚为母体，把其他原子、原子团和烃基等作为取代基，其相对位置可用阿拉伯数字表示，编号从连有酚羟基的苯环碳原子开始并使其他取代基的位次最小；也可以用"邻、间、对"来表示取代基与酚羟基的相对位置。例如：

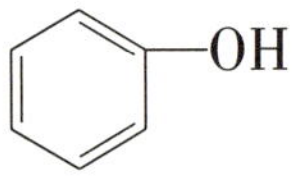

苯酚 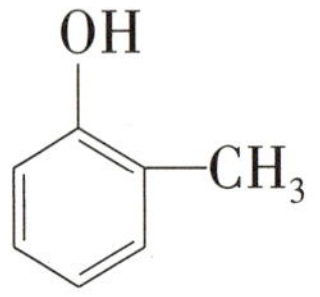　　　　邻甲苯酚　　　间甲苯酚　　　对甲苯酚
　　　　　　（2-甲苯酚）　（3-甲苯酚）　（4-甲苯酚）

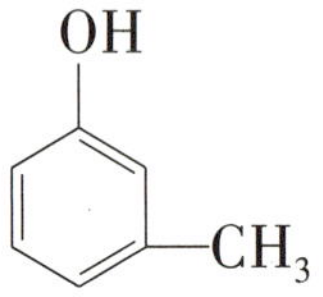

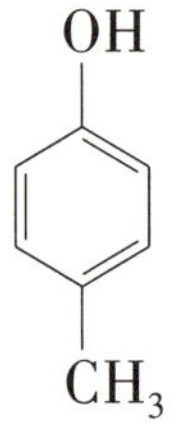

二元酚命名时以苯二酚为母体，两个酚羟基间的相对位置用阿拉伯数字表示或用"邻、间、对"来表示。三元酚命名时以苯三酚为母体，三个酚羟基间的相对位置用阿拉伯数字表示或用"连、偏、均"来表示。例如：

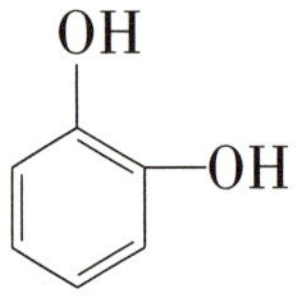

邻苯二酚　　　　　连苯三酚
（1,2-苯二酚）　　（1,2,3-苯三酚）

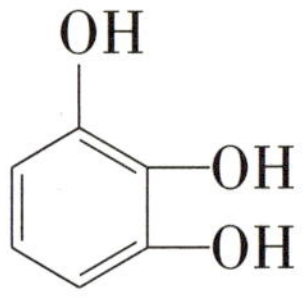

交流讨论

请问下列化合物是醇还是酚？请给它们命名。

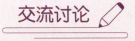

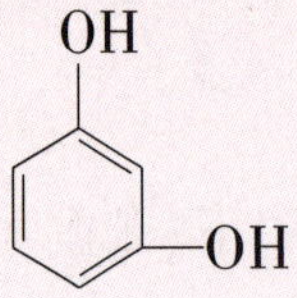

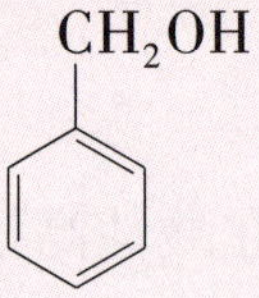

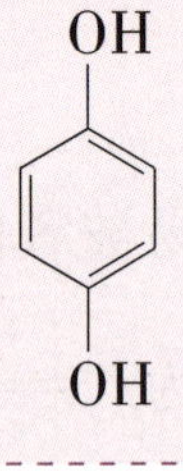

2. 酚的性质

酚能在分子间形成氢键，因此，它的熔点和沸点都比相对分子质量相近的芳烃或卤代烃高。大多数酚为无色结晶，但往往由于含有氧化产物而带有红色。酚类具有特殊的气味，能溶于乙醇、乙醚、苯等有机溶剂中。一元酚微溶于水，多元酚易溶于水。

酚的化学性质和苯酚相似。例如，酚羟基都具有弱酸性，含酚羟基的化合物都能和 $FeCl_3$ 发生显色反应，苯环上酚羟基邻、对位氢原子的活泼性明显增加，易发生取代反应等。

(三) 医学上常见的酚

1. 苯酚

苯酚也称石炭酸。它是无色结晶,有特殊气味,熔点为 43 ℃,沸点为 182 ℃。室温时,苯酚微溶于水;温度升高,溶解度增大;加热至 68 ℃ 以上时,苯酚可与水以任意比例混溶。在固体苯酚中加入约 10% 的水,即可得到"液体苯酚"。由于固体苯酚取用不便,因此常将固体苯酚配成液体苯酚备用。

苯酚能凝固蛋白质,有杀菌能力,医药上可用作消毒剂。3%~5% 的苯酚溶液用于消毒手术器具,1% 的苯酚溶液外用于皮肤止痒。但苯酚浓溶液对皮肤具有腐蚀性,皮肤沾染苯酚浓溶液后可用酒精冲洗。

苯酚是制造塑料、染料及药物的重要原料。苯酚易被氧化,故应避光、密闭保存。

2. 甲苯酚

甲苯酚又称煤酚,有邻甲苯酚、间甲苯酚、对甲苯酚三种异构体。甲苯酚的三种异构体都有苯酚气味,杀菌力比苯酚强。甲苯酚在水中难溶,但易溶于肥皂溶液。医药上常用的煤酚皂溶液是含 47%~53% 甲苯酚的肥皂溶液,又称来苏尔,它的稀溶液是临床上用于消毒、防腐的酚类消毒剂。

3. 对苯二酚

对苯二酚又称氢醌,是一种无色晶体,熔点为 170.5 ℃,沸点为 286 ℃,易溶于热水、乙醇和醚,难溶于苯。对苯二酚是一种强还原剂,弱氧化剂即可将它氧化成对苯醌,在碱性溶液中则更容易氧化。对苯二酚可用作显影剂,也可用作抗氧剂。

三、醚

(一) 醚的结构、分类和命名

醚可看作是醇或酚分子中羟基上的氢原子被烃基取代后的产物。醚的官能团是醚键（—C—O—C—）。醚键的氧连接两个烃基,如果两个烃基相同,称为单醚,通式为(Ar)R—O—R(Ar);如果两个烃基不同,称为混醚,通式为(Ar)R—O—R′(Ar′)。烃基可以是脂肪烃基、脂环烃基或芳香烃基。

对结构比较简单的醚,可根据其与氧原子相连接的烃基来命名,即在醚字前加上烃基的名称。单醚命名时,称"二某醚";烃基是烷基时,通常将"二"字省略。混醚命名时,较小的烃基名称放在前面,但芳香烃基的名称应放在烷基的前面。例如:

单醚: CH_3OCH_3 $CH_3CH_2OCH_2CH_3$ 二苯醚
             甲醚   乙醚

混醚: CH₃—O—CH₂CH₃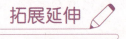
　　　　　甲乙醚　　　　　　　　　　苯甲醚

(二) 医学上常见的醚

1. 乙醚

乙醚是醚类中最重要的一种,为无色液体,具有特殊的气味,沸点为 34.5 ℃,极易挥发和燃烧,故使用时要特别小心,防止接近明火。乙醚难溶于水,易溶于乙醇和氯仿等。

乙醚是一种应用很广泛的有机溶剂,在提取中草药中某些脂溶性的有效成分时,常使用乙醚作溶剂。纯净的乙醚在外科手术中是一种吸入性全身麻醉药,由于乙醚可引起恶心、呕吐等不良反应,以及极易燃烧和形成爆炸性气体等,临床上已逐渐被恩氟烷等更好的麻醉剂所代替。

2. 七氟醚

七氟醚(CF_3—CH(CF₃)—O—CH₂F),属醚类化合物,是甲基异丙基醚(2-甲氧基丙烷)分子中的七个氢原子被氟原子取代的产物,化学名为 1,1,1,3,3,3-六氟-2-(氟甲氧基)丙烷,又名七氟烷。七氟烷为无色油状液体,性质稳定,不易燃烧,副作用小,麻醉效果好,是目前临床上较为常用的吸入性全身麻醉药。

拓展延伸

全身麻醉药

麻醉是机体或机体的一部分暂时失去对外界刺激反应性的一种状态,或指造成这种状态的方法。良好的麻醉效果是进行外科手术的必要条件。麻醉药根据作用方式的不同,可分为全身麻醉药和局部麻醉药两类。理想的全身麻醉药应具备以下几个条件:在保证需要的氧含量下有足够强的麻醉作用;使用时不需要复杂的设备,易于操作;麻醉的诱导期短;安全范围大,并在麻醉剂量下,对躯体无不良反应;不易燃,化学性质稳定且价廉。

全身麻醉药的发现与化学的发展有着密不可分的关系。在 19 世纪中叶,应用于外科手术的全身麻醉药为乙醚、一氧化二氮和氯仿。乙醚具有良好的镇痛及肌肉松弛作用,各个麻醉阶段比较明确,使用时易控制,主要缺点为具有易燃性和易爆性,对呼吸道黏膜有刺激,诱导和苏醒慢。一氧化二氮化学性质稳定,毒性低,但麻醉作用弱。氯仿可产生良好的全身麻醉作用,但安全范围窄且对肝、肾毒性大,因此已被临床淘汰。

20世纪前半叶,科学家发现,在烃或醚的分子中引入氟原子后形成的氟代烃及氟代醚有良好的麻醉作用。目前,临床上具有应用价值的氟化物有氟烷、甲氧氟烷、恩氟烷(安氟醚)、异氟烷(异氟醚)、七氟烷、地氟烷和阿列氟烷等。

如今,每年都有许多新药投入临床使用,人们正在进一步寻找更安全、更理想的麻醉药。

学习评价

1. 乙醇的结构简式是_____。乙醇与浓硫酸共热到170 ℃,发生_____反应;共热到140 ℃,发生_____反应。其中,浓硫酸的作用是_____。

2. 现有苯、乙烷、乙烯、乙醇、氯乙烷等五种有机物。其中,常温下能与溴水反应,使溴水褪色的是_____,能与金属钠反应放出氢气的是_____,能和酸性高锰酸钾反应,使高锰酸钾褪色的是_____、_____。

3. 常温下苯酚_____溶于水,加热到68 ℃,苯酚可以和水_____,苯酚和 $FeCl_3$ 反应的现象为_____。

4. 乙醇与浓硫酸共热至170 ℃时脱水反应的产物是(　　)

A. 乙烷　　　　　B. 乙烯　　　　　C. 丁醚　　　　　D. 乙醚

5. 下列化合物互为同分异构体的是(　　)

A. 乙醚和丁醇　　　　　　　　B. 邻甲苯酚和苯甲醇

C. 戊烯和环戊烷　　　　　　　D. 以上都是

6. 给下列化合物命名。

① $CH_3\text{—}\underset{\underset{OH}{|}}{CH}\text{—}CH_3$　　　② 苯酚（带OH的苯环）　　　③ 环己醇（带OH的环己烷）

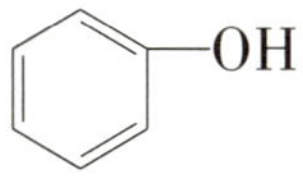

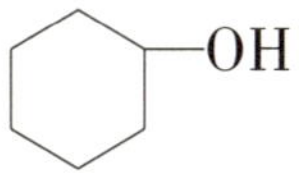

7. 写出乙醇分子内和分子间脱水的反应条件和化学反应式。

8. 用化学方法鉴别乙醇、苯酚和苯三种物质。

第三节 醛和酮

乙醇氧化为乙醛,乙醛氧化为乙酸。乙醛是醛的代表。

一、乙醛

乙醛的结构简式为 $CH_3-\overset{\overset{O}{\|}}{C}-H$ 或 CH_3CHO。

分子中的原子团 $-\overset{\overset{O}{\|}}{C}-H$（或写作—CHO）称为醛基,是醛的官能团。乙醛的分子模型如图 7-7 所示。

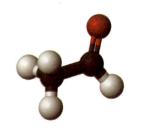

图 7-7 乙醛的球棍模型和比例模型

乙醛分子中的醛基比较活泼,容易发生还原反应和氧化反应。

1. 还原反应

乙醛在催化剂 Pt、Pd、Ni 等存在下,可催化加氢,醛基被还原成羟基,生成乙醇。

$$CH_3CHO + H_2 \xrightarrow[\triangle]{Pt} CH_3CH_2OH$$

2. 氧化反应

醛基上的氢较活泼,很容易被氧化,除了可被高锰酸钾等强氧化剂氧化外,也可被较弱的氧化剂如托伦试剂和费林试剂氧化成相应的羧酸。

(1) 银镜反应

实验探究

取洁净试管 1 支,加入 0.1 mol/L $AgNO_3$ 溶液 2 mL,然后边振荡边滴加 2 mol/L 氨水,直至生成的沉淀刚好溶解为止,得到托伦试剂。再加入 10 滴乙醛,置于 50～60 ℃ 的热水浴中加热,观察实验现象。

托伦试剂的主要成分是 $[Ag(NH_3)_2]OH$,有效成分是碱性条件下配离子状态的 Ag^+,属碱性弱氧化剂,可将乙醛氧化成乙酸,并有银析出。如果反应器皿干净,银可在器皿内壁形成明亮的银镜,所以这个反应又称银镜反应。

$$CH_3CHO + 2Ag(NH_3)_2OH \longrightarrow CH_3COONH_4 + 2Ag\downarrow + 3NH_3 + H_2O$$

（2）费林反应

费林试剂分为甲液和乙液。甲液为硫酸铜溶液，乙液为酒石酸钾钠和氢氧化钠的混合溶液，甲液和乙液等体积混合得到费林试剂。费林试剂不稳定，须随配随用，有效成分是碱性条件下配离子状态的 Cu^{2+}。

> **实验探究**
>
> 在试管中加入 0.5 mL 费林试剂甲液和 0.5 mL 费林试剂乙液，混匀，得到费林试剂。加入乙醛 10 滴，加热至沸，观察实验现象。

费林试剂是碱性弱氧化剂，可将乙醛氧化成乙酸，并有砖红色氧化亚铜沉淀析出。该反应习惯上称为费林反应，可以用于鉴别脂肪醛，但甲醛的反应现象是生成铜镜。

二、醛和酮的概述

1. 醛、酮的结构

醛和酮两者都含有羰基，是一类重要的有机化合物，醛、酮在医药领域都有重要意义。

碳原子以双键和氧原子相连接而形成的原子团（$—\overset{\overset{O}{\|}}{C}—$）称为羰基，醛和酮分子中都含有羰基，因此醛、酮都属于羰基化合物。

脂肪醛的结构通式为 $R(H)—\overset{\overset{O}{\|}}{C}—H$，脂肪酮的结构通式为 $R—\overset{\overset{O}{\|}}{C}—R'$。

羰基与一个氢原子相连后形成的原子团（$—\overset{\overset{O}{\|}}{C}—H$）称为醛基，简写为—CHO。醛基与烃基相连的化合物称为醛（甲醛中醛基与氢直接相连）。醛基是醛的官能团。羰基与 2 个烃基相连的化合物称为酮，酮分子中的羰基称为酮基（$—\overset{\overset{O}{\|}}{C}—$），是酮的官能团，简写为—CO—。

2. 醛、酮的分类

醛、酮一般根据羰基所连烃基的种类和饱和程度来分类。

① 根据羰基所连烃基的种类不同，可将醛、酮分为脂肪醛、酮和芳香醛、酮。

② 根据脂肪烃基是否饱和，可将醛、酮分为饱和醛、酮和不饱和醛、酮。

常见醛、酮的分类见表 7-2。

表 7-2　常见醛、酮的分类

分类	一元醛	一元酮
饱和脂肪醛、酮	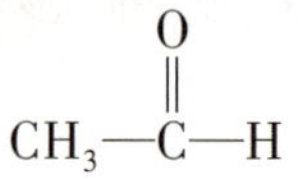 $CH_3-\overset{\overset{O}{\|\|}}{C}-H$ 乙醛	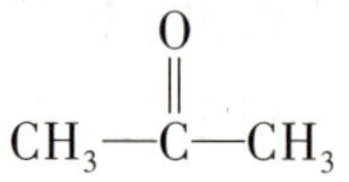 $CH_3-\overset{\overset{O}{\|\|}}{C}-CH_3$ 丙酮
芳香醛、酮	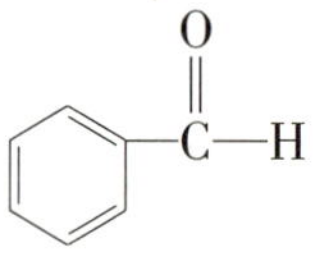 苯甲醛	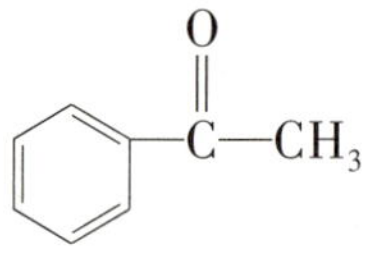 苯乙酮

3. 醛、酮的命名

醛、酮采取系统命名法,要点和醇的命名方法相似,主要内容如下:

① 脂肪醛、酮命名时,选择含羰基的最长碳链为主链,按主链碳原子数目称为某醛或某酮;从靠近羰基一端开始给主链碳原子编号(醛分子中,从醛基开始编号);支链看作取代基,将取代基的位次、数目、名称写在醛或酮名称前。

② 脂环酮的命名与脂肪酮相似,在相应名称前加"环"字,编号从羰基碳原子开始。

③ 芳香醛、酮命名时,以脂肪醛、酮为母体,将芳香烃基作为取代基,名称中"基"字可省略。例如:

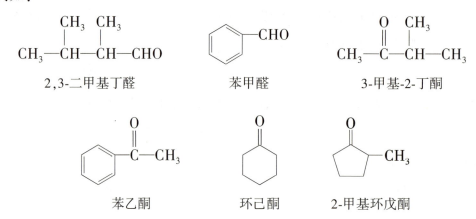

醛的主链碳原子也可以用希腊字母进行编号。将和醛基直接相连的碳原子编号为 α 位,依次为 β、γ、δ……ω 位,ω 为末位。例如:

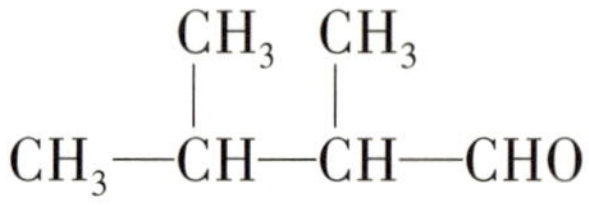

$$CH_3-\underset{\underset{CH_3}{\|}}{CH}-\underset{\underset{CH_3}{\|}}{CH}-CHO \qquad C_6H_5-\underset{\underset{CH_3}{\|}}{CH}-\underset{\underset{CH_3}{\|}}{CH}-CHO$$

α,β-二甲基丁醛 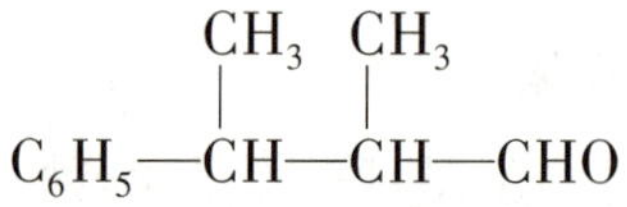 　　　　　　　α-甲基-β-苯基丁醛

> **问题解决**
>
> 命名或写出下列醛、酮的结构简式。
>
> ① $CH_3-\underset{\underset{CH_3}{|}}{\overset{\overset{O}{\|}}{C}}-\underset{\underset{CH_3}{|}}{\overset{\overset{CH_3}{|}}{C}}-CH_3$　　② 邻甲基苯甲醛（邻位有CHO和CH₃的苯环）　　③ α-甲基戊醛

4. 醛、酮的化学性质

醛、酮分子中都含有羰基，羰基中的碳氧双键是由一个稳定的 σ 键和一个活泼的 π 键构成的。因此醛、酮具有许多相似的性质，主要表现为羰基的加成反应及还原反应。但醛、酮的结构并不完全相同，醛中的羰基直接连有一个氢原子，因此，醛比酮的性质活泼，某些反应醛能发生，而酮在相同条件下则不能发生。

(1) 催化加氢

和乙醛一样，在 Pt、Ni 等的催化下，醛和酮都可以发生加氢反应，生成相应的醇。醛、酮加氢后，醛被还原为伯醇，酮被还原为仲醇。用通式表示如下：

$$\underset{\text{醛}}{R-\overset{\overset{O}{\|}}{C}-H} + H_2 \xrightarrow{Pt} \underset{\text{伯醇}}{R-CH_2OH}$$

$$\underset{\text{酮}}{R-\overset{\overset{O}{\|}}{C}-R'} + H_2 \xrightarrow{Pt} \underset{\text{仲醇}}{R-\overset{\overset{OH}{|}}{CH}-R'}$$

> **问题解决**
>
> 完成下列化学反应式。
>
> ① $CH_3CH_2CHO + H_2 \xrightarrow{Pt}$
>
> ② $CH_3-\overset{\overset{O}{\|}}{C}-CH_3 + H_2 \xrightarrow{Pt}$

(2) 氧化反应

和乙醛一样，醛很容易被氧化。醛可被酸性高锰酸钾、酸性重铬酸钾等强氧化剂氧化。弱氧化剂也能将醛氧化成相应的羧酸，但反应范围和现象略有不同，具体如下：

① 所有醛都能和托伦试剂反应,生成银镜,而酮不能反应。所以可用托伦试剂鉴别醛和酮。

② 脂肪醛都能和费林试剂反应。其中,甲醛和费林试剂反应生成铜镜,其他脂肪醛和费林试剂反应生成砖红色 Cu_2O 沉淀;芳香醛和酮不与费林试剂反应。所以可用费林试剂鉴别脂肪醛与芳香醛及酮。

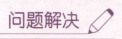

用化学方法鉴别甲醛、乙醛、苯甲醛。

(3) 生成缩醛的反应

在干燥氯化氢的作用下,一分子醛和一分子醇发生加成反应,生成不稳定的半缩醛。以乙醛和乙醇为例,反应式如下:

$$CH_3-\overset{O}{\underset{}{C}}-H + H-O-CH_2-CH_3 \xrightarrow{\text{干 HCl}} CH_3-\underset{O-CH_2-CH_3}{\overset{OH}{\underset{|}{C}}}-H$$

乙醛　　　　乙醇　　　　　　　　　　　半缩醛

半缩醛羟基　乙氧基

在上述半缩醛分子中,有一个新形成的羟基,称为半缩醛羟基。半缩醛羟基性质活泼,在同样条件下,可以继续和醇作用,失去一分子水生成稳定的缩醛。

$$CH_3-\underset{O-CH_2-CH_3}{\overset{OH}{\underset{|}{C}}}-H + H-O-CH_2-CH_3 \xrightarrow{\text{干 HCl}} CH_3-\underset{O-CH_2-CH_3}{\overset{O-CH_2-CH_3}{\underset{|}{C}}}-H + H_2O$$

醛和醇可以生成半缩醛,进一步生成缩醛。该反应在后面学习糖类化合物的结构和性质时有重要应用。

三、医学上常见的醛和酮

1. 甲醛

甲醛又称蚁醛。常温下是无色、具有强烈刺激性气味的气体,沸点为-21 ℃,易溶于水。甲醛能使蛋白质凝固,具有杀菌作用。37%~40%甲醛水溶液叫作"福尔马林",是医药上常用的消毒剂和防腐剂,可用于外科器械、污染物的消毒,也可用于保存解剖标本。甲醛是重要化工原料,用于合成树脂、塑料及药物等。

甲醛具有毒性,可经呼吸道、消化道及皮肤被人体吸收。甲醛对黏膜有强烈的刺激性并有催泪作用；能使蛋白质凝固,触及皮肤易使皮肤发硬甚至局部组织坏死；对中枢神经系统有抑制作用；是强致癌物。甲醛也是室内装修的主要污染物之一,空气中的甲醛气体将严重影响人体健康。

甲醛水溶液长时间放置,可产生浑浊或出现白色沉淀,这是由甲醛聚合生成多聚甲醛所致。

甲醛溶液与氨水共同蒸发,可生成环六亚甲基四胺,俗名乌洛托品。医药上,乌洛托品可用作泌尿系统的消毒剂,其原理是乌洛托品在人体内可缓慢分解产生甲醛,随尿液排出时杀灭细菌。乌洛托品也是重要的化工原料,用于塑料、药品等生产。

环六亚甲基四胺

2. 乙醛

乙醛是无色、易挥发、具有刺激性气味的液体,沸点为 21 ℃,能溶于水、乙醇和乙醚。在酸的催化下,乙醛发生聚合反应,生成三聚乙醛。

乙醛是重要的有机合成原料,主要用于合成乙酸、乙醇、季戊四醇等。受醛基影响,乙醛分子中 α-C 上的氢原子(α-H)比较活泼,容易发生取代反应。例如,在乙醛中通入氯气,乙醛的三个 α-H 被氯取代生成三氯乙醛。

$$CH_3CHO + 3Cl_2 \longrightarrow CCl_3CHO + 3HCl$$
乙醛　　氯气　　　三氯乙醛

三氯乙醛是具有刺激性气味的无色液体,与水发生加成反应得到水合三氯乙醛($CCl_3CHO \cdot H_2O$),简称水合氯醛。水合氯醛是一种具有刺鼻的辛辣气味、味微苦的有机化合物,有毒。医药上,它是较安全的催眠药,但对胃有刺激性,不宜口服,可用灌肠法给药。

3. 戊二醛

戊二醛是无色油状液体,味苦,有微弱的甲醛气味,沸点为 187～189 ℃(分解),可溶于水和醇,溶液呈微酸性,对皮肤、黏膜有刺激性。戊二醛的碱性水溶液有较好的杀菌作用,当 pH 为 7.5～8.5 时作用最强,杀菌能力较甲醛强 2～10 倍,是一种较好的杀菌剂。

4. 苯甲醛

苯甲醛是最简单的芳香醛,是具有苦杏仁味的无色液体,又叫苦杏仁油,沸点为 179 ℃,微溶于水,易溶于乙醇和乙醚等有机溶剂。苯甲醛常以结合状态存在于水果中,如桃、杏、梅的核仁中。苯甲醛易被氧化,在室温下能被空气中的氧气氧化成苯甲酸晶体,因此在保存苯甲醛时常加入少量对苯二酚作抗氧剂。苯甲醛是重要的有机合成原料,用于制备药物、香料和染料。

5. 丙酮

丙酮是最简单的酮,它是无色、易挥发、易燃的液体,具有特殊香味,沸点为 56.5 ℃,能与水、乙醇、乙醚等混溶,并能溶解多种有机物,是一种良好的有机溶剂。丙酮是重要的化工原料,用于塑料、橡胶、纤维、制革、油脂、喷漆等行业及合成有机玻璃、醋酐、环氧树脂等。

糖尿病患者由于代谢不正常,体内常有过量的丙酮产生,并随尿液或呼吸排出。临床上可用亚硝酰铁氰化钠溶液和 NaOH 检查尿中是否含有丙酮,如有丙酮存在,即呈鲜红色。

化学与生活

甲醛——身边的隐形杀手

甲醛为有毒的强致癌化学物质,国家对甲醛的使用有严格的规定。但在生活中,我们仍然会经常处于甲醛污染的环境中。以下以装饰材料、食品、服装为例,介绍甲醛超标的可能性和防治措施。

不合格的黏合剂、油漆、清洁剂、涂料和溶剂中可能含有甲醛,壁纸、化纤地毯、胶合板材及各种化学物质处理过的材料中也可能含有甲醛。因此,新的家具、新装修的房屋、新的交通工具等,可能同样含有甲醛。为了防止甲醛污染,请注意:一是选择正规生产厂家的装饰材料,二是对可能含有甲醛的环境要延期使用或注意通风换气。

食品中不允许混入甲醛,使用甲醛处理食品的违法行为将被依法追究。但甲醛具有漂白、防腐和杀菌作用,能明显延长食品的存放期,并改变食品的外观和口感。譬如用甲醛处理海蜇,可以使海蜇外表蛋白质快速凝固,海蜇中存留更多水分以增加质量;用吊白块(可释放出甲醛)处理过的面粉、腐竹、豆制品、银耳、罐头、水发产品等,存放期、外观和口感都会有明显改变,譬如外观更白、长期存放而不变质等。因此,甲醛有被不法人员用于食品的潜在隐患,大家购买食品时,仍应保持警惕。

为了防止服装皱缩,常在棉纤维布料服装中加入甲醛树脂涂料,这些新的衣料会逐渐释放甲醛。因此,在选购时,应注意鉴别:一是衬衫上是否有刺激性气味;二是新购服装经水洗或晾晒后再使用;三是穿上后,如出现皮肤过敏、情绪不安、咳嗽等症状,应尽快换洗,必要时到医院就诊;四是在选内衣、童装时,尽量选择素色的,因为颜色浓艳和多印花的服装存在甲醛的可能性更高。

甲醛对生活环境的污染应引起我们高度重视。

学习评价

1. 临床上用于检查尿中丙酮的试剂为(　　)
   A. 费林试剂　　　　　　　　　　B. 托伦试剂
   C. $Na_2[Fe(CN)_5NO]+NaOH$　　D. 希夫试剂

2. 用费林试剂可鉴别(　　)
   A. 芳香醛和脂肪酮　　　　　　　B. 脂肪酮和芳香酮
   C. 芳香醛和芳香酮　　　　　　　D. 脂肪醛和芳香醛

3. 不能被费林试剂氧化的化合物是(　　)
   A. 乙醛　　　B. 苯甲醛　　　C. 甲醛　　　D. 3-甲基丁醛

4. 托伦试剂的主要成分是(　　)
   A. $[Ag(NH_3)_2]OH$　　　　　　B. $Cu(OH)_2$
   C. $NH_3·H_2O$　　　　　　　　D. $AgNO_3$

5. 下列化合物中互为同分异构体的是(　　)
   A. 乙醛和乙醇　　B. 丙醛和丙酮　　C. 丙酮和丙醇　　D. 丙烷和丙烯

6. 给下列化合物命名或写出化合物的结构简式。
   ① CH₃—CH—CH—CHO
   　　　　 |　　|
   　　　　CH₃　CH₃
   ② 对甲基苯甲醛

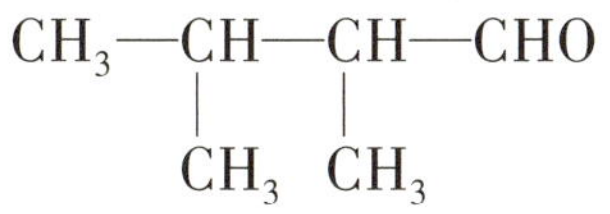

7. 用化学方法鉴别丙醛、丙酮和丙醇。

第四节　羧酸、羟基酸、酮酸

情境导引

醋是中国古代劳动人民发明的传统调味品。江苏镇江香醋是我国四大名醋之一,具有"色、香、酸、醇、浓"五大特色。镇江香醋色泽清亮、酸味柔和、醋香浓郁、风味纯正、口感绵和、香而微甜、色浓而味鲜,且久存不变质,还更加香醇。你知道食醋的主要成分是什么吗?

食醋的主要成分是乙酸,它是典型的羧酸。

一、乙酸

1. 乙酸的结构

乙酸的结构简式为 CH₃—$\overset{\overset{\displaystyle O}{\|}}{C}$—OH 或 CH₃COOH。分子中的原子团 —$\overset{\overset{\displaystyle O}{\|}}{C}$—OH（或写作—COOH）称为羧基，是羧酸的官能团。乙酸的分子模型如图 7-8 所示。

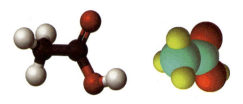

图 7-8　乙酸的球棍模型和比例模型

2. 乙酸的性质

受官能团羧基的影响，乙酸的主要化学性质包括具有酸性、能发生酯化反应等。乙酸是饱和一元羧酸的典型代表，具有饱和一元羧酸的典型性质。

（1）酸性

用蓝色石蕊试纸测乙酸溶液的酸碱性，试纸变红，表明乙酸有明显酸性。在乙酸分子中，受羰基的影响，羧基中羟基上的氢原子比较活泼，在水中能部分电离出氢离子，因此乙酸是有机弱酸。

$$CH_3COOH \rightleftharpoons CH_3COO^- + H^+$$

乙酸具有酸的通性，如可以和碱发生中和反应，生成醋酸盐和水。

$$CH_3COOH + NaOH \longrightarrow CH_3COONa + H_2O$$

（2）酯化反应

> **实验探究**
>
> 在 1 支试管中加入无水乙醇和冰醋酸各 2 mL，再慢慢加入浓硫酸 5 滴，在 75 ℃水浴中加热 10 min，冷却后滴加饱和碳酸钠溶液至无气体产生，闻其气味，观察液面是否分层。如不易观察到分层现象，可加入少量红粉笔灰并振荡。

实验结果表明，乙酸与乙醇反应生成乙酸乙酯和水，该反应称为酯化反应。

$$CH_3-\overset{\overset{\displaystyle O}{\|}}{C}-\boxed{OH + H}O-CH_2CH_3 \rightleftharpoons CH_3-\overset{\overset{\displaystyle O}{\|}}{C}-O-CH_2CH_3 + H_2O$$
乙酸乙酯

酯化反应是可逆反应，其逆反应称为酯的水解反应。在浓硫酸催化条件下，酯化反应很快进行并生成乙酸乙酯。

二、羧酸

羧酸广泛存在于自然界,是医药领域十分重要的有机物。

1. 羧酸的结构

羧酸从结构上可以看作是烃分子中的氢原子被羧基取代而成的化合物(甲酸例外),羧基($-\overset{\overset{O}{\|}}{C}-OH$,简写为—COOH)是羧酸的官能团。一元脂肪酸的结构通式为R(H)—COOH。

2. 羧酸的分类

羧酸有多种分类方法:根据分子中烃基的不同,分为脂肪酸和芳香酸;根据脂肪烃基是否饱和,分为饱和脂肪酸和不饱和脂肪酸;根据分子中羧基的数目分为一元酸、二元酸和多元酸。常见羧酸及分类见表7-3。

表7-3 常见羧酸及分类

分类		一元酸	二元酸
脂肪酸	饱和脂肪酸	$CH_3-\overset{\overset{O}{\|}}{C}-OH$ 乙酸	COOH | COOH 乙二酸
脂肪酸	不饱和脂肪酸	$CH_2=CH-COOH$ 丙烯酸	CH—COOH ‖ CH—COOH 丁烯二酸
芳香酸		苯甲酸	邻苯二甲酸

3. 羧酸的命名

羧酸的系统命名与醛相似,只需要将"醛"字改成"酸"字。命名原则主要有以下几点:

① 脂肪酸命名时,选择含有羧基的最长碳链为主链,根据主链上碳原子的数目称作"某酸";从羧基碳原子开始,用阿拉伯数字(也可用希腊字母)将主链碳原子依次编号,支链看作是取代基,将取代基的位次、数目和名称写在酸名前。

② 不饱和脂肪酸命名时,选择同时含有双键和羧基碳的最长碳链为主链,根据主链上碳原子的数目称作"某烯酸",把双键的位置写在"某烯酸"之前。

③ 二元饱和脂肪酸命名时,把连接2个羧基的碳链作母体,称为"某二酸",支链烃基看作是取代基;二元不饱和脂肪酸命名时,命名为"某烯二酸",把双键的位次写在"某烯

二酸"之前,其他要求和二元饱和脂肪酸命名相同。

④ 芳香酸命名时,把芳香烃基看作是取代基,以脂肪酸作为母体进行命名。

以下是常见羧酸的结构和命名。

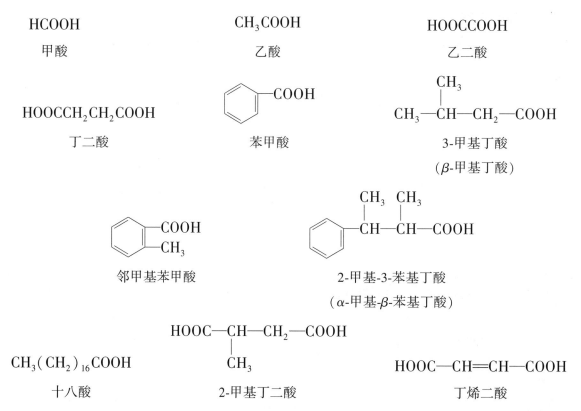

HCOOH
甲酸

CH₃COOH
乙酸

HOOCCOOH
乙二酸

HOOCCH₂CH₂COOH
丁二酸

苯甲酸

3-甲基丁酸
(β-甲基丁酸)

邻甲基苯甲酸

2-甲基-3-苯基丁酸
(α-甲基-β-苯基丁酸)

CH₃(CH₂)₁₆COOH
十八酸

2-甲基丁二酸

丁烯二酸

羧酸在自然界分布广泛,因此,许多脂肪酸都有俗名。例如,甲酸的俗名为蚁酸,乙酸的俗名为醋酸,乙二酸的俗名为草酸,丁二酸的俗名为琥珀酸,苯甲酸的俗名为安息香酸,十八酸的俗名为硬脂酸。

羧酸(R—C(=O)—OH)分子去掉羧基上的羟基,形成的官能团称为**酰基**(R—C(=O)—)。根据形成酰基的羧酸的名称将酰基命名为"某酰基"。

甲酸 → 甲酰基

乙酸 → 乙酰基

苯甲酸 → 苯甲酰基

4. 羧酸的性质

甲酸、乙酸、丙酸为有强烈刺激性气味的无色液体,含 4~9 个碳原子的饱和一元羧酸是具有腐败气味的无色油状液体,癸酸以上为蜡状固体,二元羧酸和芳香酸都是结晶固体。低级羧酸可与水混溶,随着相对分子质量的增大,溶解度逐渐减小。羧酸的熔点、沸点都随着相对分子质量的增加而升高。

羧酸的官能团是羧基。由于羧基中羰基和羟基的相互影响,使羧基显示其自身的特性。

（1）酸性

和乙酸相似,羧酸具有酸的通性,是有机弱酸,如苯甲酸可以与 NaOH 反应。

$$C_6H_5-COOH + NaOH \longrightarrow C_6H_5-COONa + H_2O$$

羧酸盐是离子化合物,易溶于水。

> **实验探究**
>
> 在 1 支试管中加入少量固体 Na_2CO_3,再逐滴加入 1 mol/L CH_3COOH 溶液,观察现象。

实验证明,羧酸的酸性比碳酸强。羧酸能够与碳酸盐或碳酸氢盐反应,放出 CO_2 气体。

$$2CH_3COOH + Na_2CO_3 \longrightarrow 2CH_3COONa + CO_2\uparrow + H_2O$$
$$CH_3COOH + NaHCO_3 \longrightarrow CH_3COONa + CO_2\uparrow + H_2O$$

羧酸的酸性比无机强酸弱,但比碳酸强,强弱顺序为 $HCl(H_2SO_4)$>羧酸>碳酸。

羧基所连烃基不同时,羧酸的酸性也略有差别。例如,以下三者,羧基分别连有氢原子、甲基和苯基。

$$H-COOH \qquad CH_3-\overset{\overset{\displaystyle O}{\|}}{C}-OH \qquad C_6H_5-COOH$$
  甲酸   乙酸   苯甲酸

几种常见羧酸的酸性强弱顺序为草酸>甲酸>苯甲酸>饱和一元羧酸。

> **问题讨论**
>
> 青霉素G是难溶于水的化合物,难以溶解配成注射液。观察青霉素G的分子结构,分子中有无羧基?是否具有酸性?能否通过生成盐增大青霉素G的水溶性?
>
> 青霉素G

临床用药时,如果药物分子中有酸性基团,如羧基,就可以将药物和碱反应,生成相应的盐,以增加药物的水溶性,并增加药物的疗效。例如,青霉素、氨苄西林分子中都含有羧酸,本身难溶于水,因此,临床常用它们的钾盐或钠盐。

(2) 酯化反应

和乙酸相同,羧酸也能发生酯化反应。用通式表示如下:

$$R-\underset{\underset{O}{\|}}{C}-OH + R'OH \rightleftharpoons R-\underset{\underset{O}{\|}}{C}-OR' + H_2O$$

生成的酯,根据其来历命名为"某酸某酯"。例如:

$CH_3-\underset{\underset{O}{\|}}{C}-OCH_3$　　　$C_6H_5-\underset{\underset{O}{\|}}{C}-OCH_3$　　　$CH_3CH_2CH_2CH_2CH_2COOCH_3$

乙酸甲酯　　　　　　苯甲酸甲酯　　　　　　己酸甲酯

(3) 酸酐的生成

羧酸与脱水剂(如 P_2O_5 等)共热,两个羧酸的羧基间脱水生成酸酐。例如:

$$2CH_3-\underset{\underset{O}{\|}}{C}-OH \xrightarrow[\triangle]{P_2O_5} CH_3-\underset{\underset{O}{\|}}{C}-O-\underset{\underset{O}{\|}}{C}-CH_3 + H_2O$$

乙酐

(4) 脱羧反应

羧酸分子中羧基脱去 CO_2 的反应称为脱羧反应。一元羧酸很难直接脱羧。二元羧酸中,乙二酸和丙二酸在受热时很容易脱羧。反应式如下:

$$HOOC-COOH \xrightarrow{\triangle} HCOOH + CO_2\uparrow$$

$$HOOC-CH_2-COOH \xrightarrow{\triangle} CH_3-COOH + CO_2\uparrow$$

在人体内,羧酸可在脱羧酶的作用下直接脱羧,产生 CO_2。脱羧反应是人体的主要代谢反应。

5. 羧酸在医药领域的应用

(1) 甲酸

甲酸俗称蚁酸，最初在赤蚂蚁的体内发现，是有刺激性气味的无色液体，可与水混溶。甲酸的腐蚀性很强，被蚂蚁或蜂类蜇伤后可引起皮肤红肿、疼痛。

甲酸分子中羧基与氢原子直接相连，从结构上看，分子中既含羧基又含醛基，因此，甲酸既有羧酸的酸性，又有醛的还原性。

$$\text{醛基} \longrightarrow \boxed{H-\overset{\overset{O}{\|}}{C}-OH} \longleftarrow \text{羧基}$$

甲酸的酸性比其他饱和一元羧酸的酸性强。甲酸能发生银镜反应和费林反应，也能使高锰酸钾溶液褪色。这些反应常用于鉴别甲酸。甲酸氧化生成 CO_2 和 H_2O，化学反应式为

$$\underset{\text{甲酸}}{H-\overset{\overset{O}{\|}}{C}-OH} \xrightarrow{[O]} \underset{\text{碳酸}}{HO-\overset{\overset{O}{\|}}{C}-OH} \longrightarrow CO_2\uparrow + H_2O$$

甲酸是重要的有机化工原料，广泛用于农药、医药和橡胶等工业。

(2) 乙酸

乙酸是有强烈刺激性酸味的无色液体，熔点为 16.6 ℃，可与水混溶。纯乙酸在温度低于 16.6 ℃ 时凝成冰状固体，又称冰醋酸。乙酸是重要的有机化工原料，用于医药、染料、农药、塑料及其他有机合成。医药上，乙酸溶液可作为消毒防腐剂，30%的乙酸溶液外搽可用于治疗甲癣等。

乙酸俗称醋酸，是食醋中主要的酸性物质。我国制醋历史悠久，西周朝代的《周礼》就有关于谷物发酵制醋的记载。食醋作调味品，具有消炎杀菌、解暑开胃、保护血管等功效与作用，民间有"食醋消毒法"预防流感等应用。

(3) 乙二酸

乙二酸是最简单的二元羧酸，常以盐的形式存在于草本植物中，俗称草酸，通常为含有 2 分子结晶水的无色晶体，熔点为 101.5 ℃，加热会失去结晶水而成为无水草酸。

$$H_2C_2O_4 \cdot 2H_2O \xrightarrow{101.5\ ℃} H_2C_2O_4 + 2H_2O\uparrow$$

草酸的酸性比其他一元羧酸和二元羧酸都强。草酸有还原性，容易被高锰酸钾氧化。工业上也常用草酸作漂白剂，用于漂白麦草、硬脂酸等。草酸还可用于去除铁锈等污迹。

(4) 苯甲酸

苯甲酸是最简单的芳香酸，因最初是从安息香中得到，俗称安息香酸。苯甲酸为白色鳞片或针状结晶，熔点为 122 ℃，微溶于水。苯甲酸及其钠盐常用作食品防腐剂，苯甲酸也可用作治疗癣病的外用药。苯甲酸的酸性比甲酸弱，但比其他一元羧酸强。

> **化学与医药**
>
> ### 安息香
>
> 安息香,原为进口药材,现在我国云南等地也有生产。安息香为某些安息香科植物的干燥树脂(图7-9),有开窍清神、行气活血、止痛等功能,含苯甲酸等多种成分。
>
>
>
> 图7-9 安息香

三、取代羧酸

羧酸分子中烃基上的氢原子被其他原子或原子团取代后生成的化合物称为取代羧酸。取代羧酸是多官能团有机物,分子中除羧基外,还含有其他官能团,如羟基或氨基。根据官能团的种类,取代羧酸可分为卤代酸、羟基酸、酮酸和氨基酸等。其中,羟基酸、酮酸和氨基酸与医药关系密切。下面介绍羟基酸和酮酸。

1. 羟基酸

(1) 羟基酸的结构和命名

羧酸分子中烃基上的氢原子被羟基取代而生成的化合物,称为羟基酸。羟基酸分为醇酸和酚酸,统称为羟基酸。

羟基酸的系统命名是以羧酸为母体,把羟基作为取代基来命名的。许多羟基酸存在于自然界中,因此其俗名更为常用。以下是医药领域较为常见和重要的羟基酸。

$$CH_3—CH—COOH$$
$$\quad\quad\quad |$$
$$\quad\quad\quad OH$$

乳酸
α-羟基丙酸

$$HOOC—CH—CH—COOH$$
$$\quad\quad\quad |\quad\quad |$$
$$\quad\quad\quad OH\quad OH$$

酒石酸
α,β-二羟基丁二酸

水杨酸
邻羟基苯甲酸

$$CH_2—COOH$$
$$|$$
$$HO—CH—COOH$$
$$|$$
$$CH_2—COOH$$

柠檬酸
3-羟基-3-羧基戊二酸

> **方法导引**
>
> 氨基酸是一类重要的取代羧酸,命名方法和羟基酸相似,请写出 α-氨基丙酸、α-氨基乙酸的结构式。

（2）羟基酸的性质

羟基酸一般是黏稠液体或晶体，由于分子中羧基和羟基都能和水形成氢键，因此羟基酸在水中的溶解度大于相应的脂肪酸、醇或酚。

羟基酸含有两种官能团，兼有酸和醇（或酚）的性质。如羟基可酯化，也可氧化成羰基；羧基具有酸性，可成盐、成酯；酚羟基可与三氯化铁溶液显色等。由于羟基酸分子中两种官能团的相互影响，也表现出其特有的性质。

① 酸性：羟基酸分子中含有羧基，具有弱酸性。对醇酸，由于醇羟基对羧基的影响，使醇酸的酸性较相应脂肪酸更强。例如，乳酸的酸性比丙酸更强。

酚酸中的酚羟基对其酸性的影响和羟基在苯环上的位置有关，这里不作讨论。

② 氧化反应：α-羟基酸中的羟基比醇分子中的羟基更易被氧化，氧化的产物为α-酮酸。以乳酸为例：

$$CH_3-\underset{\underset{乳酸}{}}{\overset{OH}{\underset{|}{CH}}}-COOH \xrightarrow{[O]} CH_3-\underset{\underset{丙酮酸}{}}{\overset{O}{\underset{\|}{C}}}-COOH$$

强氧化剂（如稀硝酸）、碱性弱氧化剂（如托伦试剂、费林试剂）等均能使α-羟基酸氧化。羟基酸也可以以脱氢的方式氧化成酮酸，在人体代谢中，羟基酸氧化成酮酸是在酶的作用下进行的。例如乳酸发生脱氢氧化，生成丙酮酸。

$$CH_3-\overset{OH}{\underset{|}{CH}}-COOH \xrightarrow{-2H} CH_3-\overset{O}{\underset{\|}{C}}-COOH$$

③ 脱水反应：羟基酸对热较敏感，加热易脱水，产物因羟基与羧基的相对位置不同而不同。由于五元环、六元环都比较稳定，因此γ-羟基酸和δ-羟基酸在常温下即可脱水生成五元环的γ-内酯或六元环的δ-内酯。例如：

$$\underset{\underset{γ-羟基丁酸}{}}{CH_2-CH_2-CH_2-\overset{O}{\underset{\|}{C}}-OH} \xrightarrow{分子内酯化} \underset{\underset{γ-丁内酯}{}}{\begin{array}{c}CH_2-CH_2\\|\qquad\quad|\\CH_2\qquad C=O\\ \diagdown\;\diagup\\ O\end{array}} + H_2O$$
$$\;\;\;|$$
$$OH$$

> ### 化学与医药
>
> **大环内酯类抗生素**
>
> 大环内酯类抗生素是具有大环内酯结构的一类抗生素，这类抗生素对革兰阳性菌和革兰阴性菌均有效，尤其对支原体、衣原体、军团菌、螺旋体和立克次体有较强的作用。按其内酯结构母核，可分为十四元、十五元和十六元大环内酯类抗生素。其中，红霉素类衍生物属于十四元大环内酯类抗生素，十四元大环内酯的结构为

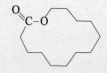

十四元大环内酯结构

目前临床应用的一代药物包括红霉素及其酯类衍生物;二代药物包括罗红霉素、阿奇霉素、克拉霉素等;三代药物正在研究开发中,已用于临床的有泰利霉素。大环内酯类药物是个大家族。酯易水解,因此,须干燥保存,配制成溶液后必须及时使用。

(3) 羟基酸在医药领域的应用

① 乳酸:系统名为 α-羟基丙酸,存在于酸牛奶中。人在剧烈活动时,急需能量供应,葡萄糖可以通过无氧酵解生成乳酸,同时释放能量,以供生命活动所需。运动后,积存的乳酸使人感到肌肉酸胀。乳酸是无色黏稠液体,吸湿性强,能与水、乙醇、乙醚混溶。乳酸有消毒防腐作用,它的蒸气可用于空气消毒。乳酸钠在临床上用作酸中毒的解毒剂;乳酸钙在临床上作为补钙药,治疗佝偻病等缺钙疾病。人体内,在酶的催化下,乳酸和丙酮酸可以互相转变。

$$CH_3-\underset{\underset{O}{\|}}{C}-COOH \xrightarrow[-2H]{+2H} CH_3-\underset{\underset{OH}{|}}{CH}-COOH$$

② 柠檬酸:又名枸橼酸,系统名为 3-羟基-3-羧基戊二酸。柠檬酸存在于柑橘等水果中,尤以柠檬中含量最多。一水柠檬酸熔点为 100 ℃;无水柠檬酸熔点为 153 ℃,易溶于水、乙醇和乙醚。柠檬酸有强酸味,用于配制酸性饮料或作调味品等。柠檬酸是人体内糖代谢的中间产物;柠檬酸钠有抗凝血和利尿作用;柠檬酸铁铵是食品铁强化剂,可用作补血剂,治疗缺铁性贫血。

③ 水杨酸:又名柳酸,系统名为邻羟基苯甲酸,是白色晶体,熔点为 159 ℃(温度超过熔点就会分解生成苯酚),微溶于水,在热水中溶解度增大,能溶于乙醇和乙醚,加热可升华。水杨酸是一种重要的外用防腐剂和杀菌剂,其乙醇溶液可治疗某些真菌感染引起的皮肤病;水杨酸钠具有退热镇痛作用,因对胃肠道有刺激,所以不宜内服。

水杨酸与乙酐在硫酸催化下生成乙酰水杨酸,俗名为阿司匹林。

乙酰水杨酸

> **拓展延伸**
>
> **阿司匹林**
>
> 阿司匹林,系统名为乙酰水杨酸,白色结晶,熔点为135 ℃,无臭,微带酸味,微溶于水,在干燥空气中较稳定,在潮湿空气中易水解为水杨酸和醋酸而变质,故应密闭贮藏,避免吸潮。阿司匹林有解热、镇痛、抗风湿、抗血小板聚集及抗血栓形成的作用,临床应用已有一百多年。

2. 酮酸

(1) 酮酸的结构和命名

分子中除含羧基外,还含有酮基的化合物称为酮酸。酮酸的系统命名与羟基酸的命名相似,是以羧酸为母体,酮基为取代基命名的。命名时,须标明酮基的位次。例如:

$$CH_3-\overset{O}{\underset{\|}{C}}-COOH \qquad CH_3-\overset{O}{\underset{\|}{C}}-CH_2-COOH$$

丙酮酸　　　　　　β-丁酮酸(乙酰乙酸)

(2) 酮酸的性质

酮酸一般为液体或晶体,易溶于水。酮酸分子中含有羧基和酮基,具有两种官能团的典型性质。此外,酮酸还有两种官能团相互影响而引起的特有性质。

① 还原反应:酮酸分子中的羰基可以被还原为羟基。在人体代谢中,酮酸还原是在酶催化下进行的。例如:

$$CH_3-\overset{O}{\underset{\|}{C}}-COOH \xrightarrow{+2H} CH_3-\overset{OH}{\underset{|}{C}H}-COOH$$

② 脱羧反应:β-酮酸只在低温下稳定,在室温以上易脱羧生成酮。如乙酰乙酸在室温下就可以发生脱羧反应生成丙酮。

$$CH_3-\overset{O}{\underset{\|}{C}}-CH_2-COOH \xrightarrow{\triangle} CH_3-\overset{O}{\underset{\|}{C}}-CH_3$$

乙酰乙酸　　　　　　　　丙酮

(3) 酮体

β-丁酮酸、β-羟基丁酸和丙酮三者在医学上合称为酮体,是人体内脂肪代谢的产物。酮体的3个成分在体内可相互转化。

$$CH_3-\underset{OH}{\underset{|}{CH}}-CH_2-COOH \underset{+2H}{\overset{-2H}{\rightleftharpoons}} CH_3-\underset{O}{\underset{\|}{C}}-CH_2-COOH \overset{\triangle}{\longrightarrow} CH_3-\underset{O}{\underset{\|}{C}}-CH_3$$
　　β-羟基丁酸　　　　　　　　　β-丁酮酸　　　　　　　　　丙酮

正常人体中,酮体在肝外迅速分解,因此,正常人血液中只含微量酮体。糖尿病患者发生代谢障碍后,血液和尿中酮体含量增加,化验血液和尿中酮体含量是诊断糖尿病的项目之一。检验酮体主要是对酮体中丙酮的测定,其方法是在尿中滴加亚硝酰铁氰化钠溶液和 NaOH 溶液,若有丙酮存在则显鲜红色。酮体含量增加会使血液的酸性增强,严重时可引起酸中毒等症状。

拓展延伸

三羧酸循环

三羧酸循环是人体中糖、脂肪、氨基酸的最终代谢通路,也是糖类、脂类、氨基酸代谢联系的枢纽。在该循环体系中,首先由草酰乙酸($C_4H_4O_5$)和乙酰辅酶 A 缩合生成柠檬酸($C_6H_9O_7$),经过一系列生化反应,释放 2 分子 CO_2,并重新生成草酰乙酸。这样循环往复,柠檬酸不断被氧化为 CO_2 和 H_2O,并重复生成草酰乙酸。德国科学家克雷布斯因为发现三羧酸循环等成就,于 1953 年获得诺贝尔医学奖。

学习评价

1. 羧酸的官能团是_____,结构式为_____。羧酸具有酸的通性。例如,乙酸能使蓝色石蕊试纸变_____;能和 NaOH 溶液反应,反应式为_____;能和 Na_2CO_3 溶液反应,反应式为_____。

2. 乙酸的俗名是_____,甲酸的俗名是_____。甲酸的酸性比乙酸_____。

3. 根据国家食品法规,苯甲酸和苯甲酸钠可以使用于酱菜制作中,其作用是_____。

4. 给下列化合物命名或写出下列化合物的结构简式。

① $CH_3-\underset{\underset{CH_3}{|}}{CH}-CH_2-COOH$　　② 苯环上带有 COOH 和 OH

③ 苯甲酸　　④ 乙酰基　　⑤ 水杨酸

5. 完整填写下列反应式。

① $CH_3COOH + Cu(OH)_2 \longrightarrow$

② $CH_3-\underset{\underset{OH}{|}}{CH}-COOH \xrightarrow{[O]}$

6. 将下列物质按酸性由强到弱排列。

苯酚　乙酸　草酸　甲酸　乙醇　硫酸　碳酸

第五节 对映异构

情境导学

临床常用药中,有些药物名称中有"左"或"右"字,如抗生素左氧氟沙星、抗过敏药盐酸左西替利嗪、中枢镇咳药右美沙芬等。药名中的"左""右"有什么含义?

药名中的"左""右"是指药的旋光异构。同分异构现象在有机化学中十分普遍,如已经学过的碳链异构、官能团异构和官能团位置异构等。在有机物的异构现象中,有一种异构在医学上较为重要,这种异构称为对映异构或旋光异构。

一、偏振光和旋光性

光是一种电磁波,自然光是由各种波长的光波组成的,光波的振动方向垂直于其前进方向。当自然光线通过尼科耳棱镜(起偏镜)时,只有振动方向与棱镜的晶轴平行的光线才能通过,此时通过棱镜的光只在一个平面上振动(图7-10),这种只在某一平面上振动的光叫偏振光。偏振光的振动平面称为偏振面。

当偏振光通过乙醇、乙酸、丙酸等物质的溶液时,偏振光的振动方向不会发生改变。但当偏振光通过乳酸或葡萄糖等物质的溶液时,偏振光的振动方向发生改变(图7-11)。物质能使偏振光的振动方向发生旋转的性质叫作旋光性。根据是否具有旋光性,物质可分为旋光性物质(如乳酸)和非旋光性物质(如丙酸)。

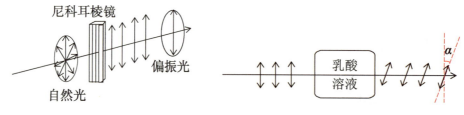

图 7-10 偏振光的形成　　图 7-11 乳酸的旋光性

能使偏振光按顺时针方向旋转的物质叫右旋体，反之为左旋体。通常用符号（+）表示右旋，（-）表示左旋。旋光性物质使偏振光振动方向旋转的角度叫旋光度，用 α 表示。

测定物质旋光性的仪器称为旋光仪，其结构和原理如图 7-12 所示。对某一物质而言，用旋光仪测得的旋光度除了与其分子结构有关外，还与测定时溶液的浓度、旋光管的长度、光的波长、测定时的温度以及所用的溶剂等因素有关。旋光度是旋光性物质的特征物理常数，利用旋光度可以进行旋光性物质的定性鉴定及纯度、含量的分析等。

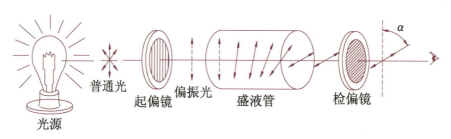

图 7-12 旋光仪结构和原理示意图

进一步的实验发现，从动物肌肉中提取的乳酸能使偏振光向右旋转，而从酸奶中提取的另一种乳酸却使偏振光向左旋转。结构和乳酸相近的丙酸却没有这种现象。为什么丙酸没有旋光性而乳酸有旋光性？为什么两种乳酸使偏振光旋转的方向正好相反呢？

二、分子的手性和对映异构

在乳酸的分子结构中：CH$_3$—*CH—COOH，用"＊"标示的 2 号的碳原子分别与氢、甲
　　　　　　　　　　　　　　　　|
　　　　　　　　　　　　　　　　OH

基、羟基和羧基四种不相同的原子或原子团相连接。这种与四个不同原子或原子团相连接的碳原子称为手性碳原子或不对称碳原子（用"＊"表示）。利用正四面体模型可以看出，乳酸分子中与手性碳原子连接的原子或原子团有两种不同的空间构型（图 7-13）。

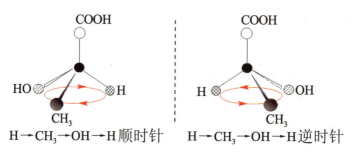

图 7-13 乳酸分子的两种空间构型

确定羧基和手性碳原子的相对位置后,其他三个原子或原子团,如果按 H→CH₃→OH→H 的顺序排列,一种为顺时针方向,而另一种为逆时针方向。两个乳酸分子互为镜像,无论怎样翻转,两者都不能完全重合。

生活中,两个物体互为镜像关系但不能重合的例子很多,如人的左手和右手(图7-14)。

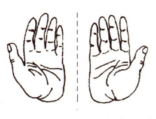 

(a) 左、右手互为镜像关系　　(b) 左、右手不能重合

图 7-14　手性关系图

像左、右手这种互为实物与镜像关系,且彼此不能重合的性质称为手性。许多有机化合物分子就具有手性,具有手性的分子称为手性分子。

具有手性关系的两个异构体叫作对映异构体,简称对映体。乳酸对映体的理化性质相同,但旋光方向正好相反,其中一种使偏振光向顺时针方向旋转,称为(+)-乳酸,从动物肌肉中提取;另一种使偏振光向逆时针方向旋转,称为(-)-乳酸,来源于葡萄糖发酵。

将一对对映体等量混合后,就得到没有旋光性的混合物体系,该体系称为外消旋体,用(±)表示。例如,将(+)-乳酸与(-)-乳酸等量混合,由于旋光度大小相等,方向相反,互相抵消,使旋光性消失,成为外消旋乳酸,用(±)-乳酸表示。

手性分子一定具有旋光性。分子具有手性的原因有多种,最常见的原因是分子中存在手性碳原子。

三、对映异构体的构型表示法

1. 费歇尔投影式

为了更直观、更简便地表示分子的立体空间结构,通常采用费歇尔(Fischer)投影式表示。对映异构体在结构上的区别仅在于原子或原子团的空间排布方式不同,用平面结构式无法表示。以手性碳原子为中心,将立体模型所代表的主链竖直放置,编号小的碳原子在竖键上端,与手性碳原子竖键相连的两个原子团指向后方,其余两个与手性碳原子连接的横键就自然地指向前方,然后进行投影,即可得出费歇尔投影式。右旋乳酸的费歇尔投影过程如图7-15所示。

图 7-15　右旋乳酸的费歇尔投影过程

在识别费歇尔投影式时,纸平面上横线与竖线的"+"字交叉点代表手性碳原子,横键所连接的基团在纸平面的前方,竖键所连接的基团在纸平面的后方。

2. D、L 构型标记法

D、L 构型标记法是人为规定以甘油醛的构型作为标准,其他化合物的构型都以甘油醛的构型为参照标准来确定。甘油醛有两种构型:手性碳原子上的羟基在投影式右边,叫作 D 型,称为 D-甘油醛;手性碳原子上的羟基在投影式左边,叫作 L 型,称为 L-甘油醛。

$$\begin{array}{c} CHO \\ H\!\!-\!\!\!\!-\!\!\!\!-\!\!OH \\ CH_2OH \end{array} \qquad \begin{array}{c} CHO \\ HO\!\!-\!\!\!\!-\!\!\!\!-\!\!H \\ CH_2OH \end{array}$$

D-甘油醛(右旋)　　　　L-甘油醛(左旋)

其他物质的构型以此为标准参照标记。如将 D-甘油醛的 C_1 位醛基氧化为羧基,C_3 位羟甲基还原为甲基,就得到乳酸,其相应构型为 D 型,称为 D-乳酸,另一种乳酸构型即为 L 型。

$$\begin{array}{c} COOH \\ H\!\!-\!\!\!\!-\!\!\!\!-\!\!OH \\ CH_3 \end{array} \qquad \begin{array}{c} COOH \\ HO\!\!-\!\!\!\!-\!\!\!\!-\!\!H \\ CH_3 \end{array}$$

(-)-D-乳酸　　　　(+)-L-乳酸

对映异构体之间极为重要的区别在于它们对生物体的活性存在很大差异,往往只有其中一种异构体具有期望的生理活性,其对映体无活性或活性很低,有些甚至能产生较强毒性。例如,左旋氯霉素有治疗伤寒等疾病的作用,而右旋体几乎无效;抗菌药左氧氟沙星的抗菌活性是外消旋体氧氟沙星的 2 倍;左西替利嗪是发挥抗过敏作用的主要成分,而右西替利嗪是导致镇静、嗜睡等副作用的主要原因;右旋维生素 C 有抗坏血病的作用,而左旋体则没有;L 型氨基酸、D 型糖是人体生长发育必需的,而它们的对映体对人体却没有任何营养价值。

手性是自然界的本质属性之一。作为生命活动重要基础的生物大分子,蛋白质、多糖、核酸和酶等几乎全是手性的。目前所用的有机药物,很大一部分也具有手性。具有手性的化学药物的对映体在人体内的药理活性、代谢过程及毒性存在显著的差异。当前手性药物的研究已成为国际新药研究的主要方向之一。有统计资料显示,目前使用的近 1 900 种药物中,有 1 000 多种是手性药物,像大家所熟知的左氧氟沙星、左西替利嗪、右美沙芬、紫杉醇、青蒿素等都是手性药物。

手性制药是医药行业的前沿领域,2001 年诺贝尔化学奖就授予分子手性催化的主要贡献者美国化学家威廉·诺尔斯和日本化学家野依良治。

学习评价

1. 在下列化合物中,存在顺反异构体的是(　　)
   A. CHCl=C(CH₃)₂
   B. CHCl=CH₂
   C. CHCl=CCl₂
   D. CHCl=CHCH₃

2. 下列化合物中,不含有手性碳原子的是(　　)
   A.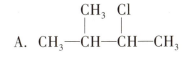
   B. 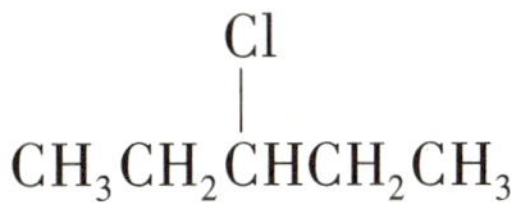 CH₃CH₂CHCH₂CH₃ (上方有 Cl)
   C. 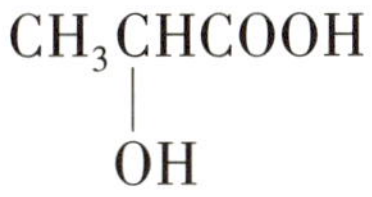 CH₃CHCOOH (下方有 OH)
   D. CH₃(CH₂)₂CHOHCH₃

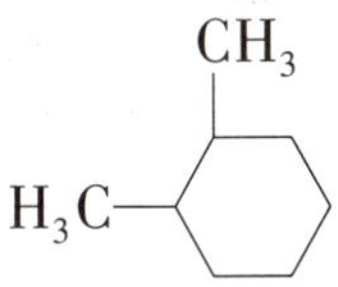

3. 下列化合物中,具有对映异构体的是(　　)
   A. CH₃CH₂COOH
   B. CH₃CHClCH₂CH₃
   C. CH₃CCl₂CH₂CH₃
   D. (CH₃)₂CHCH₂CH₃

4. 下列化合物不具有旋光异构现象的是(　　)
   A. CH₃—CH—CH—CH₃ (上方分别为 CH₃ 和 Cl)
   B. 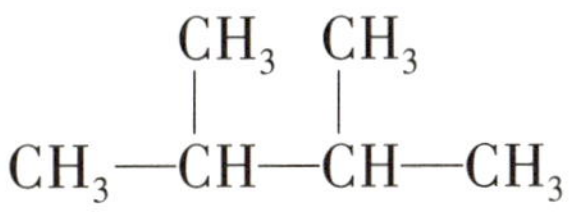 CH₃—CH—CH—CH₃ (上方分别为 CH₃ 和 CH₃)
   C. 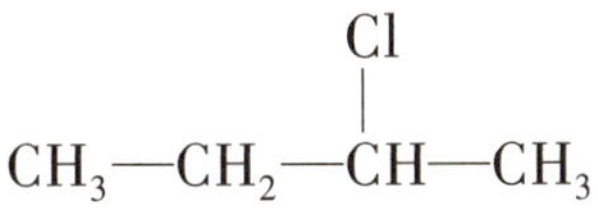 CH₃—CH₂—CH—CH₃ (上方为 Cl)
   D. 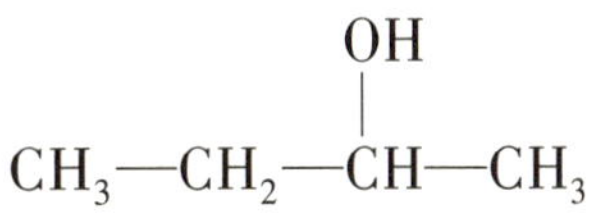 CH₃—CH₂—CH—CH₃ (上方为 OH)

5. 试写出乳酸的旋光异构体,并用 D/L 构型标记法标记其相对构型。

第六节 胺和酰胺

情境导学

植物生长需要的营养素中,排在首位的元素是氮;生命活动的物质基础蛋白质和核酸中,氮的含量高达16%左右;氮是生命活动中最重要的元素,含氮有机化合物是医药专业学生学习的重要内容。甲胺是最简单的含氮有机物,你能根据甲胺的比例模型(图7-16),写出甲胺的结构简式吗?

图7-16 甲胺的比例模型

甲胺的结构简式是 CH_3NH_2。含氮有机物在自然界中分布很广,与医药的关系非常密切。通常将氮与碳直接相连所形成的化合物称为含氮有机化合物。

一、胺

1. 胺的结构

胺可以看作是氨(NH_3)分子中的氢原子被一个或几个烃基取代而生成的化合物。氨、甲胺、二甲胺、三甲胺的结构简式和球棍模型如图7-17所示。

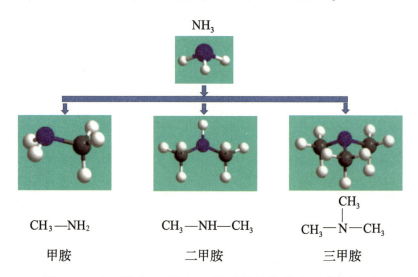

图7-17 氨、甲胺、二甲胺、三甲胺的结构简式和球棍模型

氨是三角锥形分子,氨分子中的N原子上有一对孤对电子。和氨相似,甲胺、二甲胺、

三甲胺的 N 原子上也有一对孤对电子。

$$\underset{H\ H\ H}{\overset{..}{N}} \quad \underset{H\ H\ CH_3}{\overset{..}{N}} \quad \underset{H\ CH_3\ CH_3}{\overset{..}{N}} \quad \underset{CH_3\ CH_3\ CH_3}{\overset{..}{N}}$$

2. 胺的分类

根据胺的结构,胺有多种分类方法,这些分类方法与胺的性质相关。

① 根据胺分子中氮原子所连烃基种类的不同,胺分为脂肪胺($R-NH_2$)和芳香胺($Ar-NH_2$)。例如:

脂肪胺: CH_3-NH_2 (甲胺) $CH_3-\underset{\underset{CH_3}{|}}{\overset{\overset{CH_3}{|}}{N}}-CH_3$ (三甲胺) $CH_3-NH-CH_2-CH_3$ (甲乙胺)

芳香胺: 苯胺($C_6H_5-NH_2$)   N-甲基苯胺($C_6H_5-NHCH_3$)   N,N-二甲基苯胺($C_6H_5-N(CH_3)_2$)

② 根据胺分子中与氮原子相连的烃基数目不同分为伯胺、仲胺、叔胺。氮原子与 1 个烃基相连的胺称为伯胺,官能团为氨基;氮原子与 2 个烃基相连的胺称为仲胺,官能团为亚氨基;氮原子与 3 个烃基相连的胺称为叔胺,官能团为次氨基(或称叔氮原子)。三类胺通式、官能团及举例如下。

通式: $R-NH_2$(伯胺) $\underset{R''}{\overset{R'}{\diagdown}}NH$(仲胺) $\underset{R''}{\overset{R'}{\diagdown}}N-R'''$(叔胺)

官能团: NH_2-(氨基) $\diagdown NH$(亚氨基) $\diagdown N-$(次氨基(叔氮原子))

举例: CH_3-NH_2 (甲胺(伯胺)) $CH_3-NH-CH_3$ (二甲胺(仲胺)) $CH_3-\underset{\underset{CH_3}{|}}{\overset{\overset{CH_3}{|}}{N}}-CH_3$ (三甲胺(叔胺))

应该注意的是,伯、仲、叔胺与伯、仲、叔醇的分类依据不同。伯、仲、叔醇是根据羟基所连的碳原子种类不同分类,而伯、仲、叔胺则是根据氮原子所连接的烃基数目不同来分类。

交流讨论

请写出叔丁醇和叔丁胺的结构,用伯、仲、叔分类法对两者进行分类。

叔丁醇和叔丁胺的结构简式分别为

$$\begin{matrix} & CH_3 & \\ & | & \\ CH_3- & C- & OH \\ & | & \\ & CH_3 & \end{matrix} \qquad \begin{matrix} & CH_3 & \\ & | & \\ CH_3- & C- & NH_2 \\ & | & \\ & CH_3 & \end{matrix}$$

叔丁醇　　　　　叔丁胺

叔丁醇是叔醇,叔丁胺是伯胺。

③ 根据分子中所含氨基的数目不同分为一元胺、二元胺和多元胺。例如,甲胺(CH_3NH_2)是一元胺,乙二胺($H_2NCH_2CH_2NH_2$)是二元胺。

3. 胺的命名

简单胺的命名,以胺为母体,烃基作取代基进行命名。当氮原子上连有一个简单烃基时,命名为某胺;若有几个相同的简单烃基,则命名为二某胺或三某胺;若烃基不相同,则将简单烃基名称放在前面,复杂烃基放在后面。例如:

$CH_3CH_2-NH_2$　　　$CH_3CH_2-NH-CH_2CH_3$　　　$CH_3CH_2-N(CH_2CH_3)-CH_2CH_3$

乙胺　　　　　　　　二乙胺　　　　　　　　　三乙胺

$CH_3-NH-CH_2CH_3$　　　$CH_3-N(CH_3)-CH_2CH_3$

甲乙胺　　　　　　　　二甲乙胺

芳香胺的氮原子上连有脂肪烃基时,以芳香胺为母体命名,在脂肪烃基名称前面加字母"N",表示脂肪烃基连在氮原子上。例如:

C₆H₅—NHCH₃　　　　C₆H₅—N(CH₃)₂

N-甲基苯胺　　　　　N,N-二甲基苯胺

问题解决

写出异丙胺、对甲基苯胺、二苯胺、N-甲基-N-乙基苯胺的结构式。

比较复杂的胺的命名,是以烃为母体,氨基作为取代基。例如:

$$H_2N-\underset{\underset{CH_3}{|}}{C}HCH_2CH_2CH_2CH_3$$

2-氨基己烷

4. 胺的性质

低级脂肪胺,如甲胺、二甲胺和三甲胺等,在常温下是气体。丙胺以上是液体,十二胺以上是固体。低级胺的气味与氨相似,三甲胺具有鱼腥味。有的二元胺如丁二胺和戊二胺等有动物尸体腐败后的特殊气味。低级的伯、仲、叔胺都有较好的水溶性,因为它们都能与水形成氢键。随着分子量增加,水溶性迅速减小。芳香胺是无色、高沸点的液体或低熔点的固体,有难闻的气味,并有毒性,使用时应避免与皮肤接触或吸入其蒸气。

结构决定性质。胺结构的共同点是分子中都含有氮原子,但氮原子上连有不同种类、不同数量的烃基,形成不同的结构,因此,不同胺的化学性质既有共性也有个性。例如,胺的氮原子上都有孤对电子,因此三类胺都有碱性。伯胺(官能团为—NH_2)、仲胺(官能团为 $\diagdown NH \diagup$)和叔胺(官能团为 $\diagdown N— \diagup$)的官能团上氢原子的数目不同,因此性质不同。

(1) 胺的碱性

与氨相似,胺的水溶液呈碱性。在水溶液中,氨和胺都能解离,生成 OH^-。

$$NH_3 \cdot H_2O \rightleftharpoons \underset{\text{铵离子}}{NH_4^+} + OH^-$$

$$CH_3NH_2 + H_2O \rightleftharpoons \underset{\text{甲铵离子}}{CH_3NH_3^+} + OH^-$$

胺的碱性强弱,与氮原子上连接的烃基种类、烃基数目有关。烃基种类不同时,胺的碱性强弱顺序为脂肪胺>氨>芳香胺,如甲胺>氨>苯胺。脂肪烃基数目不同时,胺的碱性强弱顺序为仲胺>伯胺>叔胺>氨,如二甲胺>甲胺>三甲胺。

问题解决

比较下列化合物的碱性强弱:氨、甲乙胺、苯胺。

胺属于弱碱,能和强酸作用生成稳定的盐。

实验探究

① 向 1 mL 苯胺和水混合形成的浑浊液中逐滴加入 2 mol/L 盐酸,观察现象。

② 向上述反应生成的澄清液中逐滴加入 2 mol/L NaOH 溶液,观察现象。

实验①现象：加盐酸后，反应液变澄清。因为苯胺具弱碱性，微溶于水，和盐酸反应生成氯化苯铵，氯化苯铵易溶于水。化学反应式为

$$\text{C}_6\text{H}_5\text{—NH}_2 + \text{HCl} \longrightarrow \text{C}_6\text{H}_5\text{—NH}_3^+\text{Cl}^- \quad (\text{或写作} \quad \text{C}_6\text{H}_5\text{—NH}_2 \cdot \text{HCl})$$

　　　　　　　　　　　　　　　　氯化苯铵　　　　　　　　　　　盐酸苯胺

实验②现象：上述反应生成的澄清液中加 NaOH 溶液后又变浑浊。该现象说明苯胺的碱性比 NaOH 弱。化学反应式为

$$\text{C}_6\text{H}_5\text{—NH}_2 \cdot \text{HCl} + \text{NaOH} \longrightarrow \text{C}_6\text{H}_5\text{—NH}_2 + \text{NaCl} + \text{H}_2\text{O}$$

胺在和酸生成铵盐之后，水溶性增大。因此，常将含有胺结构的药物制成盐，改善药物的水溶性。

> ### 交流讨论
>
> 普鲁卡因是局部麻醉药物，但水溶性差，影响药物吸收和麻醉效果。将普鲁卡因制成易溶于水的盐酸盐，不仅改善了水溶性，而且增强了其麻醉作用。请分析普鲁卡因具有碱性的原因。
>
> $$\text{H}_2\text{N—C}_6\text{H}_4\text{—COOCH}_2\text{CH}_2\text{N(CH}_2\text{CH}_3)_2$$
> 　　　　　　　　　普鲁卡因

（2）酰化反应

有机物分子中引入酰基的反应叫作酰化反应。

> ### 交流讨论
>
> 羧酸去掉羧基上的羟基，余下的基团叫酰基。请写出以下酰基的结构式或名称。
>
> （1）乙酰基　　　（2）H—C(=O)—　　　（3）$\text{C}_6\text{H}_5\text{—C(=O)—}$

酰化反应中，能提供酰基的试剂叫酰化剂。常用的酰化剂是酰卤和酸酐。最重要的酰化剂是乙酐。

苯胺能和乙酐发生酰化反应，化学反应式为

214

$$\text{C}_6\text{H}_5\text{—NH}_2 + \text{CH}_3\text{—CO—O—CO—CH}_3 \longrightarrow \text{C}_6\text{H}_5\text{—NH—CO—CH}_3 + \text{CH}_3\text{COOH}$$

乙酐　　　　　　　　　　乙酰苯胺

在上述反应中，苯胺分子的氮原子上的氢原子被酰基取代，生成的产物是乙酰苯胺，乙酰苯胺分子中的 —CO—NH— 键称为酰胺键。

对胺来说，当胺分子的氮原子上有氢原子时，才能发生酰化反应，因此伯胺和仲胺都能发生酰化反应。但叔胺分子中氮原子上因无氢原子，所以不能发生酰化反应。

交流讨论

① 判断下列胺分别属于伯胺、仲胺还是叔胺以及能否发生酰化反应。

$$\text{CH}_3\text{—NH}_2 \qquad \text{CH}_3\text{—NH—CH}_3 \qquad \text{CH}_3\text{—N(CH}_3\text{)—CH}_3$$

甲胺　　　　　　二甲胺　　　　　　三甲胺

② 写出甲胺和乙酐发生酰化反应的反应式，并写出产物名称。

许多药物都含有酰基结构，因为药物分子中氨基上引入酰基后，化学性质会更加稳定，对人体的毒性也相应减小，疗效增强。含有酰基结构的药物很多。例如，乙酰胆碱是一种神经递质，对乙酰氨基酚（扑热息痛）是一种感冒用药。

$$[\text{CH}_3\text{—CO—O—CH}_2\text{CH}_2\text{—N}^+(\text{CH}_3)_3]\text{OH}^-$$

乙酰胆碱

$$\text{HO—C}_6\text{H}_4\text{—NH—CO—CH}_3$$

对乙酰氨基酚

二、季铵碱和季铵盐

氮原子上连有 4 个烃基的复杂离子称为**季铵离子**，含有季铵离子的化合物称为**季铵化合物**。季铵化合物包括**季铵盐**和**季铵碱**，结构通式如下：

$$\begin{bmatrix} R_1\text{—N}(R_2)(R_3)\text{—}R_4 \end{bmatrix}^+ \qquad \begin{bmatrix} R_1\text{—N}(R_2)(R_3)\text{—}R_4 \end{bmatrix}^+ X^- \qquad \begin{bmatrix} R_1\text{—N}(R_2)(R_3)\text{—}R_4 \end{bmatrix}^+ \text{OH}^-$$

季铵离子　　　　　　　季铵盐　　　　　　　季铵碱

季铵离子也可以看作是铵离子 NH_4^+ 中的 4 个氢都被烃基取代而生成的。季铵离子的烃基"R—"可以相同也可以不同;季铵盐中的"X^-"是指酸根离子,如 Cl^-、Br^-、HSO_4^-、NO_3^- 等。

季铵盐和季铵碱的命名类似于铵盐和碱。例如:

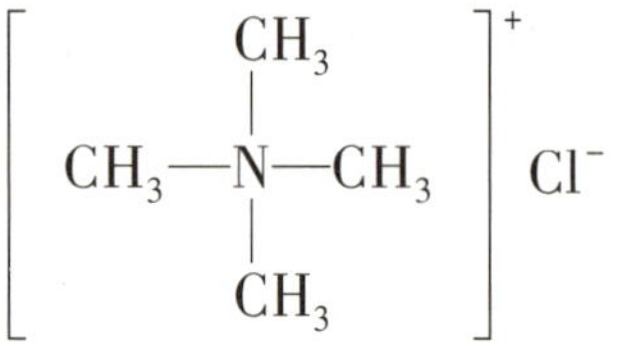

$$\left[\begin{array}{c}CH_3\\CH_3-N-CH_3\\CH_3\end{array}\right]^+ Cl^- \qquad \left[\begin{array}{c}CH_3\\CH_3-N-CH_3\\CH_3\end{array}\right]^+ OH^-$$

氯化四甲铵 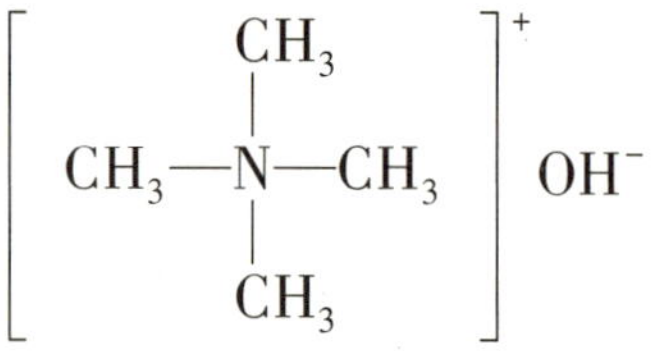   氢氧化四甲铵

季铵盐和季铵碱都是离子型化合物,为结晶性固体,易溶于水。季铵碱的碱性与氢氧化钠相近。

> **问题解决**
>
> 命名下列化合物或基团,注意氨、胺、铵的用法。
>
> —NH_2 $CH_3—NH_2$ $CH_3NH_3^+Cl^-$ $(CH_3)_4N^+OH^-$

三、酰胺

1. 酰胺的结构和命名

酰胺可看作氨、伯胺或仲胺的氮原子上的氢被酰基($R-\overset{\overset{O}{\|}}{C}-$)取代所生成的化合物,也可看作是羧酸分子中羧基上的羟基被氨基或烃氨基取代所生成的化合物。通式有三种:

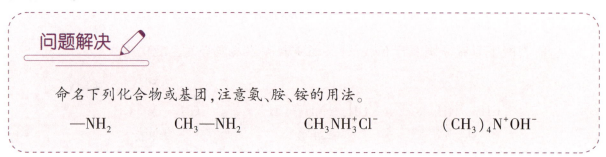

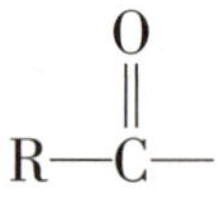

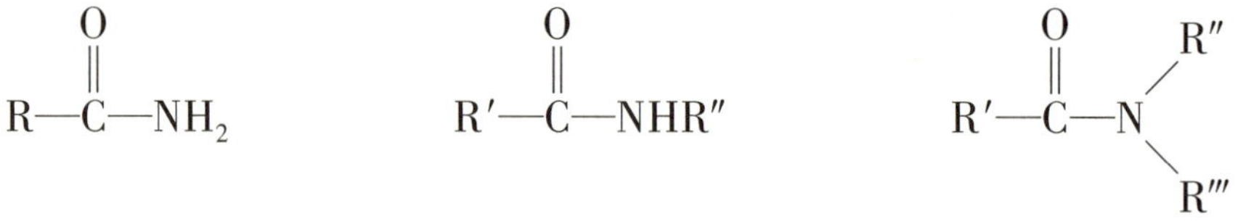

酰胺的官能团为 $-\overset{\overset{O}{\|}}{C}-\overset{|}{N}-$。

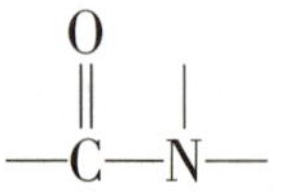

酰胺的命名根据相应酰基的名称叫"某酰胺"或"某酰某胺"。例如:

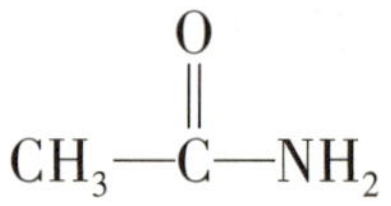

$CH_3-\overset{\overset{O}{\|}}{C}-NH_2$ $CH_3-\overset{\overset{O}{\|}}{C}-NH-C_6H_5$ $C_6H_5-\overset{\overset{O}{\|}}{C}-NH_2$

乙酰胺 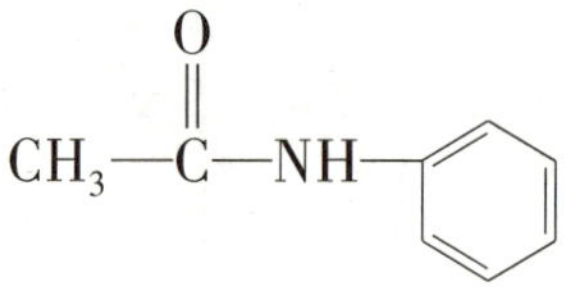   乙酰苯胺 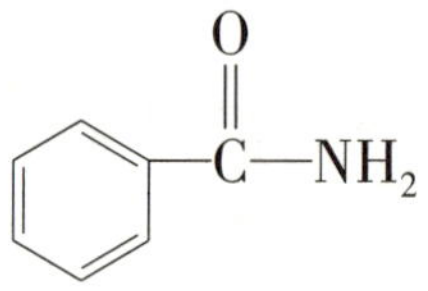   苯甲酰胺

$$\underset{\text{N-甲基苯甲酰胺}}{\text{C}_6\text{H}_5-\overset{\overset{\text{O}}{\|}}{\text{C}}-\text{NHCH}_3} \qquad \underset{\text{N,N-二甲基甲酰胺}}{\text{H}-\overset{\overset{\text{O}}{\|}}{\text{C}}-\text{N(CH}_3)_2}$$

2. 酰胺的理化性质

简单酰胺的熔点和沸点都比较高,除甲酰胺是液体外,其他均为结晶固体。这是因为酰胺分子间可通过氮原子上的氢形成氢键,当氮上的氢被烃基取代后,沸点会降低。例如,N,N-二甲基甲酰胺(DMF)是液体,是一种重要的溶剂。低级的酰胺可溶于水,随着分子量增大,溶解度逐渐减小。

酰胺的化学性质主要表现为酰胺的酸碱性和水解反应。

① 酰胺的酸碱性:氨基具有碱性,但是当氨基上引入酰基后,酰胺的碱性明显减弱。酰胺的水溶液并不是碱性,而是近于中性。

② 酰胺的水解反应:酰胺键容易水解,在酸、碱的催化下都可以发生。酰胺水解的产物是羧酸和氨(或胺)。以苯甲酰胺水解为例:

$$C_6H_5-\overset{\overset{O}{\|}}{C}-NH_2 + H_2O \xrightarrow{\text{水解}} C_6H_5-\overset{\overset{O}{\|}}{C}-OH + NH_3$$

羧酸是弱酸,氨或胺是弱碱,在不同的催化条件下,酰胺水解的产物不同。例如,甲酰胺在酸或碱条件下水解的反应式如下:

$$CH_3-\overset{\overset{O}{\|}}{C}-NH_2 + HCl + H_2O \xrightarrow{\Delta} CH_3-\overset{\overset{O}{\|}}{C}-OH + NH_4Cl$$

$$CH_3-\overset{\overset{O}{\|}}{C}-NH_2 + NaOH \xrightarrow{\Delta} CH_3-\overset{\overset{O}{\|}}{C}-ONa + NH_3\uparrow$$

交流讨论

青霉素的分子内含有酰胺结构,属于 β-内酰胺类抗生素,使用时要求配制成溶液后现配现用。为什么要求现配现用?

3. 尿素的结构和化学性质

(1) 尿素的结构

尿素又称脲,从结构上可以看作是碳酸分子中的两个羟基分别被氨基取代后的产物,属于碳酸的酰胺,所以又称作碳酰胺。

$$\underset{\text{碳酸}}{HO-\overset{\overset{O}{\|}}{C}-OH} \qquad \underset{\text{尿素(脲)}}{H_2N-\overset{\overset{O}{\|}}{C}-NH_2}$$

尿素最初从尿液中取得,是哺乳动物体内蛋白质代谢的最终产物,成人每天能够排泄约30 g尿素。尿素为白色结晶,无臭,味咸,易溶于水和乙醇。

(2) 尿素的主要化学性质

① 尿素的弱碱性:尿素具有酰胺结构,但尿素分子中有两个氨基,所以显碱性。尿素的碱性很弱,不能使红色石蕊试纸变蓝。尿素能与强酸作用生成盐。例如:

$$H_2N-\overset{\overset{O}{\|}}{C}-NH_2 + HNO_3 \longrightarrow H_2N-\overset{\overset{O}{\|}}{C}-NH_2 \cdot HNO_3 \downarrow$$

尿素的硝酸盐和草酸盐难溶于水而易结晶,借此可从尿中提取或鉴别尿素。

② 尿素的水解反应:尿素属于酰胺类化合物,具有酰胺的一般性质。尿素在酸、碱或尿素酶的催化下容易水解。在酶的催化下,尿素水解的过程和反应式如下。

过程:

$$\begin{array}{c} H_2N\!\!\mid\!\!\overset{\overset{O}{\|}}{C}\!\!\mid\!\!NH_2 \\ H\!\!\mid\!\!OH \quad H\!\!\mid\!\!OH \end{array} \xrightarrow{\text{水解}} 2NH_3 + HO-\overset{\overset{O}{\|}}{C}-OH \xrightarrow{\text{分解}} CO_2 + H_2O$$

反应式:$H_2N-\overset{\overset{O}{\|}}{C}-NH_2 + H_2O \longrightarrow CO_2\uparrow + 2NH_3\uparrow$

③ 尿素的缩合反应:将固体尿素缓慢加热至150~160 ℃(温度过高则分解),两分子尿素间失去一分子氨,生成缩二脲。

$$H_2N-\overset{\overset{O}{\|}}{C}-NH_2 + H_2N-\overset{\overset{O}{\|}}{C}-NH_2 \xrightarrow{150\sim160\ ℃} \underset{\text{缩二脲}}{H_2N-\overset{\overset{O}{\|}}{C}-NH-\overset{\overset{O}{\|}}{C}-NH_2} + NH_3\uparrow$$

缩二脲难溶于水,易溶于碱溶液。在缩二脲的碱溶液中加入少量硫酸铜溶液,即呈现紫红色,这个颜色反应称为<u>缩二脲反应</u>。

凡分子中含有两个或两个以上酰胺键($-\overset{\overset{O}{\|}}{C}-\overset{|}{N}-$)结构的化合物,都能发生缩二脲反应,如多肽和蛋白质等。

尿素在化工、农业和医药上用途广泛。在农业上,尿素用作高效氮肥;在工业上,尿素是合成塑料的重要原料;在医药上,尿素是合成药物的重要原料,也可直接药用,如用作利尿脱水药、软化角质等。

四、医药领域常见的胺、季铵化合物和酰胺

1. 胺

(1) 甲胺、二甲胺、三甲胺

甲胺是无色气体,易溶于水,有氨味,有碱性。蛋白质腐败往往有甲胺生成。甲胺是有机合成原料,可用于制造农药、药物、染料等。二甲胺、三甲胺常温下均为气体,易溶于水,是重要的有机合成原料,可用于生产药品、农药、染料和离子交换树脂等。

(2) 苯胺

苯胺是最简单的芳香胺,为无色油状液体,沸点为184.4 ℃,密度为1.022 g/cm³,具有特殊气味,难溶于水,易溶于乙醇、乙醚等有机溶剂。苯胺易被氧化,在空气中长时间放置,颜色会逐渐变深,氧化产物很复杂。

苯胺有剧毒,可通过皮肤接触或吸入其蒸气引起中毒,因此,使用时必须小心。苯环上引入氨基后,苯环变活泼,容易发生取代反应。

> **实验探究**
>
> 向试管中加入 2 mL 水和 2~3 滴苯胺,振荡,得到苯胺浑浊液,再加入 2~3 滴饱和溴水,观察实验现象。

实验结果表明,苯胺与溴水发生取代反应,立即生成白色沉淀。

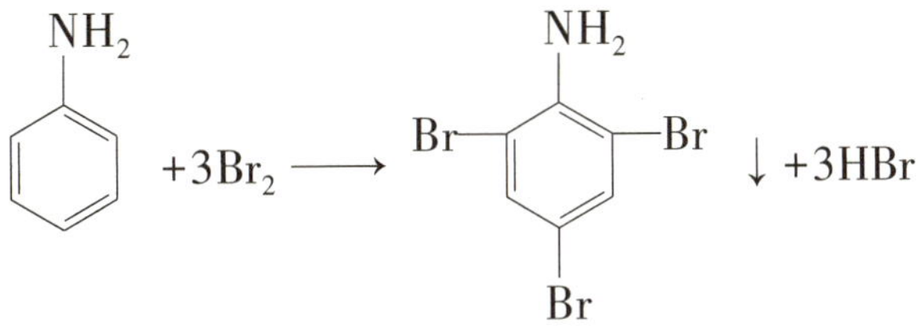

$$C_6H_5NH_2 + 3Br_2 \longrightarrow C_6H_2Br_3NH_2\downarrow + 3HBr$$

此反应可用于检验苯胺,但苯酚也能发生类似反应。

苯胺广泛用于有机合成和制药工业,是合成磺胺类药物的原料,也是制造炸药、染料和香料的原料。

2. 季铵化合物

(1) 苯扎溴铵(新洁尔灭)

化学结构为溴化二甲基十二烷基苄铵,属季铵盐,是一种表面活性物质,有较强的去污能力及杀菌作用。新洁尔灭能破坏细胞而产生溶血,故不可内服。其 1 g/L 水溶液常用于皮肤和外科器械消毒及术前洗手。

$$\left[\underset{CH_3}{\overset{CH_3}{\underset{|}{\overset{|}{C_6H_5-CH_2-N-C_{12}H_{25}}}}}\right]^+ Br^-$$

溴化二甲基十二烷基苄铵

（2）胆碱和乙酰胆碱

胆碱是一种季铵碱，具有强碱性，因最初在胆汁中发现且具碱性而得名。胆碱广泛分布于生物体内，在脑组织和蛋黄中含量较高，为卵磷脂的组成成分。它在人体内参与脂肪代谢，有抗脂肪肝的作用。乙酰胆碱是胆碱的乙酰化产物，是具有重要生理作用的神经传导物质。

$$\left[\underset{CH_3}{\overset{CH_3}{\underset{|}{\overset{|}{HO-CH_2CH_2-N-CH_3}}}}\right]^+ OH^- \qquad \left[\underset{CH_3}{\overset{CH_3}{\underset{|}{\overset{|}{CH_3-\overset{O}{\overset{\|}{C}}-O-CH_2CH_2-N-CH_3}}}}\right]^+ OH^-$$

胆碱　　　　　　　　　　　乙酰胆碱

3. 酰胺及其衍生物

（1）丙二酰脲

从结构看，丙二酰脲是丙二酸和尿素脱水缩合形成的环状二酰胺，分子中含有一个活泼的亚甲基和两个酰胺键。丙二酰脲为无色结晶，熔点为 245 ℃，微溶于水。丙二酰脲存在酮式与烯醇式互变异构。

酮式　　　　　　烯醇式

丙二酰脲酸性较强，俗称巴比妥酸。巴比妥酸本身无药理作用，但亚甲基上的氢被烃基取代得到的取代物具有不同程度的镇静、催眠作用，统称为巴比妥类药物，其通式为

巴比妥类药物是结晶性粉末，难溶于水，但可利用其弱酸性，制成盐类增大水溶性，临床上常以其可溶性钠盐注射用。

(2) 扑热息痛

扑热息痛即对乙酰氨基酚，是医药上常用的一种药物。对乙酰氨基酚为白色结晶或结晶性粉末，在空气中较为稳定，微溶于冷水，易溶于热水，毒性和副作用小，是一种较优良的解热镇痛药。其结构为

$$CH_3-\overset{\overset{O}{\|}}{C}-NH-\!\!\!\!\bigcirc\!\!\!\!-OH$$
对乙酰氨基酚

(3) 磺胺

磺胺即对氨基苯磺酰胺。它对葡萄球菌及链球菌有抑制作用，但由于磺胺的不良反应较大，现仅供外用或用作制备磺胺类药物的原料。

磺胺是磺胺类药物的基本结构，目前使用较多的磺胺类药物是磺胺嘧啶(SD)和磺胺甲噁唑(SMZ)等。

$$H_2N-\!\!\!\!\bigcirc\!\!\!\!-SO_2NH_2 \qquad H_2N-\!\!\!\!\bigcirc\!\!\!\!-SO_2NH-\!\!\!\!\bigcirc\!\!\!\!-N$$
磺胺　　　　　　　　　　　磺胺嘧啶(SD)

磺胺类药物为白色或淡黄色的结晶粉末，无臭，几乎无味或微苦味，难溶于水。但磺胺类药物具有两性，既能与酸成盐，也能与碱成盐。

磺胺类药物具有抗菌谱广、性质稳定、体内分布广、不需要粮食作制造原料、产量大、品种多、价格低、使用简便、供应充足等优点。尽管目前有效的抗生素很多，但磺胺类药物在控制各种细菌性感染的疾病中仍有其重要价值。磺胺类药物易产生耐药性，易在尿中析出结晶，引起肾的毒性，因此，用药时应该严格掌握剂量、时间，同服碳酸氢钠并多饮水。

科学史话

杜马克和磺胺类药物

1932年，德国的一名化学家合成了一种名为"百浪多息"的红色染料。同年，德国的生物化学家杜马克研究发现，"百浪多息"对感染溶血性链球菌的小白鼠具有很好的疗效。之后，他又用狗、兔进行试验，均获得成功。此时，他女儿因为外伤感染恶化，危及生命。他决定使用"百浪多息"，最终女儿得救。"百浪多息"是世界上第一种商品化应用的合成抗菌药，拯救了无数生命。杜马克于1939年被授予诺贝尔生理学或医学奖。"百浪多息"属于磺胺类药物。

学习评价

1. 下列化合物不能与酸酐发生酰化反应的是(　　)
   A. 甲胺　　　　B. 二甲胺　　　　C. 三甲胺　　　　D. 甲乙胺

2. 下列能发生缩二脲反应的是(　　)
   A. 尿素　　　　B. 缩二脲　　　　C. 苯胺　　　　D. 苯甲酰胺

3. 下列物质不能发生水解反应的是(　　)
   A. 乙酰苯胺　　　　B. 尿素　　　　C. 乙胺　　　　D. 苯甲酰胺

4. 在苯胺中加入蒸馏水，摇匀后出现_____，说明苯胺在水中的溶解度_____(大/小)，加入盐酸后，苯胺液变_____，其原因是苯胺与盐酸反应生成了_____(易/难)溶于水的化合物。

5. 胺类化合物结构与氨分子相似，具有_____性，能与盐酸等强酸结合生成相应的盐。

6. 尿素简称_____。将尿素加热至155 ℃，尿素脱水生成_____，该产物在碱性条件下能与硫酸铜发生反应，现象为_____。这个显色反应称为_____反应。

7. 给下列化合物命名或写出下列化合物的结构式。
   ① 三甲胺　　　② 氢氧化四乙铵　　　③ 乙酰苯胺

   ④ 苯-C(=O)-NHCH₃　　　⑤ $C_2H_5N(CH_3)_2$

8. 把下列化合物按其碱性强弱顺序排列。
   苯胺　乙酰胺　氢氧化四乙铵　氨　甲胺　三甲胺　二甲胺

第八章 维系生命的营养物质——脂类

我国的油脂加工有着悠久历史。大约在东汉末期和三国时期,人们开始提取和使用植物油用以照明。宋朝开始,人们用油菜籽和大豆榨油辅助烹饪。元朝的《王祯农书》详细记载了中国古代榨油的工具和技术。"油"是与每个人都息息相关的生活必需品,既指菜油、豆油等植物类食用油,也包括羊油、牛油等动物类油脂。化学上,植物油和动物油都属于油脂。油脂是生命活动的三大营养物质之一,本章介绍油脂和类脂。

● **预期目标**

认识酯的结构和官能团,知道油脂、类脂的结构特点,进一步强化结构决定性质的观念。

能区分油脂和磷脂的组成差异和生理功能,了解不同甾族化合物的生理功能,体会三者的生理意义和结构变化的关系。

能描述油脂中高级脂肪酸的组成和油脂熔点的关系。通过分析酸败与油脂贮存环境、条件的关系,发现现象隐藏的本质,养成证据搜集与分析推理的素养。

通过油脂乳化的实验,巩固对油脂性质的理解,发展实验探究的能力。

知道油脂、磷脂、甾族化合物在人体组织和医学检验中的重要意义,体会学以致用的道理,学会用所学知识宣传健康理念、服务社会。

第一节 乙酸乙酯和酯

温故知新

阳山水蜜桃(图 8-1)是无锡市特产,中国国家地理标志产品。阳山水蜜桃香气诱人,甘甜味美。研究表明,其诱人的独特香味主要源自低级有机酸酯。气相色谱分析显示,品种"白凤"水蜜桃的香气成分中,包括乙酸乙酯和乙酸甲酯等多种低级酯类。

你能写出乙酸乙酯和乙酸甲酯的结构简式吗?

图 8-1 阳山水蜜桃

许多水果的香气成分中都含有酯,乙酸乙酯是典型的酯。

一、乙酸乙酯

乙酸乙酯是乙酸和乙醇酯化反应的产物,结构简式为

$CH_3-\overset{O}{\underset{\|}{C}}-OCH_2CH_3$,球棍模型如图 8-2 所示。

在酸催化下,乙酸乙酯易发生水解反应,水解产物是乙酸和乙醇,这是酯化反应的逆反应。

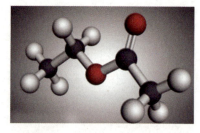

图 8-2 乙酸乙酯的球棍模型

$$CH_3-\overset{O}{\underset{\|}{C}}-OCH_2CH_3 + H_2O \rightleftharpoons CH_3-\overset{O}{\underset{\|}{C}}-OH + CH_3CH_2OH$$

在碱性条件下,酯的水解反应可以进行到底。

$$CH_3-\overset{O}{\underset{\|}{C}}-OCH_2CH_3 + NaOH \longrightarrow CH_3-\overset{O}{\underset{\|}{C}}-ONa + CH_3CH_2OH$$

乙酸乙酯是无色透明的液体,具有可燃性和低毒性,有水果香味,浓度较高时有刺激性气味,易挥发,其蒸气能与空气形成爆炸性混合物。乙酸乙酯密度为 0.902 g/cm³,熔点为 -83 ℃,沸点为 77 ℃,微溶于水,可与氯仿、乙醇、丙酮、乙醚等有机溶剂混溶,是性能良好的溶剂。乙酸乙酯是化工原料,用于制备染料、制药、香料等。乙酸乙酯是天然香料,存在于桃、菠萝、香蕉等水果中。乙酸乙酯是香料原料,用于制备水果香精等。

二、酯

1. 酯的结构和命名

酯分为无机酸酯和有机酸酯。无机含氧酸和醇脱水生成的酯称为**无机酸酯**。羧酸和醇脱水生成的酯称为**有机酸酯**，也称**羧酸酯**，简称酯。

从结构上看，酯是由酰基 $R-\overset{\overset{O}{\|}}{C}-$ 和烃氧基（$R'-O-$）相连而成的化合物。

酯的通式为 $R-\overset{\overset{O}{\|}}{C}-OR'$，其中，R 和 R' 可以相同，也可以不同。

酯是按照生成酯的羧酸和醇来命名的，羧酸的名称在前，醇的名称在后，将"醇"字换成"酯"字，称为"某酸某酯"。例如：

$$\left.\begin{array}{l}CH_3-\overset{\overset{O}{\|}}{C}-(OH) \\ \text{乙酸} \\ CH_3CH_2-(OH) \\ \text{乙醇}\end{array}\right\}\text{乙酸乙酯} \qquad \left.\begin{array}{l}C_6H_5-\overset{\overset{O}{\|}}{C}-(OH) \\ \text{苯甲酸} \\ CH_3-(OH) \\ \text{甲醇}\end{array}\right\}\text{苯甲酸甲酯}$$

交流讨论

随着菠萝的许多天然香味成分被测定出来，人们已能仿制出十分接近天然风味的菠萝香精，并用作食品添加剂。菠萝的天然香味主要来源于低级酯类，包括己酸甲酯、己酸乙酯等。请写出己酸甲酯的结构简式。

2. 酯的理化性质

（1）酯的物理性质

低级酯为无色液体，高级酯为蜡状固体。酯一般比水轻，难溶于水，易溶于有机溶剂。低级酯能溶解很多有机化合物，又易挥发，故为良好的有机溶剂。

低级酯存在于各种水果和花草中，具有芳香气味，如乙酸乙酯有苹果香味，乙酸异戊酯有香蕉味，苯甲酸甲酯有茉莉香味，可作为食品或日用品的香料。

（2）酯的化学性质

酯是中性化合物，能发生水解反应，生成羧酸和醇。例如，苯甲酸甲酯的水解反应式为

$$\text{C}_6\text{H}_5\text{COOCH}_3 + \text{H}_2\text{O} \rightleftharpoons \text{C}_6\text{H}_5\text{COOH} + \text{CH}_3\text{OH}$$

酯的水解反应是酯化反应的逆反应。水解反应速率较慢,酸或碱可催化水解反应。用碱作催化剂时,生成的羧酸能被碱中和成羧酸盐,因此,在足量碱存在下,酯的水解反应可以进行完全。例如,苯甲酯和氢氧化钠的化学反应式为

$$\text{C}_6\text{H}_5\text{COOCH}_3 + \text{NaOH} \longrightarrow \text{C}_6\text{H}_5\text{COONa} + \text{CH}_3\text{OH}$$

3. 酯在医药领域的应用

酯在自然界广泛存在,花卉、水果的芳香都离不开低级酯的作用,酯在医药领域也有广泛用途。

硝酸甘油属无机酸酯,能够扩张冠状动脉,通常采用舌下含服,用于冠状动脉粥样硬化性心脏病的治疗,类似的药物有亚硝酸异戊酯等。磷酸酯在医药上的地位很重要,核酸、磷脂中都含有磷酸酯结构,糖的代谢也离不开磷酸酯化。

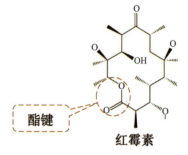

红霉素

有机酸酯在医药上的地位更为重要。从结构看,油脂、磷脂都属于酯,许多药物都具有有机酸酯结构。例如,阿司匹林分子中含乙酸苯酯结构;大环内酯类药是一类重要的广谱抗生素,药物分子内含有酯键,典型代表有红霉素、阿奇霉素等。

学习评价

1. 写出下列化合物或基团的结构简式。
① 甲醇　　② 丙酸　　③ 丙酸甲酯　　④ 乙酰基　　⑤ 甘油

2. 写出下列反应的化学反应式。

$$\text{CH}_3\text{—C(=O)—OCH}_2\text{CH}_3 + \text{NaOH} \longrightarrow$$

第二节 油脂

温故知新

"早晨起来七件事,柴米油盐酱醋茶",油脂是人类基本营养物质之一。植物油和动物油都是油脂,油脂属于酯。你知道植物油和动物油在化学结构和组成上有何区别和共同点吗?

1. 油脂的结构和分类

油脂(图 8-3)是油和脂肪的总称。一般把在室温下呈液态的称为油,如花生油、芝麻油;呈固态或半固态的称为脂肪,如猪油和牛油。

从结构上看,油脂是三分子高级脂肪酸和一分子甘油脱水生成的酯,结构通式和示意式如图 8-4 所示。

(a) 植物油(油)

(b) 猪油(脂肪)

图 8-3 油脂

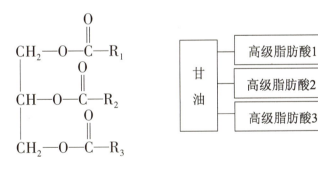

图 8-4 油脂的结构通式和示意式

通式中,烃基"R—"可以相同,也可以不同。组成油脂的高级脂肪酸种类较多,多数是含偶数个碳原子的直链一元高级脂肪酸,碳原子数一般都在 12~20 个之间,尤以 16~18 个碳原子的脂肪酸最为常见,有饱和脂肪酸,也有不饱和脂肪酸,主要包括软脂酸、硬脂酸、油酸、亚油酸、亚麻酸、花生四烯酸等。其中,硬脂酸和油酸的结构为

硬脂酸(十八酸) $CH_3(CH_2)_{16}COOH$

油酸(9-十八碳烯酸) $CH_3(CH_2)_7CH\!=\!\!CH(CH_2)_7COOH$

油脂中不饱和脂肪酸含量的比例,对油脂熔点的影响很大。油中含有的不饱和脂肪

酸较多,所以熔点低;脂肪中含有的饱和脂肪酸较多,所以熔点高。油脂的营养价值取决于油脂中必需脂肪酸的含量。所谓必需脂肪酸是指人体不能合成,但又必需的高级脂肪酸,如亚油酸、亚麻酸和花生四烯酸等。这些必需脂肪酸都是不饱和脂肪酸,因此,植物油的营养价值高于动物脂肪。

2. 油脂的性质

油脂的性质包括水解反应、加成反应、酸败和乳化。

(1) 油脂的水解反应

油脂在酸、碱或酶的作用下,可以发生水解反应。

油脂在碱性(NaOH、KOH)条件下水解,水解产物是甘油和高级脂肪酸盐,高级脂肪酸盐即为肥皂。因此,油脂在碱性条件下的水解反应称为皂化反应,反应式如下:

$$\begin{array}{c} CH_2-O-\overset{O}{\underset{\|}{C}}-R \\ | \\ CH-O-\overset{O}{\underset{\|}{C}}-R \\ | \\ CH_2-O-\overset{O}{\underset{\|}{C}}-R \end{array} + 3NaOH \xrightarrow{水解} \begin{array}{c} CH_2-OH \\ | \\ CH-OH \\ | \\ CH_2-OH \end{array} + 3RCOONa$$

高级脂肪酸钠盐称为钠皂,即普通肥皂(图8-5);高级脂肪酸钾盐称为钾皂,又称软皂,具有比钠皂更强的润湿、渗透和去污的能力,是制备洗发水、沐浴露等高档洗护用品的主要原料。

图8-5 普通肥皂

在酸或酶的作用下,油脂水解生成甘油和高级脂肪酸。在油脂工业中,油脂常用于生产甘油和高级脂肪酸。人体内,食物中的油脂在小肠环境中水解成甘油和高级脂肪酸,进一步被吸收并参与人体代谢。

(2) 油脂的加成反应

① 催化加氢:含有不饱和脂肪酸成分的油脂,因其分子中含有碳碳双键,所以能在一定条件下与氢发生加成反应。不饱和的液态油通过加氢提高了饱和程度,可从液态油变成固态。这一过程称为油脂的氢化,也称油脂的硬化。形成的固态油脂,称为硬化油。可食用的人造黄油就是硬化油。硬化油不易被空气氧化而变质,便于贮存和运输,亦可作为制肥皂的原料。

② 加碘:含有不饱和脂肪酸成分的油脂,也能与卤素(碘等)发生加成反应,根据卤素的用量,可以判断油脂的不饱和程度。

(3) 油脂的酸败

油脂在空气中放置过久,颜色会加深,并产生难闻气味,这种现象称为油脂的酸败。油脂的酸败是因为油脂发生了水解反应和氧化反应,产生了有刺激性臭味的水解产物和氧化产物。空气、水分、光、热和霉菌都可以导致或加速油脂的酸败。酸败的油脂有毒性和刺激性，不宜食用。

为防止油脂的酸败，通常将油脂保存在干燥、低温、避光的密闭容器中。请说明理由。

碘值和酸值

一般将每 100 g 油脂所能消耗碘的最大质量（单位是 g），称为碘值。碘值越大，表示油脂的不饱和程度越高。不同油脂的碘值不同。

油脂中游离脂肪酸的含量通常用酸值表示。中和 1 g 油脂中游离脂肪酸所需氢氧化钾的质量（单位是 mg）称为酸值。油脂酸败会产生游离脂肪酸，因此，酸值越小，表明油脂越新鲜。通常，酸值大于 6.0 的油脂不宜食用。植物油中虽然含有较多的不饱和脂肪酸成分，但它和动物性脂肪相比不易变质，因为在植物油中存在着较多的天然抗氧剂——维生素 E。

（4）油脂的乳化

向试管中加入 5 mL 水，再加入 3~5 滴植物油，充分振荡，观察振荡过程及静止片刻后的现象，解释原因。再向上述试液中加入 2 滴洗洁精，充分振荡，观察振荡过程及静止片刻后的现象，解释原因。

实验现象：将油脂与水混合并用力振荡后，油成为小油滴分散于水中形成一种不稳定的乳浊液。静置后，小油滴很快聚集成大油滴，浮于水面，分为油、水两层。加入乳化剂（如洗洁精、肥皂、洗衣粉等）后，油被乳化剂乳化，形成稳定的乳浊液。

乳化剂之所以能使乳浊液稳定，是因为乳化剂分子中含有亲水基和亲油基（憎水基）两部分。例如，肥皂（以 $C_{17}H_{35}COONa$ 为例）分子中的 $C_{17}H_{35}$—为亲油基，—COO^- 为亲水基。当乳化剂与油滴和水接触时，亲油基溶入油中，亲水基溶入水中。这样使油滴的表面形成了一层乳化剂的保护膜，防止小油滴互相碰撞而聚集，从而形成比较稳定的乳浊液（图 8-6）。这种利用乳化剂使油脂形成比较稳定的乳浊液的作用，称为油脂的**乳化**。

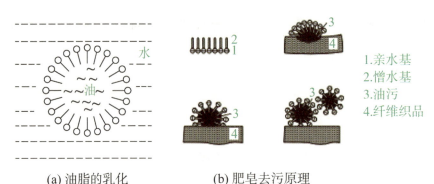

(a) 油脂的乳化　　　　(b) 肥皂去污原理

图 8-6　肥皂去污原理示意图

油脂的乳化具有十分重要的生理意义,在人体小肠内,油脂经胆汁酸盐乳化,从而增加了油脂与脂肪酶的接触,促进油脂在体内的消化、吸收。胆汁酸盐是人体中的乳化剂。

3. 油脂在医药领域的应用

（1）油脂中的高级脂肪酸

常见油脂中所含重要高级脂肪酸见表 8-1。

表 8-1　常见油脂中的高级脂肪酸

种类	名　　称	结构简式
饱和脂肪酸	软脂酸（十六酸） 硬脂酸（十八酸）	$CH_3(CH_2)_{14}COOH$ $CH_3(CH_2)_{16}COOH$
不饱和脂肪酸	油酸（9-十八碳烯酸） 亚油酸（9,12-十八碳二烯酸） 亚麻酸（9,12,15-十八碳三烯酸） 花生四烯酸（5,8,11,14-二十碳四烯酸）	$CH_3(CH_2)_7CH=CH(CH_2)_7COOH$ $CH_3(CH_2)_3(CH_2CH=CH)_2(CH_2)_7COOH$ $CH_3(CH_2CH=CH)_3(CH_2)_7COOH$ $CH_3(CH_2)_3(CH_2CH=CH)_4(CH_2)_3COOH$

组成油脂的脂肪酸的饱和程度对油脂熔点的影响很大。一般含较多不饱和脂肪酸成分的甘油酯常温下呈液态,而含较多饱和脂肪酸成分的甘油酯常温下呈固态。亚油酸、亚麻酸、花生四烯酸等必需脂肪酸均为不饱和脂肪酸,因此,相对而言,液态油中必需脂肪酸含量更高,营养价值更好。必需脂肪酸在人体中有重要的营养价值。例如,亚麻酸是人体细胞的组成成分,是合成前列腺素的前体,参与脂肪代谢,和视力、脑发育、行为发育有关。亚麻酸在代谢中生成一系列产物,重要的有花生四烯酸、前列腺素、二十碳五烯酸和二十二碳六烯酸等。亚麻酸具有多方面的生理功效,包括降血压、降血脂、预防心脑血管病,抑制癌症的发生和转移,抑制过敏反应和抗炎作用,抑制衰老、增强智力和保护视力等。

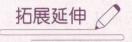

EPA 和 DHA

EPA（二十碳五烯酸）被称为"血管清道夫",具有疏导、清理心脏血管的作用,能够预防多种心血管疾病的发生。DHA（二十二碳六烯酸）是大脑细胞形成、发育及运作不可缺少的物质基础,同时也对活化衰弱的视网膜细胞有帮助,从而起到补脑、健脑、提高视力、预防近视的作用。EPA 和 DHA 在深海鱼油中含量较多。虽然亚麻酸在人体内可以转化为 EPA 和 DHA,但此反应在人体中的速率很慢且转化量很少,远远不能满足人体对 EPA 和 DHA 的需要,因此,必须从食物中直接补充。

(2)油脂在医药领域的应用

油脂分布十分广泛,存在于各种植物的种子、动物的组织和器官中,特别是油料作物的种子和动物皮下脂肪组织中油脂含量丰富。人体中的脂肪占体重的 10%~20%。

油脂是生物维持正常生命活动不可缺少的物质,是生物体内贮存能量的物质,具有重要的生理意义。脂肪是机体贮藏能量的一种有效形式;油脂在体内分解后的脂肪酸被氧化后可以释放大量热量,供给机体利用;油脂能溶解维生素 A、维生素 D、维生素 E、维生素 K 等许多生物活性物质,因而能促进机体对这些物质的吸收;脂肪是人体细胞、生物体膜的重要成分。同时,脂肪还填充于各个内脏器官的间隙,防止机械损伤和热量散失。

食用的油脂在体内水解后,生成的高级脂肪酸不仅是机体能量的来源,而且提供必需脂肪酸,这些必需脂肪酸具有重要的生理功能。

油脂的用途并不限于食用和营养。有些油脂虽然食用价值不大或不能食用,但同样具有重要用途和经济价值,如用于制造肥皂、洗涤用品、脂肪酸、甘油、油漆、油墨、乳化剂、润滑剂等,也可用于绿色能源开发,如制备生物柴油等。

拓展延伸

生物柴油

油脂是三羧酸甘油酯。通过化学反应,用甲醇或乙醇代替了油脂中的甘油,可生成高级脂肪酸甲酯或高级脂肪酸乙酯,如硬脂酸甲酯[$CH_3(CH_2)_{16}COOCH_3$]。研究发现,这类酯的燃烧性能和柴油相仿,是前景广阔的绿色能源,被称为"生物柴油"。油脂可以通过种植油料作物和养殖动物获取,因此,生物柴油是可再生能源(图 8-7),在解决未来的能源危机中必将发挥重要作用。我国生物柴油的研究、生产和应用正进入快速发展阶段。

图 8-7 可再生能源生物柴油

学习评价

1. 针对三油酸甘油酯：

   （1）该油脂中不存在的官能团有_____、_____。

   A. 双键　　　　B. 酯键　　　　C. 羧基　　　　D. 羟基

   （2）不属于该油脂水解产物的是_____、_____。

   A. 烯烃　　　　　　　　　　　B. 饱和高级脂肪酸

   C. 甘油　　　　　　　　　　　D. 不饱和高级脂肪酸

   （3）该油脂在下列物质中不能溶解，也不能形成乳浊液的是_____。

   A. 水　　　　B. 肥皂液　　　C. 四氯化碳　　　D. 汽油

2. 油脂在碱性条件下的水解反应称为(　　)

   A. 酯化反应　　B. 还原反应　　C. 皂化反应　　D. 水解反应

3. _____和_____反应生成酯的反应称为_____反应。

4. 油脂是_____和_____的总称，它是三分子_____和一分子_____生成的酯类化合物。

5. 生活中经常食用的猪油、牛油等常温下呈_____，称为_____；花生油、芝麻油等常温下呈_____，称为_____。

6. 乙酰基的结构为_____，乙氧基的结构为_____，乙酸乙酯的结构为_____。

7. 普通肥皂的主要成分是(　　)

   A. 高级脂肪酸　　　　　　　　B. 高级脂肪酸钠盐

   C. 高级脂肪酸钾盐　　　　　　D. 甘油

8. 不属于必需脂肪酸的是(　　)

   A. 亚油酸　　　B. 亚麻酸　　　C. 油酸　　　D. 花生四烯酸

第三节 类脂

> **情境导学**
>
> 总胆固醇为血液中各种含胆固醇的脂蛋白的总和。胆固醇是细胞膜的主要成分,同时也是合成肾上腺皮质激素、性激素、胆汁酸及维生素D等生理活性物质的重要原料。人体血液中总胆固醇浓度(图8-8)可作为脂代谢的指标,用于评估动脉粥样硬化和缺血性心脑血管疾病的发病风险。胆固醇属类脂。你知道哪些类别的化合物属于类脂吗?
>
>
>
> 图8-8 血脂化验单(局部)

在生物体的组成成分中,除含有油脂外,还含有许多性质类似于油脂的化合物,通常被称为**类脂**。重要的类脂有磷脂和甾族化合物,它们在生物的生命活动中起着重要的作用。

一、磷脂

磷脂是广泛分布在动植物组织中的含有一个磷酸基团的类脂化合物,主要存在于脑、神经组织、骨髓、心、肝和肾等器官中,卵黄、植物的种子及胚芽中也都含有丰富的磷脂。它们是细胞原生质的组成部分,一切细胞的细胞膜中均含有磷脂。

磷脂包括卵磷脂、脑磷脂等。卵磷脂和脑磷脂都是甘油磷脂,是含有磷酸二酯结构的脂肪酸甘油酯,性质和结构都与油脂相似,其结构示意式如图8-9所示。二者水解后都可得甘油、脂肪酸、磷酸和含氮有机碱4种不同的物质,区别在于含氮有机碱不同。卵磷脂的含氮有机碱为胆碱,脑磷脂的含氮有机碱为胆胺。

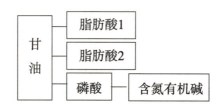

图 8-9 卵磷脂和脑磷脂的结构示意式

1. **卵磷脂（磷脂酰胆碱）**

卵磷脂是吸水性很强的白色蜡状物质,在空气中易氧化而变成黄色或棕色;不溶于水及丙酮,溶于乙醇、乙醚及氯仿;因最初是从卵黄中发现,且含量最丰富而得名。卵磷脂与脂肪的吸收和代谢有密切的关系,具有抗脂肪肝的作用。

1分子卵磷脂完全水解后,可以生成1分子甘油、2分子高级脂肪酸、1分子磷酸和1分子胆碱,因此,卵磷脂又称为磷脂酰胆碱,结构式为

$$\underbrace{\begin{matrix}CH_2-O-\overset{O}{\underset{\|}{C}}-R_1\\[2pt]CH-O-\overset{O}{\underset{\|}{C}}-R_2\\[2pt]CH_2-O-\end{matrix}}_{\text{甘油部分}}\underbrace{\overset{O}{\underset{\underset{OH}{\|}}{P}}-O-}_{\text{磷酸部分}}\underbrace{CH_2CH_2N^+(CH_3)_3OH^-}_{\text{胆碱部分}} \qquad \underset{\text{胆碱}}{[HOCH_2CH_2N(CH_3)_3]^+OH^-}$$

2. **脑磷脂（磷脂酰胆胺）**

脑磷脂在空气中易氧化而使颜色变深;不溶于乙醇和丙酮,易溶于乙醚;因主要存在于脑组织中而得名。脑磷脂也存在于血小板内,与血液的凝固有关。能促进血液凝固的凝血激酶就是由脑磷脂和相应蛋白质组成的。

1分子脑磷脂完全水解后,可生成1分子甘油、2分子高级脂肪酸、1分子磷酸和1分子胆胺(乙醇胺),因此,脑磷脂又称为磷脂酰胆胺或磷脂酰乙醇胺,结构式为

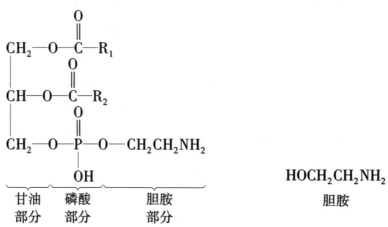

> ## 化学与健康
>
> ### 大豆磷脂
>
> 大豆磷脂是生产大豆油的副产物,能溶于油脂及非极性溶剂。大豆磷脂是富含磷脂的混合物,主要含有卵磷脂、脑磷脂、肌醇磷脂、磷脂酰丝氨酸、磷脂酸及其他磷脂,为浅黄至棕色的黏稠液体或白色至浅棕色的固体粉末。卵磷脂对动脉硬化、肝硬化、肝炎、脂肪肝、老年痴呆症等多种疾病有预防和改善症状等作用。

二、甾族化合物

甾族化合物又称为甾体化合物或类固醇化合物,是一类重要的天然化合物,广泛存在于动植物中。甾族化合物种类多,如甾醇、性激素、肾上腺皮质激素、胆汁酸等,对维持动植物的生存起着重要的作用。甾族化合物广泛应用于医药领域。

甾族化合物在结构上都含有一个环戊烷并多氢菲的骨架,环上有3个侧链。"甾"字是象形字:"甾"字的"田"表示稠合四环,而"巛"则代表骨架中的3条侧链。C_{10}和C_{13}上各连有一个甲基,C_{17}上连有一个含不同碳原子数的碳链或含氧的取代基团等。通常把该基本骨架称为甾体骨架,含有甾体骨架的化合物叫**甾族化合物**。

环戊烷并多氢菲　　　　甾族化合物基本骨架

很多甾族化合物具有重要生理作用,以下主要介绍甾醇、胆酸类和甾体激素。

1. 甾醇

(1)胆固醇

胆固醇又称胆甾醇,因最初是从胆结石中发现而得名。胆固醇是无色蜡状固体,不溶于水,易溶于有机溶剂。胆固醇常与油脂共存。胆固醇是组成细胞膜的重要成分,在脑和神经组织中含量较多。胆固醇在体内常与脂肪酸结合成胆固醇酯,因此,在血液里既有胆固醇,又有胆固醇酯。

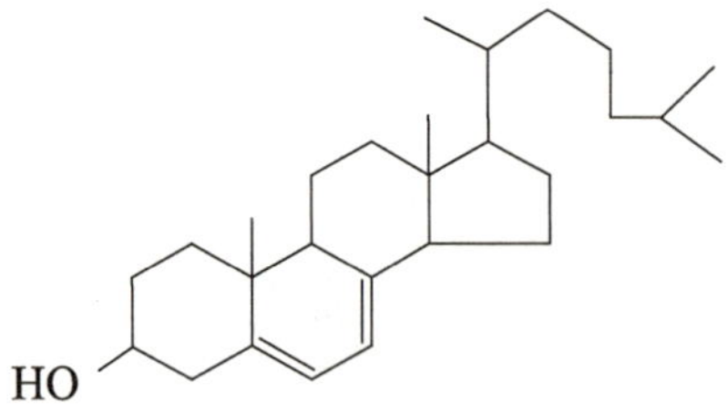

胆固醇 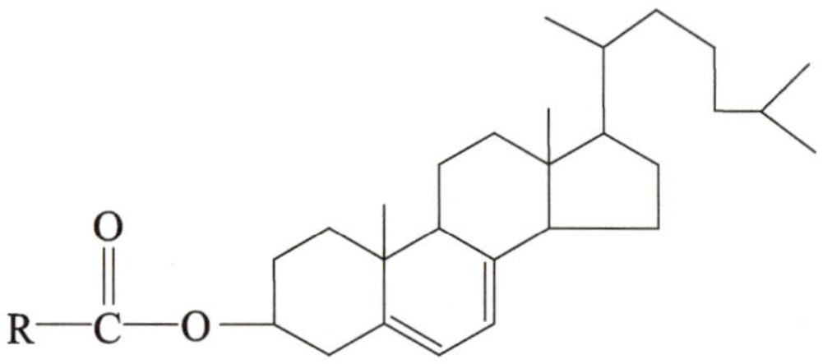　　　　　　　　　　　　胆固醇酯

胆固醇是在动物和人体组织中含量最多的甾族化合物,在体内可转变成多种具有重要生理功能的物质,如胆汁酸盐、维生素 D_3、肾上腺皮质激素、性激素等。

若人体中胆固醇含量过多或发生代谢障碍,胆固醇及胆固醇酯就会沉积于血管壁,从而导致动脉粥样硬化和冠状动脉粥样硬化性心脏病。

（2）7-去氢胆固醇和麦角甾醇

7-去氢胆固醇是一种动物甾醇,存在于人的皮肤中,它在紫外线的照射下,转变成维生素 D_3。因此,日光浴是人体获得维生素 D_3 的简易方法。

麦角甾醇是一种植物甾醇,存在于酵母及某些植物中,结构式与 7-去氢胆固醇的区别是 C_{17} 的侧链上多了 1 个甲基和双键。麦角甾醇在紫外线的照射下,转变成维生素 D_2。

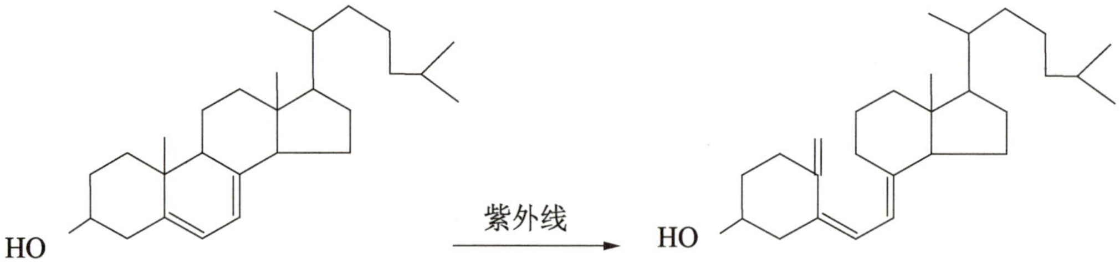

7-去氢胆固醇 $\xrightarrow{紫外线}$ 维生素 D_3

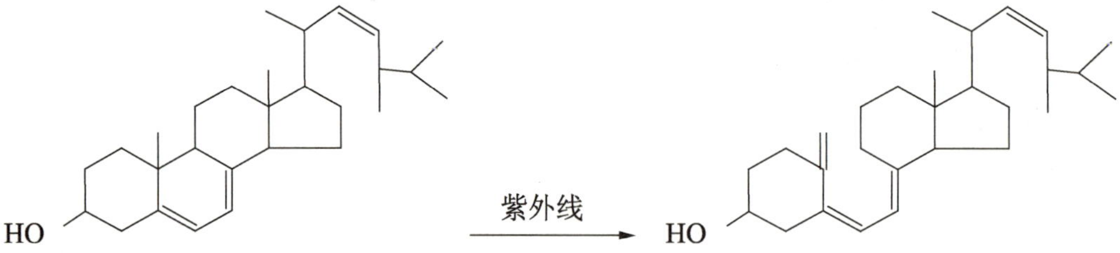

麦角甾醇 $\xrightarrow{紫外线}$ 维生素 D_2

维生素 D_2 和维生素 D_3 是 D 族维生素的代表。D 族维生素是脂溶性维生素,主要功能是促进人体对钙、磷的吸收,维持血液中钙、磷的正常浓度,促进骨骼钙化及牙齿生长,所以能防治佝偻病和软骨病,也被称为抗佝偻病维生素。维生素 D 的食物来源主要包括海鱼、动物肝、蛋黄、奶油等。

2. 胆酸类

在人和动物的胆汁中,含有甘氨胆酸、牛磺胆酸、甘氨脱氧胆酸、牛磺脱氧胆酸等多种结合酸,这些酸总称为**胆汁酸**。在胆汁酸中,胆酸的结合酸含量是最高的。胆酸的结构和胆固醇相似,特征是:C_{17}的侧链较短,只有5个碳原子,末端为羧基,分子中无双键。胆酸可进一步与甘氨酸(H_2NCH_2COOH)或牛磺酸($H_2NCH_2CH_2SO_3H$)结合成甘氨胆酸或牛磺胆酸。

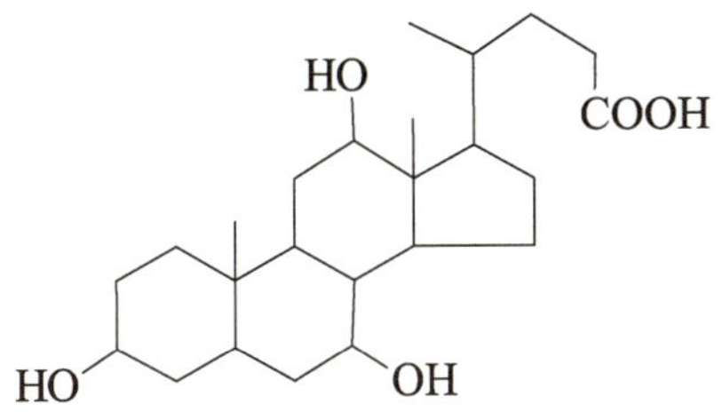

胆酸 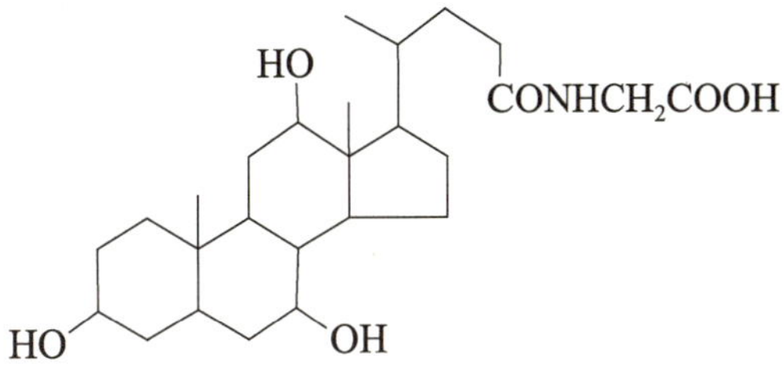　　　　　　甘氨胆酸

在小肠的碱性环境中,胆汁酸以盐的形式存在。胆汁酸盐是人体乳化剂,能使油脂乳化,对油脂的消化、吸收起着重要作用。

3. 甾体激素

激素是动物体内各种分泌腺所分泌的物质,虽然含量很小,但具有各种重要的生理功能,主要是控制生长、发育和性机能等。甾体激素是激素中的一大类,可分为肾上腺皮质激素和性激素两类。

（1）肾上腺皮质激素

肾上腺皮质激素由肾上腺皮质产生,对维持生命有重大意义。按其生理作用特点可分为盐皮质激素和糖皮质激素,前者主要调节机体的水、盐代谢和维持电解质平衡,如醛固酮;后者主要与糖、脂肪、蛋白质代谢和生长发育等有关,如可的松。盐皮质激素基本无临床使用价值,而糖皮质激素在临床上具有重要价值,临床常用药物有氢化可的松、醋酸地塞米松、地塞米松磷酸钠和曲安奈德等。可的松和氢化可的松具有很强的抗炎及抗免疫作用,临床上常用氢化可的松及其半合成衍生物治疗严重感染和自身免疫性疾病。

交流讨论

下方两个结构中,哪个是可的松？哪个是氢化可的松？你能找出可的松分子中的甾体骨架吗？

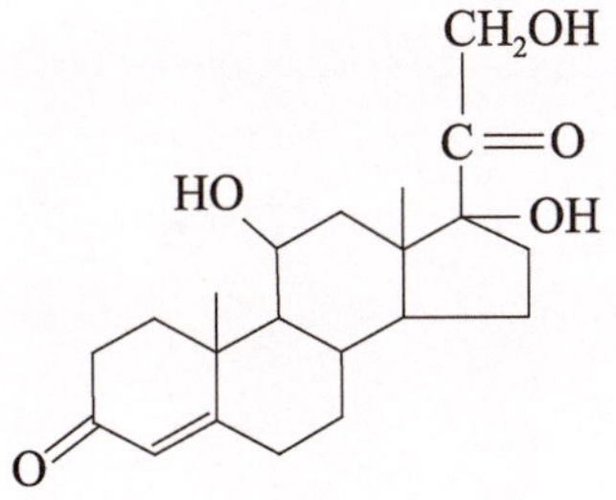

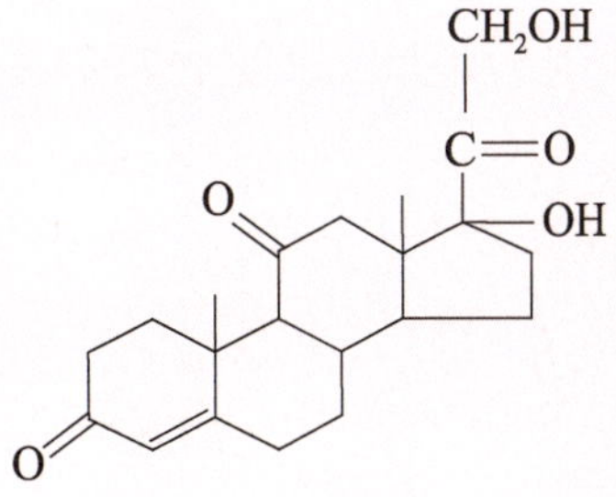

（2）性激素

性激素是指由动物体的性腺,以及胎盘、肾上腺皮质网状带等组织合成的甾体激素,具有促进性器官成熟、副性征发育及维持性功能等作用。性激素包括雄激素、雌激素和孕激素。

雄激素中活性最高的是睾酮,主要由雄性动物的睾丸分泌。其功能主要是促进雄性器官及第二性征的生长、发育以及维持雄性特征。睾酮在消化道内易被破坏,所以不能口服。临床上多用它的衍生物,如甲基睾酮、丙酸睾酮等。

雌激素是促进雌性动物性征发育的物质,由雌性动物卵巢和胎盘分泌产生。雌激素具有广泛而重要的生理作用,不仅有促进和维持女性性征的生理作用,还对内分泌、心血管、代谢系统、骨骼的生长和成熟、皮肤等均有明显的影响。β-雌二醇是活性最强的雌激素。临床上常用的雌激素类药物多是以雌二醇为母体进行人工合成的衍生物,如苯甲酸雌二醇等。

孕激素是由卵巢黄体细胞分泌的一种甾体激素,主要生理作用是抑制排卵,并能使受精卵在子宫内发育,使胎儿安全生长。孕酮(黄体酮)为活性最强的孕激素。临床上黄体酮常用于治疗习惯性流产、子宫功能性出血、痛经和月经失调等疾病。

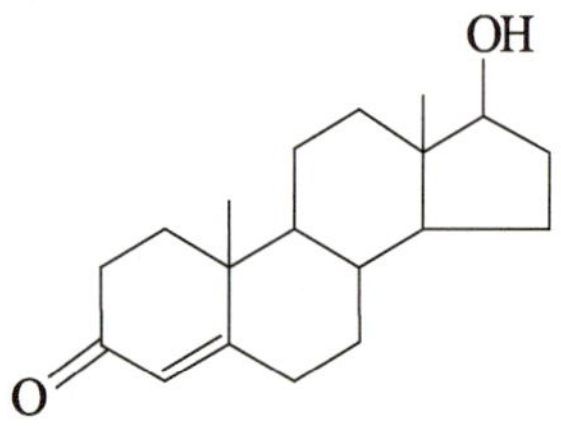

睾酮 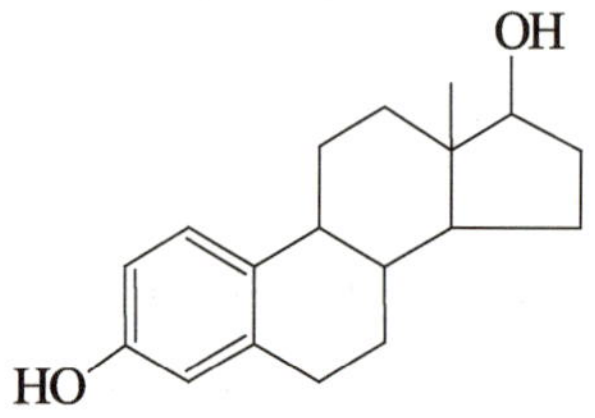　　　雌二醇 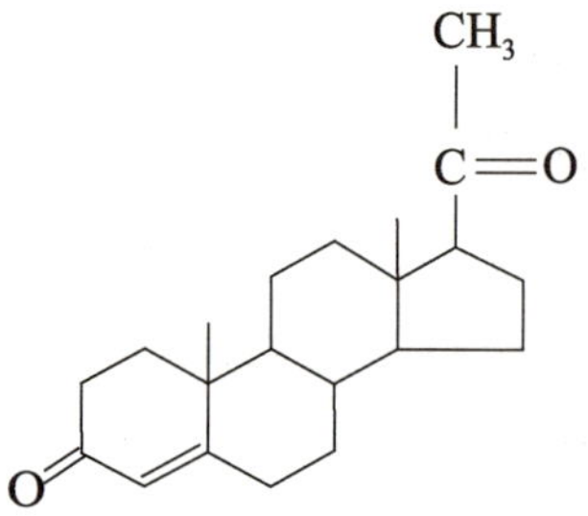　　　黄体酮

拓展延伸

诺龙——奥委会禁用兴奋剂

诺龙属甾族化合物,结构和睾酮相似,是临床用药,用于难治性贫血、创伤、慢性感染等疾病。诺龙能促进运动员肌肉的生长发育,增加运动员训练中的耐力和训练负荷,并提高运动员竞技"成绩"。但诺龙的潜在毒副作用很大,长期使用会导致女子男性化,更严重的危害是可诱发高血压、冠心病、心肌梗死、脑出血以及肝癌等疾病。诺龙是最早被国际奥委会禁止使用的兴奋剂之一。

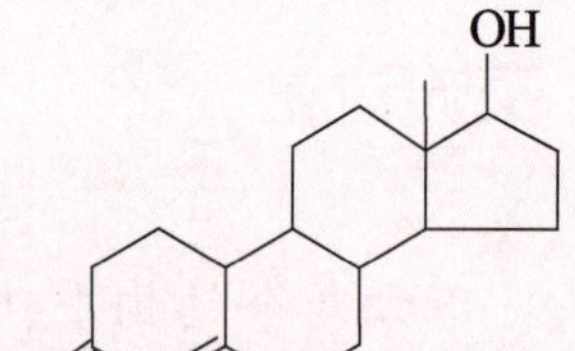

诺龙

化学与健康

食品添加剂

为改善食品色、香、味等品质,以及防腐和加工工艺的需要,我们可以在食品中加入食品添加剂。目前我国食品添加剂有23个类别、2 000多个品种,包括酸度调节剂、抗结剂、消泡剂、抗氧化剂、漂白剂、膨松剂、着色剂、护色剂、酶制剂、增味剂、营养强化剂、防腐剂、甜味剂、增稠剂、香料等。食品添加剂大大促进了食品工业的发展,其主要作用大致如下。

① 防止变质。防腐剂可以防止由微生物引起的食品腐败变质,延长食品的保存期,同时还具有防止由微生物污染引起的食物中毒作用。

② 改善感官。食品的色、香、味、形态和质地等是衡量食品质量的重要指标。适当使用着色剂、护色剂、漂白剂、食用香料、乳化剂、增稠剂等食品添加剂,可以明显提高食品的感官质量,满足人们的不同需要。

③ 保持营养。在食品加工时适当地添加某些属于天然营养范围的食品营养强化剂,可以大大提高食品的营养价值,这对防止营养不良和营养缺乏、促进营养平衡、提高人们健康水平具有重要意义。

④ 方便加工。在食品加工中使用消泡剂、助滤剂、凝固剂等,有利于食品的加工操作。例如,使用葡糖酸内酯作为豆腐凝固剂利于豆腐生产的机械化和自动化。

⑤ 方便供应。在很多食品生产过程中,不同程度地添加了着色、增香、调味等食品添加剂,使食品色、香、味俱全,为消费者提供更多选择,方便销售供应。

⑥ 其他特殊需要。例如,糖尿病患者不能吃糖,则可用无营养甜味剂或低热能甜味剂,如使用三氯蔗糖或天门冬酰苯丙氨酸甲酯制成无糖食品。

值得说明的是,食品添加剂需要按照要求使用,违法添加物不等于食品添加剂。近年来,公众谈食品添加剂色变,更多的原因是混淆了违法添加物和食品添加剂的概念。例如,吊白块、苏丹红、三聚氰胺、罂粟壳等均为违法添加物。

学习评价

1. 下列物质中能够用于抗佝偻病的是(　　)
   A. 磷脂　　　　B. 黄体酮　　　　C. 维生素D　　　　D. 胆酸

2. 经过日光或紫外线照射,能转变为维生素D的是(　　)
   ① 麦角甾醇　② 7-去氢胆固醇　③ 胆固醇　④ 胆酸

  A. ①③   B. ①②   C. ①②③   D. ①②③④

3. 卵磷脂完全水解的产物中没有(　　)

  A. 高级脂肪酸   B. 甘油   C. 磷酸   D. 胆胺

4. 甾族化合物的母核结构是(　　)

  A. 环戊烷并多氢菲   B. 环己烷并多氢菲

  C. 苯并多氢菲   D. 环己烷并多氢蒽

5. 甾族化合物在结构上都有一个_____的骨架,三个烃基分别取代在_____、_____、_____位碳原子上。

6. 1分子的脑磷脂水解后得1分子的_____、2分子的_____、1分子的_____和1分子_____。

7. 为什么经常晒太阳能增强人的体质?

第九章 中草药中常见的活性物质——生物碱

中医药是中华民族的瑰宝，我国东汉时期的《神农本草经》是有记载的最早的中药学著作，明朝医学家李时珍的《本草纲目》被称为中医药的百科全书。

《神农本草经》中以茶叶入药记载如下："神农尝百草，日遇七十二毒，得茶而解之。"茶是日常饮品，具有生津止渴、消食利尿、提神醒脑等功效，被列为世界三大饮品之一。茶的主要有效成分是咖啡因，属生物碱，是一种临床用药。生物碱是中草药中常见的一类有效成分，如茶叶中的咖啡因，曼陀罗中的莨菪碱，黄连中的小檗碱。生物碱分子中多数含有杂环结构。学习杂环化合物和生物碱的相关知识对医药卫生类专业的学生十分必要。

● 预期目标

知道杂环化合物的概念、分类、命名和结构特点，能写出嘌呤和嘧啶等典型杂环的结构。

知道生物碱的概念和典型性质，能说出麻黄碱等典型生物碱的结构特点、生物活性。

观察生物碱沉淀反应等实验，了解生物碱的鉴别和分离提纯的方法。

知道常见杂环化合物、生物碱的医药应用，了解中医药文化是中华传统文化瑰宝，树立职业素养。了解毒品的危害和国家禁毒的意义，培养社会责任感。

第一节 杂环化合物

情境导学

呋喃西林(图9-1)是常见外用消毒药,具有广谱抗菌活性,适用于皮肤或黏膜感染时冲洗或湿敷创口,还可用于化脓性中耳炎、急慢性鼻炎、烧伤和皮肤移植等的湿敷。在呋喃西林的分子中,有一个杂环结构(），这个杂环结构称为呋喃。杂环是药物分子中的常见结构,特别是常见于中草药的有效成分中。你知道什么叫杂环吗?

图9-1 呋喃西林

$$O_2N-\text{〔furan〕}-CH=N-NH-\overset{NH}{\underset{|}{C}}-NH_2$$

呋喃西林

呋喃的结构特点是具有环状结构,成环原子中除了碳原子外,还有一个氧原子。

杂环化合物通常指由碳原子和其他原子共同构成的环状化合物。环中除碳原子以外的其他原子都称为**杂原子**,最常见的杂原子是氧、硫、氮等。但一些容易开环的杂环化合物,如内酯、内酰胺,其性质和酯、酰胺相似,因此,通常仍归为脂肪族化合物。本节重点介绍环系比较稳定,具有一定芳香性的杂环化合物。

一、杂环化合物的分类和命名

杂环化合物的分类以杂环的骨架为基础。按分子中含环数目可以分为**单杂环**和**稠杂环**两类。单杂环中按环的大小分为五元杂环和六元杂环。稠杂环通常又分为两类:由单杂环和苯环稠合而成的稠杂环称为苯稠杂环,由两个单杂环稠合而成的稠杂环称为杂环稠杂环。杂环化合物种类繁多,但组成杂环化合物的基本杂环数量并不多,常见的基本杂环及分类见表9-1。

表 9-1　常见的基本杂环及分类

杂环的分类		基本杂环结构、名称及原子编号
单杂环	五元环	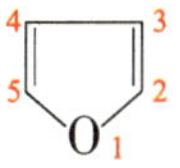 呋喃 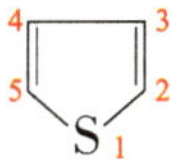　噻吩 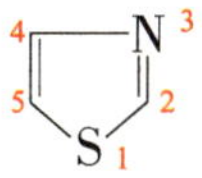　噻唑 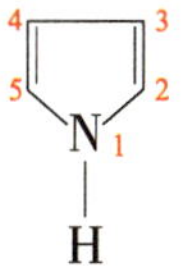　吡咯 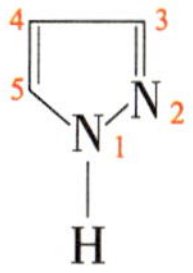　吡唑 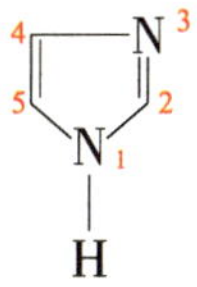　咪唑
	六元环	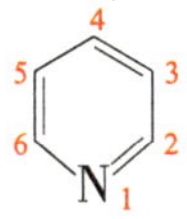 吡啶 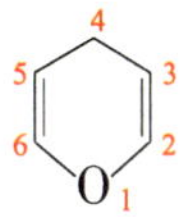　γ-吡喃 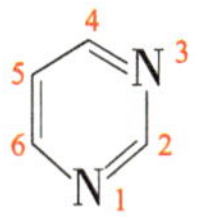　嘧啶
稠杂环	苯稠杂环	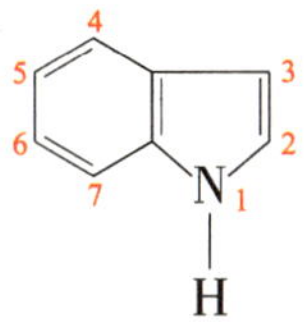 吲哚 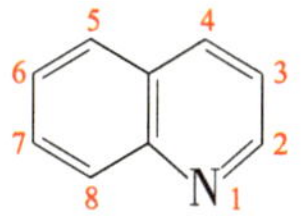　喹啉
	杂环稠杂环	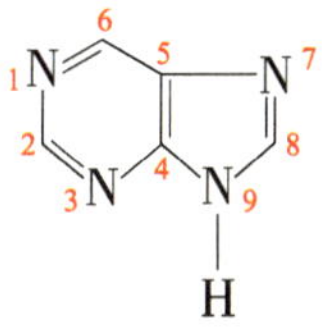 嘌呤

交流讨论

将基本杂环中的杂原子都换为碳原子，可以得到相应的碳环母核，如吡啶的碳环母核是苯。请写出呋喃、嘧啶、吲哚、喹啉对应的碳环母核。

呋喃、嘧啶、吲哚、喹啉对应的碳环母核分别如下所示。

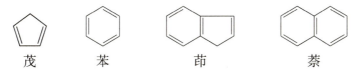

茂　苯　茚　萘

我国统一采用音译法为基本杂环命名，即按照杂环化合物的外文读音，用同音汉字加"口"字旁，作为杂环化合物的名称，如"furan"称为呋喃。

基本杂环母核上的原子编号通常是固定的。当杂环上连有取代基时，一般是以杂环母核作为母体来命名，命名时将取代基的位次、名称写在杂环名称的前面。

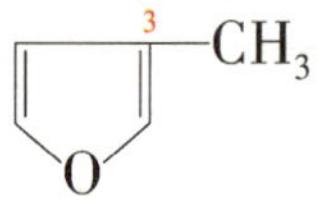

3-甲基呋喃 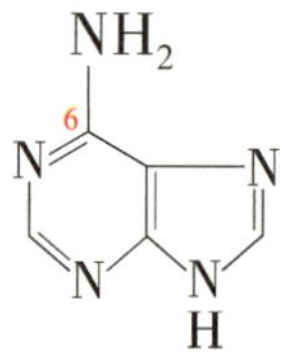　　　　　6-氨基嘌呤

当杂环上连有醛基、羧基或基团较为复杂时，常将杂环母核作为取代基进行命名。例如：

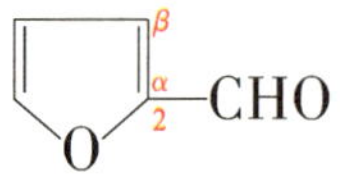

2-呋喃甲醛(α-呋喃甲醛)　　　　β-3-吲哚-α-氨基丙酸

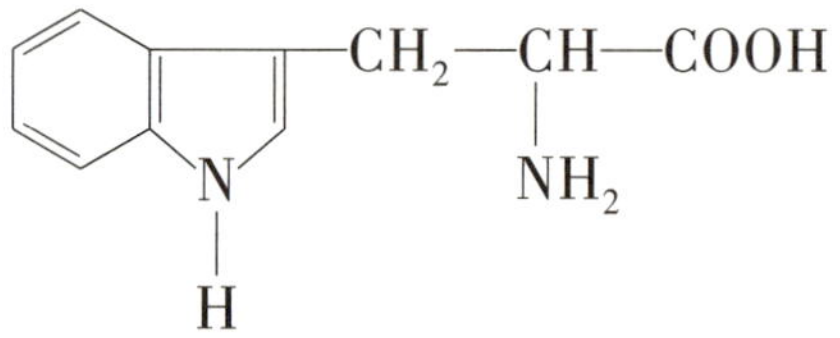

问题解决

咖啡因又称咖啡碱，有兴奋中枢神经的作用，临床上用于呼吸衰竭及循环衰竭的解救，亦用作利尿剂。你能找出咖啡因分子中的基本杂环，并说出它们的名称吗？

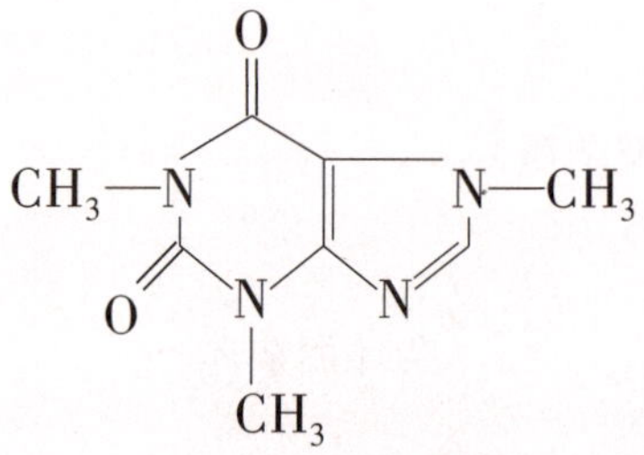

咖啡因

二、杂环化合物在医药领域的应用

杂环化合物是生物体内分子和药物分子的常见结构，如核酸中的碱基、血红蛋白中的亚铁血红素和绿色植物中的叶绿素都含有杂环结构。此外，多数生物碱如阿托品，药物如磺胺嘧啶等，也都含有杂环结构。

1. 吡咯与血红素

吡咯存在于煤焦油和骨焦油中，为无色液体，沸点为 130 ℃，不溶于水而易溶于有机溶剂。吡咯的衍生物广泛存在于自然界中，如血红素、叶绿素、维生素 B_{12} 等。

血红素(又名亚铁血红素)分子中有一个基本骨架卟吩，在卟吩环的中间空穴处，Fe^{2+} 通过共价键(或配位键)与卟吩形成配合物，卟吩的四个吡咯环的 β 位还分别连接不同的取代基。

血红素与蛋白质结合成为血红蛋白，存在于红细胞中。在肺部，氧气浓度较大，血红素中的 Fe^{2+} 与 O_2 结合，通过血液流动，将氧气运输到全身各器官。血红蛋白载氧实质上是由血红素来完成的。

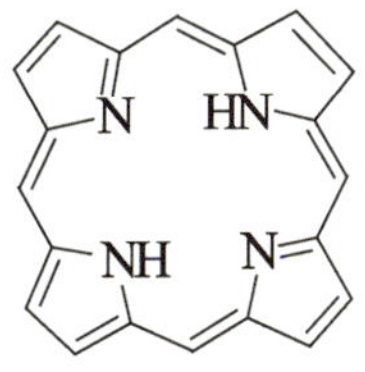

卟吩 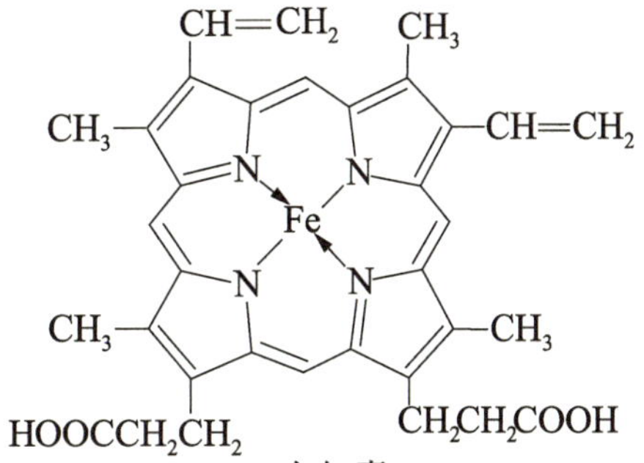　血红素

叶绿素、维生素 B_{12} 的结构和血红素相似，三者的结构差异主要是形成配合物的中心离子不同，叶绿素是镁离子（Mg^{2+}），维生素 B_{12} 是钴离子（Co^{3+}），血红素是亚铁离子（Fe^{2+}）。

> **化学与健康**
>
> **一氧化碳中毒原理**
>
> 血红蛋白输送氧气的原理是血红素分子中的 Fe^{2+} 可以和 O_2 结合形成配位键。如果空气中混有 CO，由于 CO 与 Fe^{2+} 的结合能力远大于 O_2，CO 会取代 O_2 与血红素牢固结合，使血红蛋白失去输送 O_2 的能力，从而引起血液供氧中断，进而可能导致死亡。为防止 CO 中毒，在使用燃气灶等燃气器具时须确保室内外空气的流通。

2. 嘧啶和嘧啶碱

嘧啶是无色结晶性固体，熔点为 22 ℃，易溶于水，具有弱碱性。嘧啶的衍生物与医药及生命科学领域密切相关。例如，核酸是一类与生物的生长、繁殖、遗传等生命活动密切相关的物质，其水解产物包含嘧啶衍生物，如胞嘧啶（C）、尿嘧啶（U）和胸腺嘧啶（T）。这些水解产物具有碱性，因此被称为嘧啶碱。

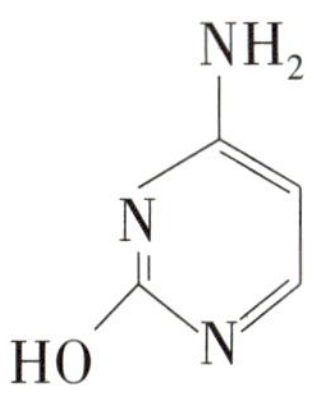

胞嘧啶（C） 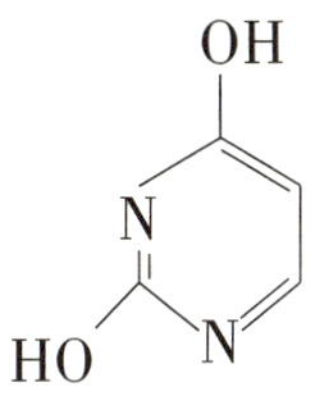　　尿嘧啶（U） 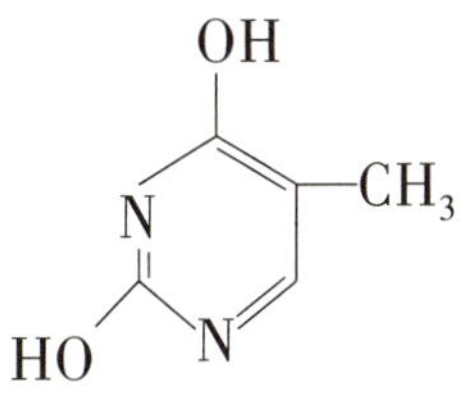　　胸腺嘧啶（T）

3. 嘌呤和嘌呤碱

嘌呤为无色结晶，熔点为 217 ℃，易溶于水，难溶于有机溶剂，具有弱酸性和弱碱性，能与强酸或强碱作用生成盐。嘌呤本身并不存在于自然界，但它的衍生物广泛分布于自然界，如核酸水解得到的嘌呤碱，包括腺嘌呤（A）、鸟嘌呤（G），以及人体中嘌呤代谢的最

终产物尿酸等。

腺嘌呤(A)   鸟嘌呤(G)   尿酸

化学与健康

嘌呤代谢障碍和痛风

尿酸是体内嘌呤代谢的最终产物。痛风患者因体内嘌呤代谢障碍而引起血液中尿酸超标。尿酸以盐的形式沉积在关节、软组织等处,引起组织异物炎性反应,即痛风(图9-2)。痛风多发于人体最低部位的关节或软组织,发作时剧烈疼痛,数日后疼痛缓解,像"风"一样吹过,但仍会复发。严重痛风患者可并发肾脏病变、关节破坏、肾功能损害等一系列疾病。痛风患者常在耳廓、关节、肌腱、软组织等周围出现痛风石,尤其是在四肢形成的痛风石,不仅严重影响肢体外形,甚至会导致关节畸形、功能障碍等一系列疾病,必要时须接受手术治疗。

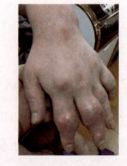

图9-2 痛风石患者

痛风患者除就医外,应多饮水,促进尿酸通过尿液排出,同时应严格控制饮食,特别是注意食物中嘌呤的含量。例如,痛风患者不宜食用海鲜、动物内脏、豆类食品等,不宜饮酒尤其是啤酒等。

学习评价

1. 组成杂环化合物环状结构的原子除碳原子外,常见的有_____、_____和_____。这些非碳原子被称为_____。

2. 根据环的大小,杂环化合物可分为_____杂环和_____杂环;根据稠合的环的数目,杂环化合物可分为_____杂环和_____杂环。

3. 写出下列杂环的结构简式。
① 呋喃   ② 2,6,8-三羟基嘌呤

4. CO 有毒,请根据其中毒原理和化学平衡移动原理,简述 CO 中毒患者的现场急救方案。

第二节 生物碱

> **情境导学**
>
> 疟疾是经蚊虫叮咬或输入带疟原虫者的血液而感染疟原虫的虫媒传染病，防不胜防，传播极快。疟疾又被称为瘟疫，曾夺取了无数人的生命。在人类从金鸡纳树的树皮中提取了奎宁（金鸡纳碱）并用于临床后，疟疾才成为可治之病。奎宁是最早治疗疟疾的药物。你能指出奎宁分子中的典型基本杂环并说出它的名称吗？奎宁为什么具有碱性呢？

一、生物碱的概念

生物碱是一类存在于生物体内具有明显生理活性的含氮碱性有机物。由于生物碱主要是从植物中获得的，所以又称植物碱。生物碱是中草药的重要有效成分之一，分子中多数都具有含氮的杂环结构，如奎宁中的喹啉结构。它们多数与有机酸结合成盐，少数以游离碱、酯或苷等形式存在。有些来源于自然界的含氮有机化合物，如氨基酸、多肽、含氮维生素等，习惯上不归属于"生物碱"。

多数生物碱具有一定的生理作用和药用价值。例如，麻黄中的麻黄碱能发汗解热，平喘止咳；黄连中的小檗碱（黄连素）具有抗菌、止痢的作用；长春花中的长春碱和长春新碱具有抗癌作用；喜树碱有显著的抗癌活性；罂粟中的吗啡有镇痛作用。我国在生物碱方面进行了大量的研究工作，并取得了可喜的成果。

二、生物碱的一般性质

1. 生物碱的物理性质

生物碱大多数是无色或白色的结晶性固体，只有少数在常温下为液体（如烟碱、毒芹碱）或有颜色（如小檗碱为黄色），多数生物碱味苦。生物碱一般难溶于水，易溶于乙醇、乙醚、丙酮等有机溶剂，生物碱盐类多易溶于水。

2. 生物碱的化学性质

（1）生物碱的碱性

生物碱分子中含有氮原子，氮原子上有孤电子对，因此，多数生物碱都有碱性。虽然不同生物碱的碱性强弱存在差异，但大多数生物碱能与酸反应生成生物碱盐。生物碱盐在遇到强碱时又游离出生物碱并析出，利用这一性质可以提取和精制生物碱。临床上常用的生物碱药物均制成其盐类（如硫酸阿托品、盐酸小檗碱等），以增强水溶性。

$$\text{生物碱} \underset{OH^-}{\overset{H^+}{\rightleftharpoons}} \text{生物碱盐}$$
难溶于水　　易溶于水

（2）生物碱的沉淀反应

许多生物碱能与一些试剂生成难溶性的盐而沉淀。能与生物碱生成沉淀的试剂称为生物碱沉淀剂。生物碱沉淀剂主要有碘化铋钾（$BiI_3 \cdot 4KI$）、苦味酸（三硝基苯酚）、鞣酸、磷钨酸（$H_3PO_4 \cdot 12WO_3$）等。不同的生物碱和不同的生物碱沉淀剂反应生成沉淀的颜色不同，根据沉淀的颜色可初步判断某些生物碱的存在，沉淀反应也可用于生物碱的分离和精制。

（3）生物碱的显色反应

生物碱能与一些试剂反应呈现不同的颜色，这些试剂被称为生物碱显色剂。常用的生物碱显色剂有钒酸铵、钼酸钠和甲醛等的浓硫酸溶液。例如，吗啡遇甲醛浓硫酸溶液显紫色，可待因遇甲醛浓硫酸溶液显蓝色，莨菪碱遇钒酸铵浓硫酸溶液显红色。生物碱的显色反应可用于鉴别生物碱。

三、生物碱的医药意义

1. 麻黄碱

麻黄碱又称麻黄素，是存在于中药麻黄（图9-3）中的一种主要生物碱，为无色晶体，熔点为34 ℃，味苦，易溶于水、乙醇和氯仿。盐酸麻黄碱为拟肾上腺素药，能兴奋交感神经，临床用其治疗支气管哮喘和各种原因引起的低血压状态，尤其是蛛网膜下腔麻醉及硬脊膜外麻醉引起的低血压。麻黄碱属于国际奥委会严格禁止的兴奋剂。麻黄碱也是易制毒化学品，是制造冰毒的原料，应依法管理。

麻黄碱

图9-3　麻黄

> **方法导引**
>
> 通过复习氨和胺的性质,分析麻黄碱分子结构,说出麻黄碱具有碱性的原因,并判断其是强碱还是弱碱。

2. 阿托品

阿托品是莨菪碱的外消旋体,存在于颠茄(图9-4)、莨菪、曼陀罗等植物中,为白色晶体,味苦,难溶于水,易溶于乙醇。临床上用可溶性硫酸阿托品治疗胃、肠、胆、肾绞痛。阿托品也可用作有机磷农药中毒的解毒剂和眼科常用的散瞳剂。

阿托品

图9-4 颠茄

3. 喜树碱、羟喜树碱

喜树碱和羟喜树碱都是植物抗癌药物,存在于喜树(图9-5)中。喜树碱对胃肠道和头颈部癌等有较好的疗效。羟喜树碱的抗癌活性比喜树碱更高,对肝癌和头颈部癌也有明显疗效,而且副作用较少。1976年,中国化学家高怡生等成功合成了消旋喜树碱。

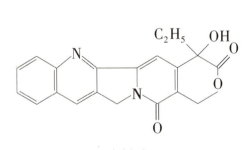

喜树碱

图9-5 喜树

> **化学与健康**
>
> **药物化学家高怡生院士**
>
> 高怡生(1910—1992),江苏南京人,药物化学家,天然有机化学家,中国科学院学部委员,生前是中国科学院上海药物研究所研究员、所长。20世纪70年代至80年代,高怡生指导完成了平喘有效成分蓽菜素、抗疟有效成分仙鹤草素、抗癌天然药物

喜树碱和羟喜树碱等的全合成工作,曾获国家自然科学奖二等奖及三等奖。他从事科研工作50余年,对我国天然产物化学的发展发挥了积极的推动作用,特别是在肿瘤化疗药物研究和天然产物全合成方面取得了重要的成就。

4. 咖啡碱

咖啡碱又称咖啡因,是存在于咖啡、茶叶中的一种生物碱,为白色针状结晶,味苦,能溶于热水。咖啡碱对中枢神经有兴奋作用,临床上用于呼吸衰竭及循环衰竭的解救,亦用作利尿剂。例如,对于急性心力衰竭患者,肌肉注射或静脉注射咖啡碱可迅速扩张体静脉,减少静脉回心血量,降低左房压,还能减轻烦躁不安和呼吸困难的症状,增加心排血量。咖啡碱属于嘌呤衍生物。

5. 小檗碱

小檗碱又称黄连素,存在于黄连(图9-6)、黄檗等小檗属植物中,是黄色结晶,熔点为145 ℃,味极苦,易溶于水,难溶于苯、氯仿等有机溶剂。小檗碱抗菌谱广,对多种细菌有抑制作用,临床上用于治疗肠胃炎和细菌性痢疾等。此外,小檗碱还有温和的镇静、降压作用。

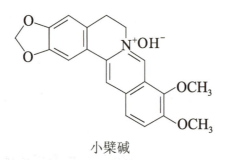

小檗碱

图9-6 黄连

6. 罂粟碱

罂粟碱存在于罂粟(图9-7)中,属异喹啉族生物碱。罂粟碱具有强大的镇痛和解痉作用,能够快速缓解疼痛和痉挛症状。罂粟碱还能够扩张血管,改善血液循环,对于心脑血管疾病有一定的预防和治疗作用。

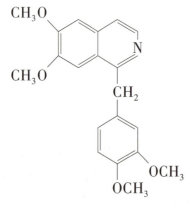

罂粟碱

图9-7 罂粟

7. 吗啡、可待因

吗啡来自罂粟科植物,是第一种被提纯的生物碱,也是人类最早使用的镇痛药。由于吗啡具有严重的成瘾性及呼吸抑制作用,所以临床上主要用于缓解晚期癌症患者的剧烈疼痛。可待因与吗啡的结构相似,其镇痛作用和成瘾性都比吗啡弱,临床上主要用于镇咳。吗啡和可待因的结构简式为

吗啡:R = H, R′ = H
可待因:R = CH_3, R′ = H

> ### 化学与社会
>
> #### 海洛因
>
> 海洛因是吗啡分子中的两个羟基被乙酰化的产物,所以又称二乙酰吗啡。海洛因的水溶性、脂溶性都比吗啡大,所以它在人体内吸收快,易透过血脑屏障进入中枢神经系统,产生强烈的反应,具有高度心理及生理依赖性。吸食海洛因极易成瘾,且一旦成瘾极难戒治,因此,海洛因被称为毒品之王。

对生物碱结构和性质的研究,是寻找新药的捷径。例如,从研究奎宁结构到合成疟疾药物,从研究吗啡结构到合成成瘾性更弱的镇痛药,都与生物碱的研究息息相关。生物碱普遍存在一定的毒副作用,量小可以治病,量大可能会引起中毒,甚至成瘾。因此,在使用时须遵照医嘱、注意剂量。

> ### 化学与社会
>
> #### 珍爱生命,拒绝毒品
>
> "珍爱生命,拒绝毒品"是中国国家禁毒委员会(图9-8)提出的禁毒口号之一。《中华人民共和国刑法》界定:"毒品是指鸦片、海洛因、甲基苯丙胺(冰毒)、吗啡、大麻、可卡因以及根据规定管制的其他能够使人成瘾的麻醉药和精神药品。"毒品直接危害人们的身心健康,还会给经济发展和社会进步带来巨大威胁。吸毒和贩毒极易诱发诈骗、暴力犯罪、艾滋病传播等一系列社会问题。

图9-8 中国国家禁毒委员会会标

禁毒是每个公民的责任。每年的 6 月 26 日是"国际禁毒日"。从 1992 年起,每年的国际禁毒日都确定一个主题,以达到国际社会关注和共同参与的效果。"珍爱生命,拒绝毒品""扫除毒害,利国利民"都是中国国家禁毒委员会提出的宣传口号。

学习评价

1. 关于生物碱,以下描述正确的是(　　)

　A. 具有明显的生理活性,仅存在于动物体内

　B. 生物碱分子中都含有氮原子和杂环结构

　C. 一般有碱性,能与酸作用生成生物碱盐

　D. 生物碱都是有色物质,常温下为固体

2. 下列生物碱与来源不匹配的是(　　)

　A. 小檗碱——黄连　　　　　　B. 烟碱——烟叶

　C. 咖啡碱——茶叶　　　　　　D. 海洛因——罂粟

3. 下列化合物不属于生物碱的是(　　)

　A. 阿托品　　B. 吗啡　　C. 青蒿素　　D. 黄连素

4. 烟碱  分子中的杂环包括_____和_____,烟碱的俗名是_____。

5. 查阅资料,了解一些常见食材中的嘌呤含量,如青菜、黄豆、猪肉、猪内脏、海鱼、啤酒等,指导痛风患者健康饮食。

第十章 维系生命的营养物质——糖类

人类生存和活动产生 CO_2,绿色植物通过光合作用消耗 CO_2,可以认为,绿色植物进行的光合作用是大自然规模最大的化学反应。绿色植物通过光合作用,消耗 CO_2、生成葡萄糖和 O_2,实现生态平衡,为人类的生存提供保障。葡萄糖及其脱水缩合产物淀粉是人类最重要的营养来源,为生命提供了能量。人类每天摄取的热量主要来自糖类,在中国营养学会颁布的《中国居民膳食指南》和平衡膳食宝塔中,以糖为主要成分的谷类、薯类稳居塔基宝座。

● **预期目标**

认识重要单糖的结构和官能团,能通过糖类的结构特点知道糖类的主要性质和生理功能,进一步形成结构决定性质、性质决定应用的观念。

了解开链式葡萄糖、α-葡萄糖和 β-葡萄糖三者结构和平衡关系,形成变化观念和平衡思想。

观察糖类发生化学反应的现象,分析糖类的结构特点,解释现象发生的原因,提升观察现象、揭示现象本质和总结规律的能力。

进行糖类化学性质的实验探究,进一步养成分析、推理和总结探究方法的能力。

了解糖类的生理意义及其在医药领域的重要用途,知道糖和生命活动的重要关系,建立职业意识。

第一节 单糖

> **情境导学**
>
> 糖是人体必需的营养素之一,生活中含糖的物质很多。你知道的糖有哪些?糖都是甜的吗?

糖类是自然界中广泛存在的一类重要有机化合物,与人们的生活密切相关,人体血液中的葡萄糖、日常食用的蔗糖、粮食中的淀粉、植物茎叶中的纤维素等都属于糖类。糖类是动植物体的重要组成部分,也是重要能源物质,在生命过程中起着重要作用。

一、糖类的组成和分类

糖类主要由 C、H、O 三种元素组成,从结构看,糖类是多羟基醛或多羟基酮及它们的脱水缩合产物。根据能否水解及水解产物的不同,糖类可以分为单糖、低聚糖和多糖。

从结构看,单糖即多羟基醛或多羟基酮,是糖类物质最基本的单位。按照分子中醛基和酮基的不同,单糖可分为醛糖或酮糖。根据其所含碳原子的数目可分为丙糖、丁糖、戊糖和己糖等。通常可将两种分类方法合并,如葡萄糖为己醛糖。常见的单糖有葡萄糖、果糖、核糖和脱氧核糖等。

由 2~10 个单糖分子脱水缩合而成的糖称为低聚糖。按照水解后生成单糖分子的数目,又可分为二糖、三糖、四糖、五糖等。常见的二糖有蔗糖、麦芽糖等。

由 10 个以上单糖分子脱水缩合而成的糖称为多糖,多糖水解后可生成许多个单糖分子。常见的多糖有淀粉、糖原、纤维素等。

糖类的分类归纳如下。

糖类 { 单糖:葡萄糖、果糖 　不能水解成更简单的糖
　　　 二糖:蔗糖、麦芽糖 　能水解并生成 2 分子单糖
　　　 多糖:淀粉、纤维素 　能水解并生成 10 个以上单糖分子

> **科学史话**
>
> ### 糖类和碳水化合物
>
> 人们曾经把糖类化合物称为"碳水化合物",因为当时发现的糖类化合物的数量不多,所发现的糖的分子式都符合通式 $C_n(H_2O)_m$,如葡萄糖的分子式为 $C_6H_{12}O_6$,因此,被称为碳水化合物。但是后来发现,糖类中氢、氧原子的个数比并不都是 2∶1,也并不以水分子的形式存在。如鼠李糖的分子式为 $C_6H_{12}O_5$;而某些物质如甲醛(CH_2O)、乙酸($C_2H_4O_2$)虽然符合通式 $C_n(H_2O)_m$,但和糖的结构、性质有明显差别。因此,碳水化合物名称欠妥,但由于习惯,这个名称仍然沿用。

二、单糖的结构

1. 葡萄糖的结构

葡萄糖是最重要的单糖。在成熟的葡萄和甜味果实的汁液中含有丰富的葡萄糖,在人体和动物组织中也含有葡萄糖,血液中的葡萄糖称为血糖。葡萄糖的分子式为 $C_6H_{12}O_6$,结构式为

$$\begin{array}{c}
{}^1CHO \\
H-{}^2C-OH \\
HO-{}^3C-H \\
H-{}^4C-OH \\
H-{}^5C-OH \\
{}^6CH_2OH
\end{array}$$

葡萄糖(开链式)

葡萄糖除了具有开链式结构,还可以发生分子内反应形成六元环状结构。由于专业的要求,我们需要对单糖的结构作深入的学习。

葡萄糖的开链式结构是按照费歇尔投影式的规定书写的,开链式结构中 $C_1 \sim C_6$ 碳原子必须由上向下书写,$C_2 \sim C_5$ 碳原子连接的每个基团(羟基和氢原子)的位置都有一定的空间意义。在葡萄糖的水溶液中,开链式结构非常少,绝大多数葡萄糖的 C_1 醛基与 C_5 上的羟基反应形成分子内半缩醛结构,这种半缩醛环状结构用氧环式表达如下。

α-葡萄糖(约占37%)　　链状葡萄糖(微量)　　β-葡萄糖(约占63%)
　(氧环式)　　　　　　　(开链式)　　　　　　(氧环式)

氧环式结构中,新形成的半缩醛羟基称为苷羟基。苷羟基和 C_5 上羟基在同侧的属 α 型,称为 α-葡萄糖;在异侧的属 β 型,称为 β-葡萄糖。

氧环式结构不能体现葡萄糖的空间结构,为了更真实地表达葡萄糖六元环状结构(又称吡喃环结构)的空间构型,通常用**哈沃斯式**表示。

α-葡萄糖(约占37%)　　链状葡萄糖(微量)　　β-葡萄糖(约占63%)
　(哈沃斯式)　　　　　　(开链式)　　　　　　(哈沃斯式)

在哈沃斯式中,苷羟基与 C_5 上的羟甲基(—CH_2OH)在同侧的为 β 型,异侧为 α 型。

交流讨论

观察 β-葡萄糖哈沃斯式结构,发现氧环上各大基团(羟基和羟甲基)的位置是上下交错的,这种交错结构对 β-葡萄糖的稳定性有无影响?

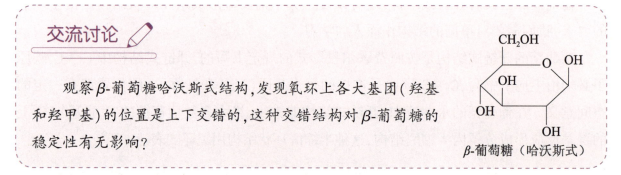

β-葡萄糖(哈沃斯式)

在 β-葡萄糖哈沃斯式结构中,氧环上所有的大基团都处于上下交错位置,这种结构空间位阻最小,是最稳定的。因此,稳定的六元环和稳定的上下交错结构,使得葡萄糖成为自然界中最普遍存在的单糖。这也是大自然的能量最低原理的生动体现。

2. 果糖的结构

果糖为己酮糖，分子式为 $C_6H_{12}O_6$，和葡萄糖互为同分异构体。**开链式**结构为

果糖（开链式）

研究证明，在水溶液中，游离态的果糖主要以六元环状结构存在，并与开链式形成平衡体系。但在结合状态（如蔗糖中）时，果糖通常以五元环结构（又称呋喃环结构）存在，呋喃果糖也有 α 型和 β 型 2 种异构体。呋喃果糖的哈沃斯式为

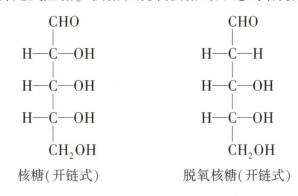

在果糖的环状结构中，C_2 上的羟基为苷羟基。苷羟基与 C_5 上的羟甲基（—CH_2OH）在同侧的为 β 型，在异侧的为 α 型。

3. 核糖和脱氧核糖的结构

核糖和**脱氧核糖**都是戊醛糖。核糖和脱氧核糖的开链式结构如下。

```
    CHO              CHO
 H—C—OH           H—C—H
 H—C—OH           H—C—OH
 H—C—OH           H—C—OH
   CH₂OH            CH₂OH
核糖（开链式）      脱氧核糖（开链式）
```

和核糖相比，脱氧核糖的 C_2 位上少一个氧原子。核糖的分子式为 $C_5H_{10}O_5$，脱氧核糖的分子式为 $C_5H_{10}O_4$。核糖是核糖核酸（RNA）的水解产物，脱氧核糖是脱氧核糖核酸（DNA）的水解产物。在 RNA 和 DNA 中，核糖和脱氧核糖均以 β 型呋喃环结构存在，其哈沃斯式为

β-核糖（哈沃斯式）

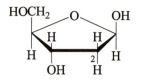
β-脱氧核糖（哈沃斯式）

> **问题解决**
>
> 参照 β-葡萄糖哈沃斯式结构的记忆规律，观察 β-核糖的哈沃斯式结构，发现氧环上各大基团（羟基和羟甲基）的位置也是有记忆规律的。你发现这个记忆规律了吗？

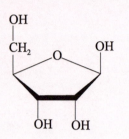

三、单糖的性质

葡萄糖是单糖的代表，为白色晶体，有甜味，有吸湿性，易溶于水，难溶于有机溶剂。葡萄糖因含有醛基，具有较强的还原性，能被碱性弱氧化剂氧化。

> **实验探究**
>
> 向洁净试管中加入 2% $AgNO_3$ 溶液 1 mL，边振荡边滴加 2% 氨水溶液，至新生成的白色沉淀刚好溶解，得到银氨溶液（也称托伦试剂），再加入 10% 葡萄糖溶液 1 mL，振荡后放在 50~60 ℃ 水浴中加热 3~5 min，观察实验现象。

实验结果表明，葡萄糖和托伦试剂反应，有银镜生成，该反应称为**银镜反应**。该反应可以用于鉴别葡萄糖。

$$葡萄糖+托伦试剂 \longrightarrow Ag\downarrow（银镜）+复杂的氧化产物$$

> **实验探究**
>
> 取 2 支试管并编号，1 号试管中加入费林试剂甲液、费林试剂乙液各 1 mL，混匀，得到费林试剂；2 号试管中加入班氏试剂 2 mL。上述 2 支试管中的试剂功能相似，有效成分都是碱性条件下的 Cu^{2+}。向上述 2 支试管中分别加入 10% 葡萄糖溶液 1 mL，振荡后加热至沸，观察实验现象。

实验现象：2 支试管中都生成了砖红色的 Cu_2O 沉淀。以葡萄糖和班氏试剂反应为

例,化学反应可表达为

$$\text{葡萄糖} + \text{班氏试剂} \longrightarrow Cu_2O\downarrow(\text{砖红色}) + \text{复杂的氧化产物}$$

临床上曾使用班氏试剂检验尿糖。在检测条件下,由于尿糖含量不同,反应结果呈现深蓝色、绿色至砖红色等一系列颜色(图10-1)。

图10-1 班氏试剂检验尿糖含量

葡萄糖能被托伦试剂、费林试剂和班氏试剂等碱性弱氧化剂氧化。能被碱性弱氧化剂氧化的糖称为**还原糖**,葡萄糖属于还原糖。

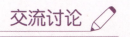

人生病不能正常饮食时,医嘱一般会注射葡萄糖注射液,这是为什么?

单糖分为多羟基醛和多羟基酮两种,果糖是多羟基酮,酮糖与醛糖相似。所有单糖都属于**还原糖**,能被托伦试剂、班氏试剂和费林试剂等碱性弱氧化剂氧化。此外,单糖还有以下重要化学性质。

(1) 酯化反应

单糖分子中的羟基能与酸反应生成酯。如在人体内酶的催化作用下,葡萄糖能和磷酸作用生成α-葡萄糖-1-磷酸酯、α-葡萄糖-6-磷酸酯等,其哈沃斯式为

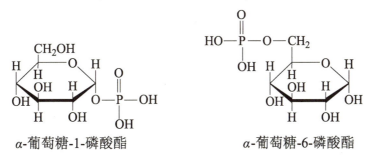

α-葡萄糖-1-磷酸酯　　　α-葡萄糖-6-磷酸酯

它们是糖代谢的中间产物,糖在代谢中首先要经过磷酸化,然后才能进行一系列化学反应。因此,糖的酯化反应是糖代谢的重要步骤。

(2) 成苷反应

单糖分子中的苷羟基比分子中其他羟基活泼,容易和醇或酚中的羟基发生脱水缩合反应,生成的缩合物称为**糖苷**。如葡萄糖在干燥的氯化氢催化下,能和甲醇反应生成α-葡

萄糖甲苷和 β-葡萄糖甲苷,反应式为

葡萄糖　　　　　　　　　　　　　β-葡萄糖甲苷　　　　　α-葡萄糖甲苷

糖苷由糖苷基和配糖基两部分组成。葡萄糖甲苷分子中,葡萄糖提供苷羟基后的剩余部分称为**糖苷基**,甲醇提供醇羟基后的甲基称为**配糖基**。连接糖苷基和配糖基的化学键称为**苷键**。糖苷分子中没有苷羟基,不能发生开链式和哈沃斯式的结构互变,所以没有还原性。糖苷在碱性溶液中稳定,在酸性溶液或在酶的作用下,易水解生成原来的糖和醇(或酚)。

糖苷为白色、无臭的结晶或无定性固体,具有吸湿性,能溶于水和乙醇,难溶于乙醚。糖苷在自然界分布广泛,多数具有生理活性,是许多中草药的有效成分。如洋地黄毒苷有强心作用,苦杏仁苷有止咳作用等。

当 2 分子或更多分子单糖发生成苷反应时,可以生成双糖或多糖。例如,2 分子 α-葡萄糖脱水缩合生成麦芽糖。

α-葡萄糖　　　　　　α-葡萄糖　　　　　　　　　　麦芽糖

由于麦芽糖分子中保留了 1 个自由的苷羟基,因此麦芽糖属于还原糖,可以继续发生成苷反应。

三、医学上常见的单糖

1. 葡萄糖

葡萄糖是绿色植物光合作用的产物,是自然界分布最广的单糖,因最初从葡萄汁中分离得到而得名。葡萄糖为白色结晶粉末,有甜味,甜度不如蔗糖,熔点为 146 ℃(分解),易溶于水,难溶于乙醇等有机溶剂。

人体血液中的葡萄糖称**血糖**。正常人血糖浓度为 3.9~6.1 mmol/L。长期低血糖会导致头晕、恶心及营养不良等症状;缺乏胰岛素将引起糖代谢障碍、高血糖、糖尿病的发生。

葡萄糖是一种重要的营养物质,是人体所需能量的主要来源,它不需要消化就可以直接被人体吸收利用。每克葡萄糖完全氧化可释放出约 16.75 kJ 的热量。注射葡萄糖可迅速补充营养。因此,葡萄糖在医疗上可用作营养剂,常用 5%~10% 的葡萄糖溶液。另外,葡萄糖还可用于制药,如制取葡萄糖酸钙等。葡萄糖也用于糖果制造和制镜等。

> ### 化学与健康
>
> #### 血糖
>
> 人体内各组织细胞活动所需要的能量大部分来自葡萄糖,所以血糖必须保持一定的水平,才能维持体内各器官和组织的需要。在化验单上,可以通过血糖检测时间和血糖测量值来判断血糖水平。血糖检测时间包括随机血糖、空腹血糖和餐后血糖。空腹血糖,是指空腹8~10小时后测得的血糖,正常范围是3.9~6.1 mmol/L。目前,通过血糖仪等简便仪器,可以比较方便地自我检测血糖,但只能作为参考而不是诊断依据。当自我检测血糖出现数据异常时,应及时就医,在医生指导下进行专业检测和诊断。

2. 果糖

果糖是最甜的糖。它以游离态存在于水果和蜂蜜中,以结合态存在于蔗糖中。纯净的果糖是棱柱形晶体,熔点为103~105 ℃(分解)。它不易结晶,通常为黏稠的液体,易溶于水。体内果糖磷酸酯(如1,6-二磷酸果糖)是糖代谢过程中的重要中间产物。

3. 核糖、脱氧核糖

核糖和脱氧核糖是重要的戊醛糖,核糖是核糖核酸(RNA)的重要组成部分,脱氧核糖是脱氧核糖核酸(DNA)的重要组成部分。它们与磷酸及某些含氮杂环化合物结合后存在于核蛋白中,与生物的生长、遗传有关。

> ### 拓展延伸
>
> #### 葡萄糖、果糖和甘露糖的互变异构
>
> 葡萄糖、果糖和甘露糖是自然界及医药上三种重要的己糖,它们的分子式均为$C_6H_{12}O_6$,互为同分异构体。三者在碱性条件下可以互变。
>
>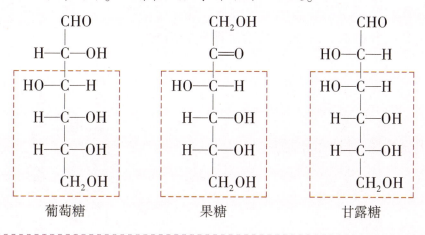

请比较三者的结构差异(注意上面结构中虚线的提示),说出葡萄糖在弱碱性条件下互变产物的结构特点。

学习评价

1. 葡萄糖属于(　　)
   A. 戊醛糖　　　B. 戊酮糖　　　C. 己醛糖　　　D. 己酮糖

2. 下列关于葡萄糖和果糖的说法不正确的是(　　)
   A. 葡萄糖和果糖互为同分异构体
   B. 葡萄糖和果糖在碱性条件下可以互变
   C. 葡萄糖和果糖都是还原糖
   D. 葡萄糖和果糖都有甜味,所以糖都有甜味

3. 下列糖类中属于单糖的是(　　)
   A. 蔗糖　　　B. 乳糖　　　C. 核糖　　　D. 糖原

4. 医院在对某类患者的尿液进行检查时常把氢氧化钠溶液和硫酸铜溶液加入其尿液中并加热,如果观察到产生红色沉淀,说明该尿液中含有(　　)
   A. 食醋　　　B. 食盐　　　C. 葡萄糖　　　D. 白酒

5. 单糖不具有的性质是(　　)
   A. 还原性　　　B. 能成苷　　　C. 能成酯　　　D. 能水解

6. 下列化合物中,不存在苷羟基的是(　　)
   A. 葡萄糖
   B. 果糖
   C. α-葡萄糖-6-磷酸酯
   D. β-葡萄糖甲苷

7. 糖类是由_____三种元素组成,根据水解性质可以分为_____、_____、_____三大类。

8. 写出葡萄糖开链式和 α-葡萄糖哈沃斯式的结构。

9. 如何鉴别乙醇、甘油和葡萄糖?

第二节 二糖

> **温故知新**
>
> 我们已经知道，2分子 α-葡萄糖脱水缩合生成麦芽糖，你能写出相应的反应式吗？按能否水解及水解产物分类，麦芽糖属于什么糖？

麦芽糖可以水解成2分子葡萄糖，因此，它是二糖，属低聚糖。

二糖可以看成是两分子单糖脱水缩合而成的糖苷。根据分子中是否含有苷羟基，二糖分为**还原性二糖**和**非还原性二糖**。常见的二糖包括蔗糖、麦芽糖和乳糖等。

一、蔗糖

蔗糖是自然界中分布最广的二糖。纯的蔗糖为无色晶体，易溶于水，易形成过饱和溶液，甜味仅次于果糖。蔗糖主要存在于甘蔗和甜菜中，水果中几乎都含有蔗糖。根据加工工艺和纯度的不同，蔗糖有多种商品，如红糖、黑糖、白糖、冰糖等，它们因含有色素而颜色不同。

蔗糖水解得到1分子葡萄糖和1分子果糖。蔗糖分子中没有自由苷羟基，因此，没有还原性，属非还原糖。

蔗糖在医药上常作矫味剂、糖浆等。由于高浓度蔗糖可以抑制细菌生长，所以可用作食品、药品中的防腐剂和抗氧剂。

蔗糖由 α-葡萄糖的苷羟基与 β-果糖的苷羟基脱水缩合而成，既属 α-葡萄糖苷，也属 β-果糖苷。蔗糖的哈沃斯式为

蔗糖(哈沃斯式)

蔗糖是非还原糖，不能被碱性弱氧化剂氧化，不能发生成苷反应。在酸或酶的作用下，蔗糖水解生成葡萄糖和果糖的混合物，这种混合物比蔗糖更甜，是蜂蜜的主要成分。

> **拓展延伸**
>
> **转化糖注射液**
>
> 蔗糖具有右旋光性,而反应生成的混合物则具有左旋光性,旋光度由右旋变为左旋的水解过程称为转化,故将蔗糖在酸性条件下水解生成的葡萄糖和果糖的等量化合物称为转化糖。转化糖中葡萄糖只有二分之一,在医药上可用于糖尿病患者的能量补充。

二、麦芽糖

纯的麦芽糖是白色晶体,溶于水,甜味不如蔗糖。麦芽糖存在于发芽的谷粒中,尤其是麦芽中,饴糖是麦芽糖的粗制品。自然界中游离的麦芽糖不多,一般由淀粉水解得到。麦芽糖是淀粉在体内消化过程中的中间产物。麦芽糖浆可直接服用,能够促进肠胃蠕动,补充机体所需要的能量。麦芽糖常用作营养剂和细菌培养基。

麦芽糖水解得到 2 分子葡萄糖,麦芽糖分子中仍保留了一个自由苷羟基,因此,具有还原性,属还原糖,可以和更多 α-葡萄糖分子脱水缩合生成淀粉。

麦芽糖是 1 分子 α-葡萄糖的苷羟基与另 1 分子葡萄糖 C_4 上的醇羟基之间脱水缩合而成的糖苷,属 α-葡萄糖苷。麦芽糖的哈沃斯式为

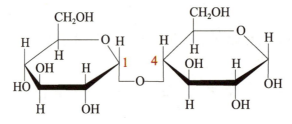

麦芽糖(哈沃斯式)

麦芽糖是还原糖,能被碱性弱氧化剂氧化,也能发生成苷反应和成酯反应。在酸或酶的作用下,麦芽糖能水解生成葡萄糖。

> **交流讨论**
>
> 吃米饭或馒头时,咀嚼时间长了会感到有甜味,你知道其中的原因吗?

三、乳糖

乳糖存在于人和哺乳动物的乳汁中,人乳中含 50～70 g/L,牛乳中含 40～50 g/L。乳糖是奶酪工业的副产品。乳糖是由 1 分子 β-半乳糖的苷羟基与另 1 分子葡萄糖 C_4 上的醇羟基之间脱水缩合而成的糖苷,属 β-半乳糖苷。乳糖的哈沃斯式为

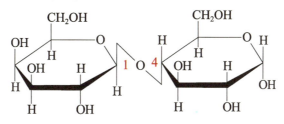

乳糖(哈沃斯式)

乳糖为白色结晶性粉末,水溶性较小,味不甚甜,吸湿性小,在医药上用作矫味剂和填充剂。乳糖分子中有自由的苷羟基,因此有还原性,属还原糖,能被碱性弱氧化剂氧化,也能发生成苷反应和成酯反应。在酸或酶的作用下,乳糖水解生成半乳糖和葡萄糖。

1. 日常生活中食用的白糖的主要成分是(　　)
   A. 蔗糖　　　　B. 麦芽糖　　　　C. 葡萄糖　　　　D. 果糖
2. 下列关于蔗糖和麦芽糖的说法不正确的是(　　)
   A. 蔗糖和麦芽糖互为同分异构体
   B. 蔗糖和麦芽糖的分子式相同
   C. 蔗糖和麦芽糖的水解产物都是葡萄糖
   D. 麦芽糖能发生银镜反应,而蔗糖不能发生银镜反应
3. 下列物质中,在一定条件下既能发生银镜反应,又能发生水解反应的是(　　)
   A. 乙酸乙酯　　　B. 蔗糖　　　　C. 葡萄糖　　　　D. 麦芽糖
4. 木糖醇从玉米芯等植物中提取,它具有甜味足、溶解性好、防龋齿、适合糖尿病患者等优点。木糖醇是一种白色粉末状的结晶,结构简式为 HO—CH$_2$—CH(OH)—CH(OH)—CH(OH)—CH$_2$—OH。下列有关木糖醇的叙述不正确的是(　　)
   A. 从结构看,木糖醇是单糖
   B. 木糖醇的分子组成是 $C_5H_{12}O_5$
   C. 木糖醇能和新配 $Cu(OH)_2$ 反应生成深蓝色溶液
   D. 从结构可以判断,木糖醇易溶于水

第三节 多糖

> **情景导引**
>
> 图 10-2 展示了生活中常见的农作物。这些农作物和天然高分子物质——淀粉和纤维素有联系吗？它们的最终水解产物是什么呢？
>
> 　
>
> 　　(a) 水稻　　　　　　　　　(b) 棉花
>
> 图 10-2　生活中常见的农作物

大米的主要成分是淀粉，棉花的主要成分是纤维素。淀粉和纤维素都属于多糖，在酸或酶的作用下最终可水解生成葡萄糖。

多糖在自然界中分布最广，是生物体的重要组成部分。淀粉和纤维素是自然界中最常见的多糖，淀粉是植物贮存能量的主要形式，纤维素则是构成植物细胞壁的基础物质。多糖是一种复杂的天然高分子有机化合物，由很多单糖结合而成。多糖一般难溶于水，无甜味，无还原性，水解的最终产物是单糖。

常见的多糖包括淀粉、纤维素和糖原等。

一、淀粉

淀粉是由很多 α-葡萄糖脱水缩合而成的多糖，分子式为 $(C_6H_{10}O_5)_n$，主要存在于植物的种子、根部和块茎中，如大米中约含 80%，小麦中约含 70%，玉米中约含 65%。

根据结构不同，淀粉又可分为<u>直链淀粉</u>和<u>支链淀粉</u>。直链淀粉是由 250~300 个 α-葡萄糖单元通过 α-1,4-苷键连接而成的直链多糖，很少或没有分支。支链淀粉一般含 6 000~40 000 个 α-葡萄糖单元，主链通过 α-1,4-苷键连接，支链通过 α-1,6-苷键连接。如果以小圈表示葡萄糖单元，直链淀粉和支链淀粉的结构如图 10-3 所示。

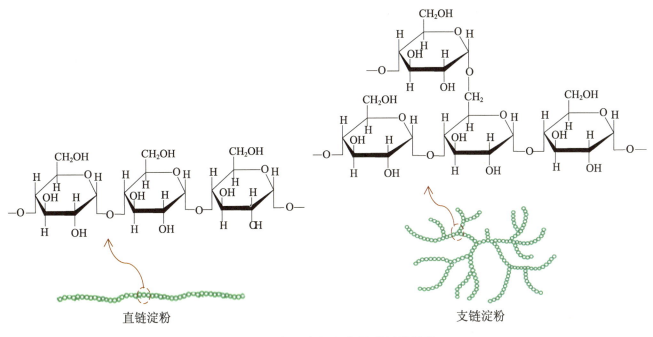

图 10-3　直链淀粉和支链淀粉的结构

天然淀粉由两部分组成,一般直链淀粉占 10%~30%,支链淀粉占 70%~90%。如玉米中直链淀粉占 27%,糯米中几乎全部是支链淀粉。直链淀粉比支链淀粉容易消化。

直链淀粉又称糖淀粉,在热水中有一定的溶解度。支链淀粉又称胶淀粉,在热水中膨胀呈糨糊状。

淀粉为白色粉末,无甜味,不溶于冷水。淀粉没有还原性,是非还原糖,在催化剂(如酸、酶)存在和加热条件下可以逐步水解,水解最终产物是葡萄糖。

$$\underset{\text{淀粉}}{(C_6H_{10}O_5)_n} + nH_2O \xrightarrow[\triangle]{\text{酸或淀粉酶}} \underset{\text{葡萄糖}}{nC_6H_{12}O_6}$$

实验探究

① 在盛有少量新制淀粉溶液的试管中,滴入几滴稀碘液,观察实验现象。
② 在马铃薯新切开的断面上滴 1 滴稀碘液,观察实验现象。

淀粉遇碘发生变色反应,呈蓝色,反应很敏锐。此法常用于检验淀粉或碘。

淀粉是食物的重要成分,是人体的重要能源。淀粉也是工业原料,在糖果、冷饮、罐头、饼干等食品加工及酿造工业中有较广泛的应用。

> **化学与健康**
>
> ### 人体消化淀粉的水解过程
>
> 当人们摄入含淀粉的食物时,淀粉跟唾液混合,在唾液淀粉酶的作用下,部分水解生成麦芽糖。当淀粉等食物被吞咽入胃,酸性条件阻止了唾液淀粉酶的继续作用。当食物进入十二指肠时,胃酸被胰液中的碳酸氢钠中和,为小肠中酶的作用提供了必要的碱性条件。这时,淀粉和麦芽糖等在胰液淀粉酶、麦芽糖酶等作用下相继水解为葡萄糖,从而被人体直接吸收。

二、纤维素

纤维素存在于一切植物中,是构成植物细胞壁的基础物质,是自然界中分布最广、含量最多的一种多糖。棉花是纤维素含量最高的物质,含量达95%以上。

纤维素是由 8 000~10 000 个 β-葡萄糖单元通过 β-1,4-苷键连接而成的直链结构。因此,纤维素和直链淀粉有些相似,都是葡萄糖脱水缩合而成的直链结构,二者的差别主要有三点。

① 葡萄糖构型不同,分别为 α 型和 β 型;
② 葡萄糖单元数目差距悬殊;
③ 空间结构不同,直链淀粉是单个分子链盘旋成的螺旋状结构[图 10-4(a)],而纤维素则由多个分子链绕成束状,再进一步缠绕成绒线状结构[图 10-4(b)]。

(a) 直链淀粉的螺旋状结构示意图   (b) 纤维素缠绕成绒线状结构示意图

图 10-4　直链淀粉和纤维素的空间结构

纤维素不溶于水,也不溶于一般的有机溶剂。纯净的纤维素是一种白色、无味的固体。纤维素在强酸和一定的压强下,经长时间煮沸发生水解,最终产物是葡萄糖。

一些食草的动物胃内存在纤维素酶,可以消化纤维素,纤维素是其营养物质。人体不能消化食物中的纤维素,所以纤维素对人类而言没有营养价值。近年来的研究发现,食物中的纤维素能促进消化液的分泌,增强肠道蠕动,吸收肠内有毒物质,并能有效地预防便秘、痔疮及直肠癌。

纤维素在工业上可用于纺织、造纸、制纤维素硝酸酯和纤维素乙酸酯等。

> **科学史话**
>
> **纤维素的应用——造纸术**
>
> 造纸术是中国四大发明之一。西汉时期,人们已经掌握了造纸的基本方法。东汉时,宦官蔡伦总结前人经验,改进造纸工艺,以树皮等植物纤维为原料造纸,纸的质量大大提高。这种纸原料易找,价格便宜,易于推广。此后纸的使用日益普遍,纸逐渐取代简帛,成为人们广泛使用的书写材料,也便利了典籍的流传。
>
> 世界各国的造纸术大多是从中国辗转流传过去的。造纸术的发明是中国对世界文明的伟大贡献之一。1990年8月18日至22日,在比利时马尔梅迪举行的国际造纸历史协会第20届代表大会上,专家一致认定:蔡伦是造纸术的发明家,中国是造纸术的发明国。

三、糖原

糖原是动物体内储存葡萄糖的一种形式,又称**动物淀粉**。它主要存在于肝脏和肌肉中,因此,又有**肝糖原**和**肌糖原**之分。糖原也是由 α-葡萄糖单元以 α-1,4-苷键和 α-1,6-苷键连接而成的。糖原的结构与支链淀粉相似,但支链更多、更短,相对分子质量更大。

肝糖原是无定形粉末,不溶于冷水,溶于热水成为胶体溶液,与碘作用呈红棕色。

葡萄糖在血液中含量较高时,可转变成糖原储存于肝脏和肌肉中;当血液中葡萄糖含量较低时,糖原就会分解成葡萄糖,供给机体能量。人体约含400 g糖原,用于保持血液中葡萄糖含量的基本恒定。

> **化学与生活**
>
> **新疆长绒棉**
>
> 全球棉花看中国,中国棉花看新疆。我国是世界最大棉花消费国、第二大棉花生产国。根据国家统计局公告数据,2023年全国棉花总产量为561.8万吨,新疆棉花产量为511.2万吨,约占全国总产量的91%,约占世界棉花产量的22%。
>
> 新疆光照充足、热量丰富、空气干燥、昼夜温差大,拥有得天独厚的有利于棉花种植的自然条件。新疆棉花纤维柔长,强度较高,品质优良。新疆棉花的种植经历了一系列探索与实践,包括良种选育、膜下滴灌、精量播种、测土配方、精量水肥、精准化控、

全程植保、机械化采收(图10-5)等技术已被广泛应用,全面提升了现代化植棉水平,使新疆棉花产量和品质不断提升。新疆长绒棉纤维长、品质好、产量高,是世界棉花市场上的佼佼者。

图 10-5　机械化采收

学习评价

1. 下列说法正确的是(　　)

　A. 葡萄糖和蔗糖都属于低聚糖

　B. 蔗糖分子中含有自由苷羟基,容易被弱氧化剂氧化

　C. 淀粉、糖原、纤维素等多糖水解的最终产物都是葡萄糖

　D. 纤维素是人体营养素,在体内水解生成葡萄糖

2. 淀粉是由很多_____葡萄糖脱水缩合而成的多糖,分子式为_____。根据溶解性,淀粉可分为_____和_____。淀粉溶液遇_____显蓝色。在_____或_____的条件下,淀粉水解成葡萄糖。

3. 单糖能够通过成苷反应生成糖苷,低聚糖和多糖都是糖苷。蔗糖是 1 分子_____和 1 分子_____生成的糖苷,蔗糖既是 α-葡萄糖的糖苷,又是_____的糖苷;麦芽糖是_____分子葡萄糖生成的糖苷,分子中的苷键是_____。淀粉是由_____葡萄糖缩合而成的,纤维素是由_____葡萄糖缩合而成的。

4. 用化学方法鉴别麦芽糖、蔗糖和淀粉。

5. 没有成熟的苹果汁中含有淀粉,成熟的苹果汁中存在葡萄糖。请设计实验,进行鉴别。

第十一章 蛋白质、核酸及高分子材料

蛋白质属生物大分子,是生命活动的物质基础。从最简单的病毒、细菌、真菌等微生物直至高等生物,一切生物体的生命活动都与蛋白质密切相关。核酸也属生物大分子,它贮存并传递遗传信息,在生物体的生长、繁殖、遗传、变异等一切生命活动中,都起着决定性作用。

高分子材料在生活和生产的各个领域中都有极为广泛的应用,塑料、合成纤维、合成橡胶是现代三大合成材料,高分子材料的应用改变了我们的世界。

● 预期目标

认识氨基酸、肽、蛋白质、核酸和高分子化合物的结构,认识蛋白质中的氢键,了解氢键的作用及对蛋白质性质的影响,进一步加强结构决定性质的观念。

了解氨基酸和蛋白质在一定条件下可以相互转化,形成变化是有条件、有规律的观念。

通过观察、记录蛋白质的盐析、变性等实验的现象,形成结论,巩固对蛋白质性质的理解,形成由观察现象获得认知的思维模式。

了解我国科学家在合成结晶牛胰岛素中的巨大贡献,学习科学家坚持不懈、勇于攀登的科学精神。认识蛋白质、核酸的生理意义,建立生命至上的价值理念。

第一节 氨基酸

> **情境导学**
>
> 蛋白质是生物体内实现各种生物学功能的载体，是构成生命的物质基础，与生命活动紧密相关。生物体中许多重要组织都含有丰富的蛋白质，如动物的肌肉、鸡蛋、乳汁、毛发等（图11-1）。组成蛋白质的基本单元是什么呢？

图 11-1　生活中常见的富含蛋白质的食物

组成蛋白质的基本单元是氨基酸。氨基酸可以看作是羧酸分子中烃基上的氢原子被氨基（—NH_2）取代后的化合物。迄今为止，人类在自然界发现的氨基酸有 300 多种，但是构成人体蛋白质的氨基酸主要是其中的约 20 种，而且绝大多数是 α-氨基酸（脯氨酸为 α-亚氨基酸），它的通式如下：

$$\underset{\underset{NH_2}{|}}{R-\overset{\alpha}{C}H}-COOH$$

一、氨基酸的命名

氨基酸的系统命名是以羧酸为母体，氨基为取代基来命名的。但系统命名比较复杂，实际中多按其来源或性质使用俗名。例如，甘氨酸是因为有甜味而得名，天冬氨酸因它最初从天冬的幼苗中发现而得名，胱氨酸是因它最先从尿结石中发现而得名。氨基酸结构名称举例如下：

苯丙氨酸　　　　　　　甘氨酸　　　　　　　丙氨酸
(α-氨基-β-苯基丙酸)　(α-氨基乙酸)　　　(α-氨基丙酸)

常见 α-氨基酸见表 11-1。

表 11-1　常见的 α-氨基酸

分类		名称	结构简式	等电点
脂肪族氨基酸	中性氨基酸	甘氨酸 (α-氨基乙酸)	CH_2-COOH | NH_2	5.97
		丙氨酸 (α-氨基丙酸)	$CH_3-CH-COOH$ | NH_2	6.00
		*缬氨酸 (α-氨基异戊酸)	$CH_3-CH-CH-COOH$ | | CH_3 NH_2	5.96
		*亮氨酸 (α-氨基异己酸)	$CH_3-CH-CH_2-CH-COOH$ | | CH_3 NH_2	6.02
		*异亮氨酸 (β-甲基-α-氨基戊酸)	$CH_3-CH_2-CH-CH-COOH$ | | CH_3 NH_2	5.98
		丝氨酸 (β-羟基-α-氨基丙酸)	$HO-CH_2-CH-COOH$ | NH_2	5.68
		*苏氨酸 (β-羟基-α-氨基丁酸)	$CH_3-CH-CH-COOH$ | | OH NH_2	6.16
		*蛋氨酸 (γ-甲硫基-α-氨基丁酸)	$CH_3-S-CH_2-CH_2-CH-COOH$ | NH_2	5.74
		半胱氨酸 (β-巯基-α-氨基丙酸)	$HS-CH_2-CH-COOH$ | NH_2	5.05
	酸性氨基酸	天门冬氨酸 (α-氨基丁二酸)	$HOOC-CH_2-CH-COOH$ | NH_2	2.77
		谷氨酸 (α-氨基戊二酸)	$HOOC-CH_2-CH_2-CH-COOH$ | NH_2	3.22
	碱性氨基酸	*赖氨酸 (α,ω-二氨基己酸)	$H_2N-CH_2-CH_2-CH_2-CH_2-CH-COOH$ | NH_2	9.74
		精氨酸 (δ-胍基-α-氨基戊酸)	$H_2N-C-NH-CH_2-CH_2-CH_2-CH-COOH$ | | NH NH_2	10.76
芳香族氨基酸		*苯丙氨酸 (β-苯基-α-氨基丙酸)	C$_6$H$_5-CH_2-CH-COOH$ | NH_2	5.48
		酪氨酸 (β-对羟苯基-α-氨基丙酸)	$HO-C_6H_4-CH_2-CH-COOH$ | NH_2	5.66

续表

分类	名称	结构简式	等电点
杂环氨基酸	脯氨酸 （α-四氢吡咯甲酸）	![脯氨酸结构]	6.30
	*色氨酸 （β-3-吲哚-α-氨基丙酸）	![色氨酸结构]	5.89
	组氨酸 （β-5-咪唑-α-氨基丙酸）	![组氨酸结构]	7.59

注：*表示必需氨基酸。

二、氨基酸的分类

根据分子中烃基的结构不同，氨基酸可分为脂肪族氨基酸、芳香族氨基酸和杂环氨基酸。根据分子中所含氨基和羧基的数目不同，氨基酸又可分为中性氨基酸（氨基和羧基的数目相等）、酸性氨基酸（羧基的数目多于氨基的数目）和碱性氨基酸（氨基的数目多于羧基的数目）。

多数氨基酸在人体内能够合成并满足机体的需要，少数氨基酸在人体内不能合成或合成不足，必须依靠食物供给，称为<u>必需氨基酸</u>，共 8 种。必需氨基酸在表 11-1 中用"*"表示。

必需氨基酸必须从食物中获得，不同食物的蛋白质中所含的必需氨基酸含量和组成不同，因此，食物搭配、膳食平衡是很重要的健康习惯。

> **拓展延伸**
>
>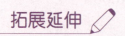
>
> 赖氨酸的化学名称为 2,6-二氨基己酸，是必需氨基酸之一。赖氨酸主要存在于动物性食物和豆类食物中，在促进人体生长发育、增强机体免疫力、抗病毒、促进脂肪氧化、缓解焦虑情绪等方面都具有积极的营养学意义，同时也能促进某些营养素的吸收，与一些营养素协同作用，更好地发挥各种营养素的营养功能。
>
> 由于谷类蛋白质的水解产物中赖氨酸含量很低，因此，仅食用谷类蛋白质会因为赖氨酸缺乏而严重影响机体对蛋白质的吸收利用，故将赖氨酸称为谷类食物的第一限制性氨基酸。对以谷类为主食的人群，在食物中添加赖氨酸或服用赖氨酸片剂是提高氨基

酸综合利用率的有效途径。当然,从膳食平衡的观点看,可以改善食物结构,在以谷类为主食时注意补充动物蛋白或豆类蛋白,通过膳食平衡来满足必需氨基酸的摄食平衡。

三、氨基酸的性质

氨基酸分子中的氨基具有碱性,羧基具有酸性,因此,氨基酸具有两性。氨基酸既能与酸反应生成盐,也能与碱反应生成盐。氨基酸分子中的氨基和羧基还可以相互反应,生成分子内盐。α-氨基酸在晶体状态时,主要以内盐形式存在,因此,α-氨基酸具有离子型化合物的某些物理特性,均为熔点较高的无色晶体,加热到 200~300 ℃时会熔化并分解,一般易溶于水,难溶于乙醇、乙醚等有机溶剂。

1. 两性解离和等电点

氨基酸分子中的羧基是酸性基团,在溶液中能发生酸式解离。

$$R-CH(NH_2)-COOH \longrightarrow R-CH(NH_2)-COO^- + H^+$$

氨基酸分子中的氨基是碱性基团,在溶液中能发生碱式解离。

$$R-CH(NH_2)-COOH + H_2O \longrightarrow R-CH(NH_3^+)-COOH + OH^-$$

氨基酸分子中既有氨基又有羧基,是两性化合物,分子内的羧基和氨基相互作用也能生成盐,这种盐称为内盐。

$$R-CH(NH_2)-COOH \longrightarrow R-CH(NH_3^+)-COO^-$$

内盐中既有带正电荷的部分,又有带负电荷的部分,故又称为两性离子。实验表明,在氨基酸的晶体中,氨基酸通常是以两性离子存在的。这种特殊的两性离子结构,是氨基酸具有低挥发性、高熔点、可溶于水和难溶于有机溶剂的根本原因。

综上所述,氨基酸在水溶液中存在以下解离平衡。

$$R-CH(NH_3^+)-COOH \underset{H^+}{\overset{OH^-}{\rightleftharpoons}} R-CH(NH_3^+)-COO^- \underset{H^+}{\overset{OH^-}{\rightleftharpoons}} R-CH(NH_2)-COO^-$$

阳离子	两性离子	阴离子
(pH<pI)	(pH=pI)	(pH>pI)

(中间态经由 R-CH(NH_2)-COOH)

从上述解离平衡表达式可以看到,氨基酸在溶液中的带电状态与溶液的 pH 有关。当溶液 pH 等于某一特定值时,氨基酸主要以两性离子存在,氨基酸所带的正负电荷相等,净电荷等于零,在电场中不泳动,这时溶液的 pH 称为该氨基酸的等电点,常用 **pI** 表示。不同的氨基酸,等电点的数值是不同的(表 11-1)。

pH=pI 时,氨基酸以两性离子存在,羧基解离出的 H^+ 正好被氨基接收。向 pH=pI 的溶液中加碱,使溶液 pH>pI,氨基的解离被抑制,氨基酸主要以阴离子形式存在,在电场中向阳极泳动;向 pH=pI 的溶液中加酸,使溶液 pH<pI,羧基的解离被抑制,氨基酸主要以阳离子形式存在,在电场中向阴极泳动。

等电点时,氨基酸的溶解度最小,容易析出。利用这一性质,通过调节溶液的 pH,使不同的氨基酸在各自的等电点分别结晶析出,可以达到分离和提纯氨基酸的目的。

2. 成肽反应

两分子 α-氨基酸在酸或碱条件下受热,可脱水生成二肽。α-氨基酸分子之间脱水生成肽的反应称为**成肽反应**。

例如,甘氨酸分子中的羧基和丙氨酸分子中的氨基脱去一分子水,生成二肽。二肽分子中含有的酰胺键($\overset{O}{\underset{\|}{-C}}-\overset{H}{\underset{|}{N}}-$)叫作**肽键**。化学反应式为

$$H_2N-CH_2-\overset{O}{\underset{\|}{C}}-\boxed{OH+H}-\overset{H}{\underset{|}{N}}-\overset{CH_3}{\underset{|}{CH}}-COOH \longrightarrow H_2N-CH_2-\boxed{\overset{O}{\underset{\|}{C}}-\overset{H}{\underset{|}{N}}}-\overset{CH_3}{\underset{|}{CH}}-COOH + H_2O$$

甘氨酸　　　　　丙氨酸　　　　　　　　　　甘氨酰丙氨酸(甘丙二肽)

（脱水）　　　　　　　　　　　　　　　　　（肽键）

问题解决 ✏️

请写出丙氨酸用羧基,甘氨酸用氨基生成二肽的化学反应式,并对产物进行命名。

$$H_2N-\overset{CH_3}{\underset{|}{CH}}-\overset{O}{\underset{\|}{C}}-OH + H-\overset{H}{\underset{|}{N}}-CH_2-COOH \longrightarrow$$

由于二肽分子中仍含有自由的氨基和羧基,因此,还可以继续与氨基酸脱水成为三肽、四肽以至多肽。多肽的通式和局部结构简式为

由两个以上 α-氨基酸通过肽键相连的化合物称为多肽。多个 α-氨基酸分子按不同的排列顺序以肽键相互结合，可以形成成千上万种多肽，一般将相对分子质量在 10 000 以上的多肽称为蛋白质。

3. 与茚三酮的显色反应

α-氨基酸与水合茚三酮在溶液中共热时，生成蓝紫色化合物。这个反应非常灵敏，通过比较产物颜色的深浅可定性比较 α-氨基酸的含量，或测定生成 CO_2 的体积，可定量测定 α-氨基酸的含量，是鉴别 α-氨基酸最迅速、最简单的方法之一。

四、氨基酸在医药领域的应用

氨基酸在医药上主要用来制备复方氨基酸注射液(图 11-2)，也用作治疗药物和合成多肽药物。由多种氨基酸组成的复方制剂在静脉营养输液中占有非常重要的地位，对维持危重患者的营养，抢救患者生命具有积极作用。

谷氨酸、精氨酸、天门冬氨酸、胱氨酸等可用于单独治疗一些疾病，如肝病、消化道疾病、心脑血管疾病、呼吸道疾病，以及用于提高肌肉活力、儿科营养和解毒等。

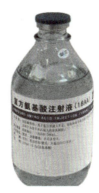

图 11-2　复方氨基酸注射液

学习评价

1. 谷氨酸($pI = 3.22$)在 pH 为 5.30 的溶液中，主要存在的结构形式是(　　)

　　A. 阴离子　　　　B. 阳离子　　　　C. 两性离子　　　　D. 中性分子

2. 与水合茚三酮反应出现蓝紫色的是(　　)

　　A. 乙酸　　　　　B. 乙醛　　　　　C. 乙醇　　　　　　D. 丙氨酸

3. 羧酸分子中_____上的氢原子被_____取代后生成的化合物，称为氨基酸。氨基酸分子中既有_____基团，又有_____基团，因此氨基酸具有两性。

4. 根据氨基酸分子中氨基与羧基的相对数目，可将氨基酸分为_____、_____、_____氨基酸三类。

5. 用化学方法鉴别丙酸和丙氨酸。

第二节 蛋白质

> **温故知新**
>
> 1965年9月17日，以福建籍生物化学家王应睐为首的科学家团队成功合成了结晶牛胰岛素，这是世界上第一种人工合成的蛋白质。牛胰岛素的两个多肽链如下：
>
> A链 H₂N-甘-异亮-缬-谷-谷酰-半胱-半胱-苏-丝-异亮-半胱-丝-亮-酪-谷酰-亮-谷-天冬酰-酪-半胱-天冬酰-COOH
>   1 2 3 4 5   6   7   8 9 10 11 12 13 14 15 16 17 18 19 20 21
>
> B链 H₂N-苯丙-缬-天冬酰-谷酰-组-亮-半胱-甘-丝-组-亮-缬-谷-丙-酪-亮-缬-半胱-甘-谷-精-甘-苯丙-苯丙-酪-苏-脯-赖-丙-COOH
>   1   2 3   4   5 6 7 8 9 10 11 12 13 14 15 16 17 18 19 20 21 22 23 24 25 26 27 28 29 30
>
> 数一数牛胰岛素的A、B链各有多少个氨基酸？请写出苯丙氨酸（β-苯基-α-氨基丙酸）、异亮氨酸（β-甲基-α-氨基戊酸）的结构简式。

牛胰岛素由A、B两条多肽链组成，A链由21个氨基酸组成，B链由30个氨基酸组成，共计51个氨基酸。牛胰岛素是相对分子质量最小的蛋白质。

人体内的蛋白质约有10万种以上，它们是生命的物质基础，没有蛋白质就没有生命，机体的运动、消化、生长、遗传和繁殖都与蛋白质密切相关。

一、蛋白质的组成与结构

蛋白质是由氨基酸通过肽键等相互连接而形成的一类具有特定结构和一定生物学功能的生物大分子。它由一条或多条多肽链组成，每一条多肽链有几十至数百个氨基酸不等。α-氨基酸按一定的顺序排列，通过肽键构成的多肽链称为蛋白质的一级结构。组成元素除了碳、氢、氧、氮之外，多数蛋白质还含有少量的硫，有些蛋白质还含有磷，若干特殊的蛋白质还含有铁、铜、锰、锌和碘等其他元素，其中氮元素是蛋白质的特征元素。

具有一级结构的蛋白质分子并不具备生物活性。每一种天然蛋白质都有自己特有的空间结构（图11-3）。蛋白质的空间结构可分为二级结构、三级结构和四级结构。蛋白质的空间结构和生理功能有密切的关系。

肽链可以依靠氢键形成卷曲盘旋和折叠的空间结构，称为蛋白质的**二级结构**。二级结构主要是指蛋白质分子中多肽链的α螺旋[图11-3（a）]和β折叠两种构象，氢键是构成蛋白质二级结构的副键。在二级结构的基础上，依靠氢键及其他副键，如盐键、酯键等，多肽链以一定的方式进一步卷曲折叠形成**三级结构**[图11-3（b）]；2条或2条以上具有三级结构的多肽链还可以依靠副键相互缔合形成**四级结构**[图 11-3(c)],并非所有的蛋白质都具有四级结构。具备生物活性的蛋白质必须具有三级结构或四级结构。

维系蛋白质空间结构的**副键**主要包括氢键、盐键、酯键、二硫键、疏水键等。

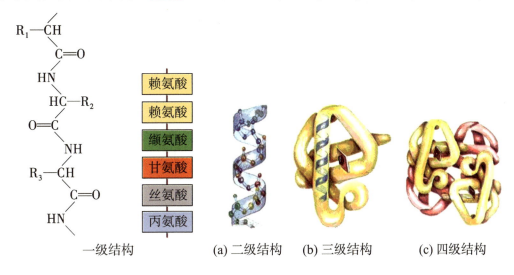

图 11-3　蛋白质的空间结构

二、蛋白质的分类

蛋白质的种类繁多,分类方法主要有两种。

根据蛋白质的形状,蛋白质分为纤维状蛋白和球状蛋白。前者呈纤维状,如毛发中的角蛋白和肌肉中的肌球蛋白等;后者呈球状,如红细胞中的血红蛋白等。

根据蛋白质的组成,蛋白质分为单纯蛋白质和结合蛋白质。前者纯粹由氨基酸组成,如白蛋白和球蛋白等;后者由单纯蛋白质和非蛋白部分结合而成,其中的非蛋白部分称为辅基。例如,核蛋白是由单纯蛋白质和核酸(辅基)结合而成的。

三、蛋白质的性质

蛋白质分子中含有氨基和羧基,因此,蛋白质也有两性。蛋白质在水中的溶解性不同,有的能溶于水,如蛋清蛋白;有的难溶于水,如毛发。蛋白质除了能水解为氨基酸外,还能发生盐析、变性等反应。

1. 盐析

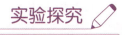

取 2 mL 20% 鸡蛋清溶液于试管中,缓慢加入 2 mL 饱和 $(NH_4)_2SO_4$ 溶液,观察现象。取上述实验的浑浊液 1 mL 于另一支试管中,加入 4~5 mL 蒸馏水,轻轻振荡,观察现象。

实验结果表明,向鸡蛋清溶液中加入大量电解质溶液,蛋白质沉淀析出;向蛋白质沉淀中加水,蛋白质重新溶解。

向蛋白质溶液中加入大量的电解质(如硫酸钠、氯化钠等)使蛋白质沉淀析出的现象称为**盐析**。盐析是可逆过程,是物理变化。采用盐析方法可以分离提纯蛋白质。

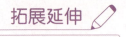

分段盐析

蛋白质发生盐析的原因是电解质离子具有强亲水性,能破坏蛋白质的水化膜,同时电解质解离的异种电荷中和了蛋白质所带的电荷,被破坏了稳定因素的蛋白质分子因此凝聚而沉淀析出。

不同蛋白质盐析所需要的盐的浓度是不同的。通过调节盐的浓度,可以使不同的蛋白质分段析出。利用分段盐析可以测定血清白蛋白和球蛋白的含量,借以帮助诊断某些疾病。

2. 蛋白质变性

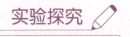

取两支试管并编号,在两支试管中各加入 2 mL 20%鸡蛋清溶液,1 号试管加热至沸,观察现象;2 号试管中滴入 1~2 滴饱和醋酸铅溶液,观察现象。然后再向上述两支试管中各加入 5 mL 蒸馏水,轻轻振荡,继续观察两支试管的现象。

实验结果表明,加热和加醋酸铅都能使蛋白质沉淀,析出的蛋白质不能再溶于水。

蛋白质在某些理化因素(如加热、高压、振荡或搅拌、干燥、紫外线、X 射线、超声波、强酸、强碱、尿素、重金属盐、三氯乙酸、乙醇等)的影响下,其空间结构发生变化而引起蛋白质理化性质和生物活性都改变,这一过程称为**蛋白质变性**。

蛋白质变性的实质是蛋白质分子中的一些副键,如氢键、盐键、疏水键等被破坏,使蛋白质的空间结构发生了改变。这种空间结构的改变使原来藏在分子里面的疏水基团暴露在分子表面,结构变得松散,水化作用减弱,溶解性降低,从而丧失原有的理化性质和生物活性。

蛋白质变性在医学上已得到广泛的应用。例如,用酒精、高温、紫外线照射等手段使蛋白质变性,达到消毒杀菌的目的;在制备和保存具有生物活性的激素、疫苗、酶类、血清等蛋白制剂时,选择低温、合适的 pH 等条件以避免其变性,失去生物活性;重金属盐可以使蛋白质变性,对人体有毒,可以让重金属盐中毒患者服用大量牛乳及蛋清以起到解毒作用;用热凝法检查尿蛋白;用放射性核素治疗癌症等。

3. 蛋白质的两性解离及等电点

蛋白质分子的多肽链中具有游离的氨基和羧基等碱性或酸性基团,因此具有两性。像氨基酸一样,蛋白质也是两性化合物,在溶液中也存在下列解离平衡。

$$
\begin{array}{c}
P\!\!\begin{array}{c}COOH\\NH_2\end{array}\\
\updownarrow\\
P\!\!\begin{array}{c}COO^-\\NH_2\end{array} \xrightleftharpoons[OH^-]{H^+} P\!\!\begin{array}{c}COO^-\\NH_3^+\end{array} \xrightleftharpoons[OH^-]{H^+} P\!\!\begin{array}{c}COOH\\NH_3^+\end{array}
\end{array}
$$

阴离子　　　　　两性离子　　　阳离子
（溶液 pH>pI）　（溶液 pH=pI）（溶液 pH<pI）

与氨基酸相同,蛋白质分子均以两性离子形式存在时的溶液 pH 称为蛋白质的等电点,用 pI 表示。不同的蛋白质具有不同的等电点(表 11-2)。

表 11-2　部分蛋白质的等电点

蛋白质	等电点(pI)	来源	蛋白质	等电点(pI)	来源
血清蛋白	4.88	马血	肌球蛋白	7.0	肌肉
乳清蛋白	4.12	牛乳	肌蛋白酶	5.3	猪胰液
卵清蛋白	4.86	鸡蛋	血红蛋白	6.7	血液
胃蛋白酶	2.88	猪胃	尿酶	5.0	人尿

当溶液 pH=pI 时,蛋白质以两性离子存在,在电场中不泳动。此时蛋白质的溶解度、黏度、渗透压等都最小,最容易从溶液中析出。利用此性质可以分离不同的蛋白质。

向 pH=pI 的蛋白质溶液中加碱,溶液的 pH>pI,此时蛋白质分子中氨基的解离被抑制,蛋白质主要以阴离子形式存在,在电场中向阳极泳动;向 pH=pI 的蛋白质溶液中加酸,溶液的 pH<pI,此时蛋白质分子中羧基的解离被抑制,蛋白质主要以阳离子形式存在,在电场中向阴极泳动。

马血中血清蛋白的 pI=4.88,该血清蛋白在 pH=3.00 的溶液中主要以什么形式存在？在电场中向哪个电极泳动？

人体血液中有多种不同的蛋白质,它们的等电点均为 5 左右。正常人体血液的 pH 为 7.35~7.45,pH>pI,因此蛋白质以阴离子形式存在,在电场中可以发生电泳现象并向阳极泳动。

对于不同的蛋白质,分子大小是不同的,在特定的pH时所带电荷的电性以及所带电荷的数量也是不同的,这些因素都会影响蛋白质电泳的速度和方向。用蛋白质电泳来分离混合的蛋白质,目前已在临床上广泛应用。

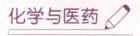

血清蛋白的电泳

血清是由血浆去除纤维蛋白原而形成的一种复杂的混合物,血清中含有各种蛋白质、多肽、脂肪、碳水化合物、生长因子、激素、无机物等,其中,血清蛋白包括清蛋白、α_1-球蛋白、α_2-球蛋白、β-球蛋白、γ-球蛋白等。

血清中的蛋白质等电点均在5左右,均带负电荷,在电场中向阳极泳动。利用蛋白质电泳的速度不同,可以将不同蛋白质进行分离。这种利用不同蛋白质电泳速度不同分离蛋白质的仪器叫电泳仪[图11-4(a)]。电泳后,利用蛋白质显色反应将蛋白质显色得到的能反映不同蛋白质含量的图片称为蛋白质电泳图谱,在图11-4(b)中的5个血清电泳图谱样本中,电泳速度由快到慢的依次是清蛋白、α_1-球蛋白、α_2-球蛋白、β-球蛋白和γ-球蛋白,显色的深浅反映蛋白质的含量。其中,3、4号样品的红色方框区域出现明显异常。

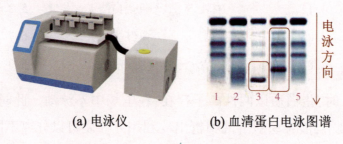

(a) 电泳仪　　(b) 血清蛋白电泳图谱

图11-4　电泳仪和血清蛋白电泳图谱

4. 蛋白质的沉淀

蛋白质溶液能保持稳定主要依靠两个因素。第一,当蛋白质溶液的pH不在等电点时,蛋白质分子都带相同的电荷。由于同性电荷相斥,蛋白质不易聚合成大颗粒而沉淀。第二,蛋白质分子与水形成了一层稳定的水化膜,阻止了蛋白质分子之间聚集沉淀。

如果改变条件,破坏蛋白质的稳定因素,就可以使蛋白质分子从溶液中凝聚并析出,这种现象称为蛋白质的沉淀。沉淀蛋白质的方法主要有以下两种。

① 加入脱水剂:向蛋白质溶液中加入亲水的有机溶剂,如甲醇、乙醇或丙酮等,能够破坏蛋白质分子的水化膜,使蛋白质沉淀析出。沉淀后若迅速将脱水剂与蛋白质分离,仍可保持蛋白质原有的性质。但这些脱水剂若浓度较大且长时间与蛋白质共存,则蛋白质

难以恢复原有的活性。

② 加入重金属盐溶液：pH>pI 时，蛋白质主要以阴离子形式存在，可与重金属离子（如 Hg^{2+}、Ag^+、Pb^{2+} 等）结合成蛋白质盐并沉淀。沉淀析出的蛋白质盐已失去原有的活性（变性）。

5. 蛋白质的水解反应

蛋白质在酸、碱溶液中加热或在酶的催化下，能逐级水解为相对分子质量较小的肽，并最终完全水解，得到各种 α-氨基酸。食物中的蛋白质水解成各种 α-氨基酸后才能被人体吸收利用。

6. 蛋白质的颜色反应

① 缩二脲反应：蛋白质分子中有很多肽键，因此，在强碱性溶液中，蛋白质与稀硫酸铜溶液作用，可以发生缩二脲反应，使溶液显红色或紫色。该反应常用于蛋白质测定。

② 黄蛋白反应：某些蛋白质遇浓硝酸立即生成白色沉淀，加热后沉淀变成黄色，冷却后碱化（加 NaOH 溶液或氨水），沉淀变为橙色，这个反应称为黄蛋白反应。含有苯环的蛋白质都能发生此反应。人的指甲和皮肤在接触浓硝酸后发黄，说明组成指甲和皮肤的蛋白质中含有苯环结构，与浓硝酸发生了黄蛋白反应。

③ 与茚三酮的显色反应：与氨基酸相似，蛋白质与水合茚三酮在溶液中共热时，生成蓝紫色化合物。该反应常用于蛋白质测定。

四、蛋白质的应用

1. 蛋白质的营养功能

食物中的蛋白质来自动物性食品和植物性食品。肉类、鱼类、禽类、蛋类、乳类等动物性食品是蛋白质的重要来源。各种豆类、蔬菜、瓜茄、鲜果、谷类等食品中也含有蛋白质，其中，豆类、食用菌、油料作物种子（如花生）、坚果（如核桃）等植物性食品具有较高的蛋白质含量。

就蛋白质的营养性而言，动物性食品要优于植物性食品，因为动物性蛋白质中所含的必需氨基酸在组成和比例方面都更符合人体的需要。当然，作为人们膳食中最主要的植物性蛋白质来源的豆类蛋白，所含必需氨基酸也较齐全，营养价值也较高。日常膳食中，提倡荤素杂吃、粮菜兼食、粮豆混食、粗粮细作，这些从营养角度看都是非常必要的。

蛋白质是人类膳食中非常重要的一种营养成分，对人体而言，其营养功能主要有以下几个方面。

① 构造机体，修补组织。蛋白质是构成生物体不可缺少的物质，人体细胞主要由蛋白质组成。儿童、少年必须食用蛋白质比较丰富的膳食，才能满足机体生长发育的需要；成年人必须摄入足够的蛋白质，才能维持机体组织在新陈代谢过程中的更新。人的机体组织有创伤时，也需要蛋白质作为修补原料。食物蛋白质最重要的营养作用就是为机体合成蛋白质提供所需要的氨基酸。蛋白质作为机体的氮素来源，是其他营养物质不能代

替的。

②调节生理功能。机体内的各种酶能调节新陈代谢,蛋白质激素能调节生理功能,免疫蛋白能增强人体对感染的抵抗力,血浆蛋白能维持血液胶体渗透压。此外,血红蛋白参与体内氧的转运,肌球蛋白促进肌肉收缩运动,核蛋白是重要的遗传物质等。以上都体现出蛋白质是调节生理功能不可缺少的物质。

③提供能量。虽然蛋白质不是人体新陈代谢所需能量的主要来源,但是其中的碳骨架同样可以进行氧化以提供能量,支持人体的生理活动,促进体内生物化学反应。因此,当糖类和脂肪供应不足时,常需要消耗蛋白质提供能量,其生理能值约为 1.7×10^4 kJ/kg。

④维持机体的酸碱平衡。由于氨基酸和蛋白质具有两性,因此,可以和无机缓冲体系一起维持机体的酸碱平衡。

一般成年人每日蛋白质需要量为 80~90 g,蛋白质摄取不足或过量,都不利于人体健康。当蛋白质摄取不足时,将严重影响人的生长发育及身体健康,轻者表现为疲乏、体重减轻、机体抵抗力下降等,重者表现为生长发育停滞、贫血、智力发育受阻等。当蛋白质摄取过量时,不但不能被吸收利用,而且还会增加消化道、肝脏和肾脏的负担,也不利于人体健康。

2. 多肽和蛋白质在医药领域的应用

(1) 多肽的应用

多肽类药物在医药领域有广泛的应用前景。催产素(图 11-5)是脑垂体分泌的肽类激素,为 9 个氨基酸组成的多肽。催产素能促进分娩过程中子宫平滑肌的收缩,具有产前引产、产中催产、产后催乳、止血的作用。现催产素已能人工合成。

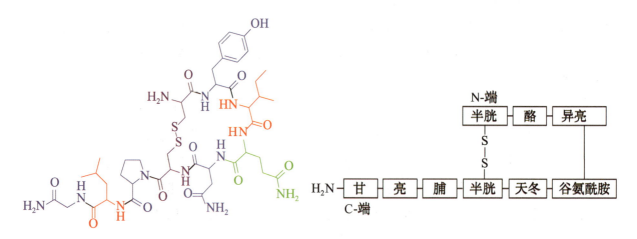

图 11-5 催产素的结构简式和示意式

(2) 蛋白质的应用

在医药领域,蛋白质制剂广为应用,如干扰素、胰岛素、各类疫苗等。临床上,胰岛素主要用于治疗糖尿病。人体中,胰岛素是由胰岛 B 细胞分泌的一种蛋白质激素,在调节人体糖类代谢、脂肪代谢方面有很重要的作用,是维持血糖在正常水平的主要激素之一。

化学与健康

中国居民膳食指南

1989年，中国营养学会发布了第一版《我国的膳食指南》，并于1997年修订发布了第二版《中国居民膳食指南》。经过历年修订，最新发布的《中国居民膳食指南(2022)》(图11-6)中列出了8条膳食准则：食物多样、搭配合理；吃动平衡、健康体重；多吃蔬果、奶类、全谷物和大豆；适量吃鱼、禽、蛋、瘦肉；少油少盐，控糖限酒；规律进食，足量饮水；会烹、会选、会看标签；公筷分餐，杜绝浪费。《中国居民膳食指南》对我们养成良好的饮食习惯，提高全民健康体质，具有指导意义。

图11-6　中国居民平衡膳食宝塔

学习评价

1. 误食重金属盐会引起中毒，急救的方法是（　　）

A. 服用大量的生理盐水　　　　B. 服用大量的牛奶和豆浆

C. 服用 Na₂SO₄ 溶液　　　　　　D. 服用可溶性硫化物

2. 能使蛋白质从溶液中析出，又不使蛋白质变性的方法是（　　）

A. 加饱和硫酸钠溶液　　　　　B. 加甲醛

C. 加75%酒精　　　　　　　　　D. 加氢氧化钠溶液

3. 蛋白质的基本组成单位是(　　)

　　A. 甘氨酸　　　　B. 赖氨酸　　　　C. α-氨基酸　　　D. 氮元素

4. 医院里常用高温蒸煮的方法对一些医疗器具进行消毒,其原理是使蛋白质发生(　　)

　　A. 盐析　　　　　B. 变性　　　　　C. 氧化　　　　　D. 分解

5. 下列物质中,不能使蛋白质变性的是(　　)

　　A. 紫外线照射　　B. 乙醇　　　　　C. 重金属盐　　　D. 硫酸铵溶液

6. 蛋白质发生水解反应,最终生成_____。它们的通式是_____。其分子中含有_____基和_____基,它们既能和_____反应,又能和_____反应,表现为两性。

7. 影响蛋白质变性的因素有哪些？列举 2~3 个生活或医学中使蛋白质变性的例子。

第三节　核酸

情境导学

"种瓜得瓜,种豆得豆",物种延续的本质是遗传。随着核酸研究的不断深入,人类对生命的理解已经进入分子水平。1985 年美国科学家率先提出人类基因组计划,并于 1990 年正式启动,我国科学家也参与了该项工程。截至 2003 年 4 月 14 日,人类基因组计划的测序工作已经完成,揭开了组成人体 2.5 万个基因的 30 亿个碱基对的秘密,为自己绘制了一张详细的基因图谱。你知道核酸是如何决定物种的遗传和变异的吗？

一、核酸的分类

根据核酸的组成,核酸可以分为核糖核酸(简称 RNA)和脱氧核糖核酸(简称 DNA)两大类。

DNA 主要存在于细胞核、线粒体中,它是生物遗传的主要物质基础,承担体内遗传信息的贮存和表达任务。RNA 主要存在于细胞质中,少量存在于细胞核中。根据 RNA 在蛋白质合成过程中的作用,RNA 又可分为以下三类。

① 核糖体 RNA(eRNA)——合成蛋白质的场所；

② 信使 RNA(mRNA)——合成蛋白质的模板；

③ 转运 RNA(tRNA)——合成蛋白质时氨基酸的携带者。

二、核酸的组成

1. 核酸的水解

将核酸进行水解,可以得到核苷酸(又称单核苷酸),它是组成核酸的基本单位。核酸由数十个到数十万个核苷酸组成。核苷酸再水解,得到核苷和磷酸。核苷继续水解,得到戊糖和碱基。核酸的水解过程:

$$\text{核酸} \longrightarrow \text{单核苷酸} \begin{cases} \text{核苷} \begin{cases} \text{碱基(包括嘧啶碱和嘌呤碱)} \\ \text{戊糖(包括核糖和脱氧核糖)} \end{cases} \\ \text{磷酸} \end{cases}$$

2. 核酸的组成

核酸水解的最终产物是磷酸、戊糖和碱基,它们是组成核酸的基本成分。

磷酸的分子式为 H_3PO_4,结构式为

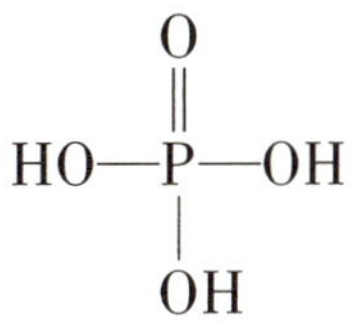

组成 RNA 的戊糖是 β-呋喃核糖,组成 DNA 的戊糖是 β-呋喃脱氧核糖。

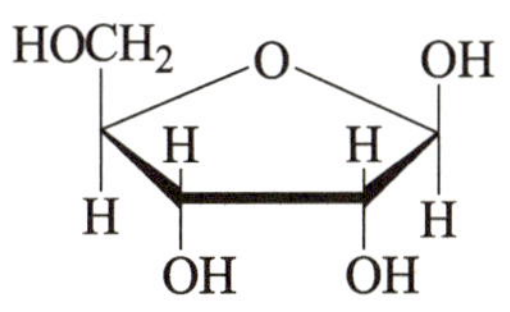

β-呋喃核糖   β-呋喃脱氧核糖

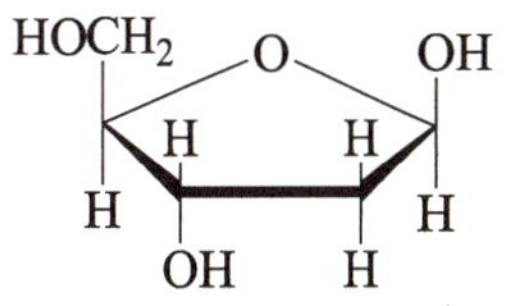

核酸中的碱基包括嘌呤碱和嘧啶碱。其中,杂环上含有羟基的胞嘧啶、尿嘧啶、胸腺嘧啶和鸟嘌呤都存在分子内互变异构,这种分子内互变异构属于烯醇式—酮式互变异构。例如,尿嘧啶的互变异构过程如下:

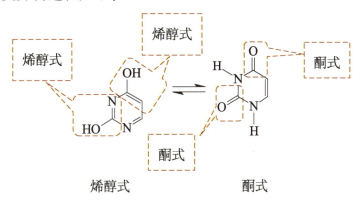

烯醇式　　　酮式

酮式结构并没有破坏分子中的共轭体系,因此能稳定存在。

由 RNA 水解得到的碱基包括胞嘧啶(C)、尿嘧啶(U)、腺嘌呤(A)、鸟嘌呤(G)。由 DNA 水解得到的碱基包括胞嘧啶(C)、胸腺嘧啶(T)、腺嘌呤(A)、鸟嘌呤(G)。腺嘌呤及

其他碱基的酮式结构分别为

腺嘌呤(A)　　鸟嘌呤(G)　　胞嘧啶(C)　　尿嘧啶(U)　　胸腺嘧啶(T)

三、核苷、核苷酸和核酸的基本结构

1. 核苷的结构

核苷是戊糖(核糖或脱氧核糖)与碱基(嘌呤碱或嘧啶碱)缩合而成的糖苷。两种戊糖在和碱基形成核苷时,均以 C_1 位 β-苷羟基与嘧啶碱 N_1 位的 H 或者嘌呤碱 N_9 位的 H 脱水生成含氮糖苷。

核苷的名称按其组成命名。例如,由腺嘌呤与核糖组成的核苷称腺嘌呤核苷(简称腺苷);由腺嘌呤与脱氧核糖组成的核苷称腺嘌呤脱氧核苷(简称脱氧腺苷);其他核苷的名称可照此类推。

腺嘌呤核苷　　　　腺嘌呤脱氧核苷
（腺苷）　　　　　　（脱氧腺苷）

> **问题解决**
>
> 请根据核苷的命名规则填写表 11-3。
>
> 表 11-3 核苷的命名及简称
>
> | 戊糖 | 碱基 | 核苷命名及简称 |
> | --- | --- | --- |
> | β-核糖 | 胞嘧啶 | 胞嘧啶核苷,简称胞苷 |
> | | 尿嘧啶 | |
> | | 鸟嘌呤 | |
> | β-脱氧核糖 | 胞嘧啶 | 胞嘧啶脱氧核苷,简称脱氧胞苷 |
> | | 胸腺嘧啶 | |
> | | 鸟嘌呤 | |

2. 核苷酸的结构

核苷酸是核苷分子中戊糖 C_5 位上的醇羟基与磷酸脱水生成的酯。

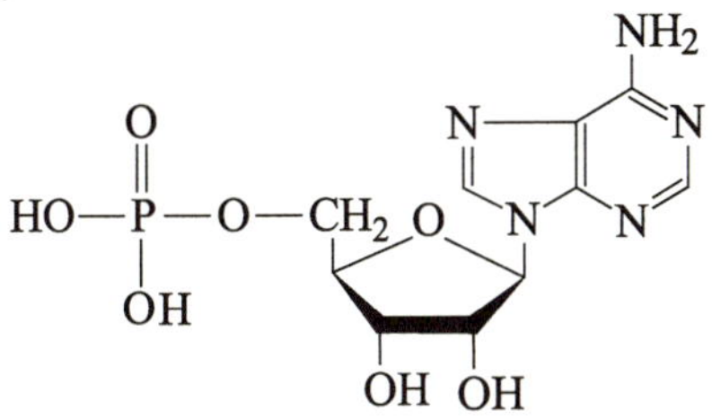

腺嘌呤核苷酸 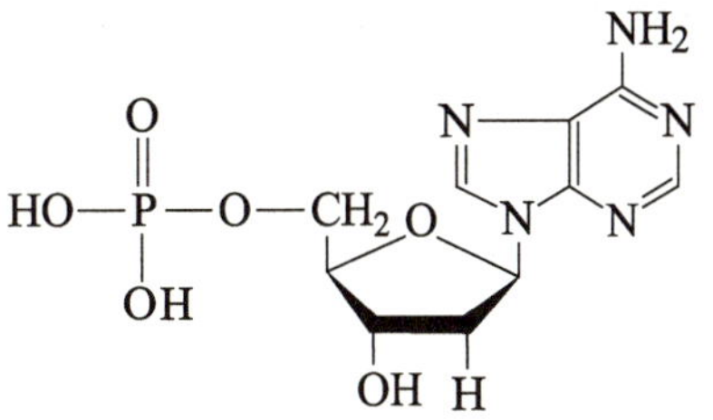　　　　　　腺嘌呤脱氧核苷酸

3. 核酸的基本结构

核酸是以各种核苷酸为单体，通过磷酸二酯键缩合而成的多核苷酸。在形成磷酸二酯键时，磷酸分别和戊糖 C_5 位、C_3 位的羟基脱水成酯，结构片段如下：

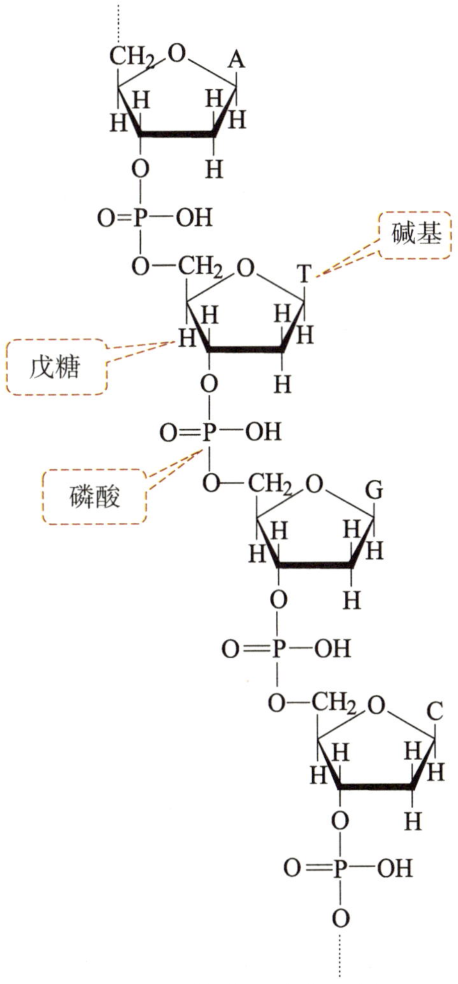

DNA多核苷酸链结构片段

组成 DNA 的基本单位为脱氧核苷酸，主要有腺嘌呤脱氧核苷酸、鸟嘌呤脱氧核苷酸、胞嘧啶脱氧核苷酸和胸腺嘧啶脱氧核苷酸四种。

组成 RNA 的基本单位为核糖核苷酸,主要有腺嘌呤核苷酸、鸟嘌呤核苷酸、胞嘧啶核苷酸和尿嘧啶核苷酸四种。

多核苷酸链中碱基的种类及排列顺序有十分重要的生物学意义。多核苷酸链中各核苷酸的排列顺序称为核酸的一级结构。

拓展延伸

酵母丙氨酸转移核糖核酸

酵母丙氨酸转移核糖核酸(图 11-7)是酵母中提取的丙氨酸转移核糖核酸(酵母丙氨酸 tRNA)。1981 年,以我国生物化学家王德宝为首的科学团队完成了酵母丙氨酸 tRNA 的合成,它由 76 个核苷酸组成,具有完整的生物功能,是我国合成的第一个核酸。请查阅资料,了解江苏籍科学家王德宝院士及酵母丙氨酸 tRNA 合成的更多信息。

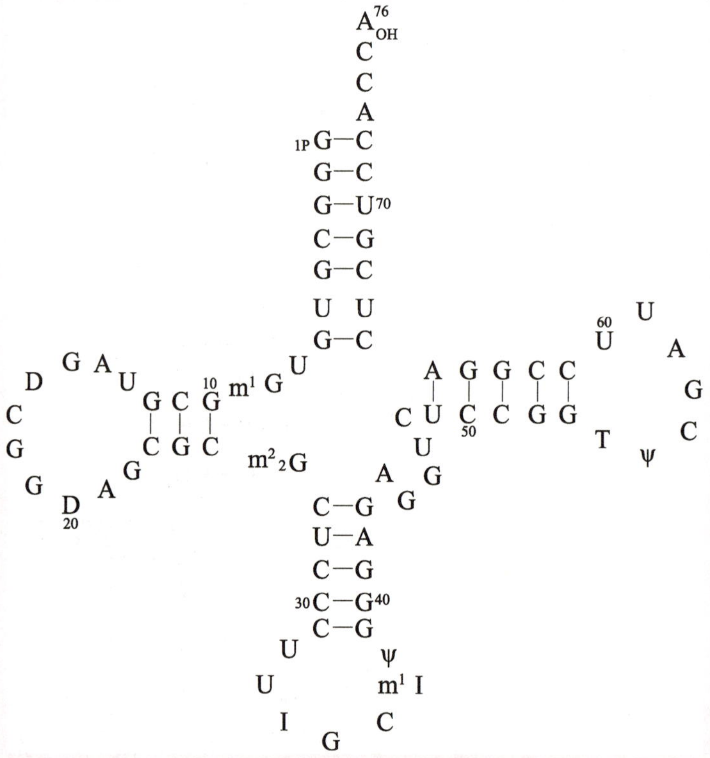

图 11-7 酵母丙氨酸转移核糖核酸

DNA 和 RNA 均具有更复杂的空间结构。1953 年,美国生物学家沃森和英国生物学家克里克在前人研究工作的基础上提出了 DNA 分子的双螺旋结构模型,为遗传学进入分子水平奠定了基础,他们也因此于 1962 年获得诺贝尔生理学或医学奖。

DNA 和 RNA 的空间结构模型见图 11-8。

DNA 分子是由两条方向平行但走向相反的多脱氧核苷酸链,围绕一个共同的中心轴以右手方向盘旋,形成的双螺旋结构。两条链上的碱基即 A 和 T、C 和 G 之间形成氢键配对,这一规律称为碱基配对规律。两条多核苷酸链通过碱基配对的方式来维系其空间结构,两个碱基之间的虚线为氢键。

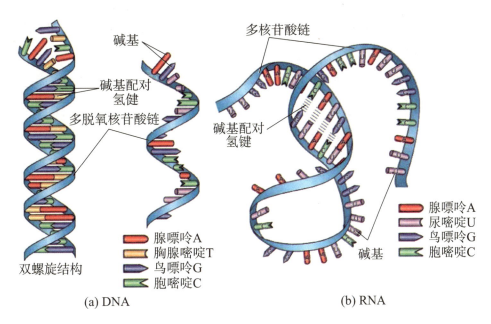

图 11-8　DNA 和 RNA 的空间结构示意图

碱基配对规律决定了 DNA 控制遗传信息从母代传到子代的高保真性。形形色色的遗传信息都包含在 DNA 的碱基排列顺序中，不同排列顺序的 DNA 区段构成的特定功能单位就是基因。我国是唯一参加世界人类基因组研究的发展中国家，标志着我国在核酸领域的研究达到了世界领先水平。

根据对 RNA 的 X 射线衍射分析，已经证明大多数 RNA 分子是一条单链。在链的许多区域发生自身回折，形成许多短的双螺旋区，不配对的碱基形成突环。在 RNA 分子中，碱基 A 和 U、C 和 G 之间形成氢键配对。

四、核酸在医药领域的应用

核酸存在于每个细胞中，是构成人体的重要组成成分。核酸是遗传信息的携带者，保持着物种的稳定性，同时还指导蛋白质的合成。

核酸研究是在分子水平上研究生命现象的科学，在医药领域有着广泛的应用。通过基因诊断、基因治疗、病毒检测和药物研发等方法，核酸可以帮助医生更好地诊断和治疗疾病，从而提高人类的生存质量。

基因诊断是通过检测 DNA 序列来确定疾病的方法。这种方法可以用于检测遗传性疾病、癌症等；可以帮助医生确定疾病的类型和严重程度，从而制订更好的治疗方案。

基因治疗是通过改变人体细胞的基因来治疗疾病的方法。这种方法可以用于治疗遗传性疾病、癌症等,可以帮助患者恢复正常的基因功能。

病毒检测是一种通过检测病毒核酸来确定病毒感染的方法。这种方法可以用于检测各种病毒,如新型冠状病毒、乙肝病毒、流感病毒和结核病毒等;可以帮助医生确定病毒感染的类型和严重程度,从而制订更好的治疗方案。

核酸在药物研发中也有着重要的应用。

学习评价

1. 名词解释:
① 核苷　　② 核苷酸　　③ 碱基配对

2. 核酸可以分为两类:一类是_____,简称 RNA;一类是_____,简称 DNA。

3. 将核酸完全水解,得到的三类物质分别是_____、_____和_____。

第四节 合成高分子化合物

情境导学

兴起于 20 世纪初期的人工合成高分子化合物,为人们提供了数以千万计的性能优异的有机合成材料。高分子材料(图 11-9)在生活和生产的各个领域都有极为广泛的应用。什么叫高分子化合物?你知道哪些是人工合成的高分子化合物吗?

酚醛树脂产品

聚氯乙烯产品

图 11-9　高分子材料

一、高分子化合物的概念和特性

1. 高分子化合物的概念

分子量在 10 000 以上的化合物叫<u>高分子化合物</u>,简称<u>高分子</u>。按其来源可分为天然高分子和合成高分子,天然高分子有淀粉、纤维素、蛋白质等,合成高分子有聚乙烯、聚丁二烯、聚酯等。

高分子由一定数量的特定结构单元通过共价键重复链接组成。例如,聚乙烯(图 11-10)是由乙烯(称为<u>单体</u>)经过加成聚合反应,以成千上万个结构单元"—CH_2—CH_2—"相互连接而成的高分子。这种特定的结构单元称为高分子的<u>链节</u>。每个高分子中链节的数目称为<u>聚合度</u>,用 n 表示。聚合度越大,重复排列的链节数越多,高分子的分子量就越大。

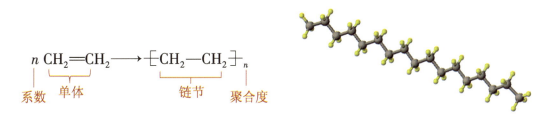

图 11-10 聚乙烯分子模型

低分子化合物都有确定的分子组成和分子量,但高分子化合物是一类链节相同但聚合度不同的高分子化合物的混合物。因为高分子化合物的分子大小不同,其分子量是一个数值范围或以平均值表示。聚合物的性能与分子量大小有关,尤其是它的机械强度和弹性等。表 11-4 是几种常见的低分子化合物和高分子化合物的分子量比较。

表 11-4 常见低分子化合物和高聚物的分子量比较

低分子化合物		高分子化合物	
名称	分子量	名称	分子量/10^4
葡萄糖	180	棉纤维素	175(平均分子量)
乙烯	28	低压聚乙烯	6~80
丙烯腈	53	聚丙烯腈	5~15
氯乙烯	62.5	聚氯乙烯	5~16
异戊二烯	68	天然橡胶	40~100

2. 高分子化合物的结构特点

高分子化合物几乎无挥发性,常温下以固态或液态形式存在。固态高分子按其结构形态可分为晶态和非晶态。前者分子排列规整有序,而后者分子排列无规则。同一种高分子化合物可以兼具晶态和非晶态两种结构。大多数的合成树脂都是非晶态结构。

根据链节连接形成的链形状不同,高分子化合物的结构可分为**线型结构**、**支链型结构**和**体型结构**(图11-11)。线型结构是分子中的原子由共价键相互结合形成一条很长的蜷曲状态"链",如聚乙烯是线型结构。支链型结构和线型结构相似,但链结构上带有支链,如支链淀粉。体型结构是分子中的分子链与分子链之间通过化学键相互交联形成的网状结构,如硫化橡胶和酚醛树脂均为体型结构。

(a) 线型结构　　　　(b) 支链型结构　　　　(c) 体型结构

图 11-11　高分子化合物结构类型

3. 高分子化合物的基本特性

高分子化合物的分子量巨大、结构特殊,使它们具有与低分子化合物不同的特殊性能。

(1) 溶解性

> **实验探究**
>
> ① 取有机玻璃粉末 0.5 g 放入试管中,加入 10 mL 三氯甲烷,观察溶解情况。
> ② 取从废轮胎上刮下的橡胶粉末 0.5 g 放入试管中,加入 10 mL 汽油,观察溶解情况。

实验①现象:有机玻璃溶于三氯甲烷。有机玻璃的化学名为聚甲基丙烯酸甲酯,属线型结构的高分子化合物。线形高分子化合物因分子链间可以滑动,一般能溶解于适当的溶剂中,如线型聚苯乙烯可溶于有机溶剂苯、氯仿及四氯化碳中。

实验②现象:橡胶在汽油中不溶解,但出现膨胀。体型高分子化合物不溶于有机溶剂,但交联程度较低的体型高分子化合物,在适当的溶剂中会出现膨胀。例如,从废旧轮胎等橡胶制品上刮下的橡胶在汽油中会出现膨胀,而酚醛树脂等交联程度较高的高分子化合物在汽油中不能溶解,也不会膨胀。

(2) 弹性

物体发生形变后,能恢复到原来大小和形状的性质称为弹性。橡胶具有优良弹性。顺丁橡胶是橡胶品种之一,属线型高分子化合物,链节为顺式"—CH_2—CH =CH—CH_2—"。顺丁橡胶分子中的顺式双键和线型结构使分子塑形时既占有更多空间又能适当卷曲,因此具有优良弹性。

线型高分子化合物通常都有一定弹性。体型高分子化合物的弹性取决于分子中长链的交联程度。交联程度越大,弹性越小,甚至会失去弹性成为坚硬的物质,如酚醛树脂等。

(3) 热塑性和热固性

> **实验探究**
>
> 在试管中放入聚乙烯塑料碎片约 3 g,用酒精灯缓缓加热,观察塑料软化和熔化的情况。熔化后立即停止加热以防分解,等冷却后再观察现象。

实验现象:聚乙烯塑料受热到一定温度时开始变软,直到熔化成流动的液体,冷却后又重新变为固体。这种加热后熔化、冷却后又变为固体的现象就是线型高分子的**热塑性**。根据这一性质制成的高分子材料具有良好的可塑性,能制成薄膜、拉成丝或压制成所需要的各种形状,广泛应用于工业、农业和日常生活中。但体型高分子化合物因分子中的长链彼此交联,加热时不能软化,也就没有可塑性,不能反复加工塑制,这种性质称为**热固性**,如酚醛树脂等。

(4) 密度和机械强度

高分子材料质量轻,相对密度小。高分子材料的机械强度与它们的分子量和分子结构有关。一般来说,对于同一种高分子材料,分子量越大,强度就越大;分子结构是体型的,强度也较大。

(5) 电绝缘性

高分子化合物链里的原子是以共价键结合的,一般不易导电。因此,高分子材料通常是良好的绝缘材料,被广泛应用于电气工业中,如用于制作电器设备的零件、电线和电缆的护套等。我们熟悉的开关面板,就是用酚醛树脂(俗称电木)制成的。

此外,有的高分子材料还具有耐化学腐蚀、耐热、耐磨、耐油、不透水等性能,可用于某些有特殊需求的领域。但高分子材料也有易燃烧、易老化、废弃后不易分解等缺点。实际生产中,还常在高分子材料中加入各种添加剂,以便于加工,更好地发挥、保持、改进高分子化合物的性能,满足不同的要求。

二、塑料、合成纤维、合成橡胶简介

塑料、合成纤维、合成橡胶被称为"**现代三大合成材料**",其制品已经进入我们生产、生活的每个角落。

1. 塑料

塑料(图 11-12)是指在一定的温度和压强下,可塑制成型的合成高分子材料。

塑料的主要成分是合成树脂。聚乙烯、聚氯乙烯、酚醛树脂等都是合成树脂,可以用来生产塑料制品。合成树脂的种类很多,除以上几种外,还有聚丙烯、聚苯乙烯、聚四氟乙烯、聚丙烯酸甲酯和环氧树脂等。部分塑料名称、代码和对应的缩写代号见表 11-5。

图 11-12　塑料制品

表 11-5　部分塑料名称、代码和对应的缩写代号

塑料名称	聚酯	高密度聚乙烯	聚氯乙烯	低密度聚乙烯	聚丙烯	聚苯乙烯
塑料代码	01	02	03	04	05	06
塑料缩写代号	PET	HDPE	PVC	LDPE	PP	PS

塑料制品的原料除合成树脂外,一般还有辅助材料和填料,如能改进机械性能的增强材料,能提高塑性的增塑剂,能增加稳定性的稳定剂,有时还有润滑剂、颜料、发泡剂、抗静电剂和金属添加剂等。在加工过程中,人们把一定比例的原料和辅助材料,在一定的温度、压强条件下,经过压延或模压、挤压、注射、浇铸、吹塑等成型工序,加工成为一定形状的制品。几种主要的塑料及其性能和用途见表 11-6。

表 11-6　几种主要的塑料及其性能和用途

名称	单体	性能	用途
聚乙烯 (PE)	$CH_2=CH_2$	柔韧、半透明、不吸水、电绝缘性能很好,耐化学腐蚀,耐寒,无毒性;耐溶剂性和耐热性差	制薄膜,作食品、药物的包装材料,制日常用品、管道、辐射保护衣,作绝缘材料等
聚丙烯 (PP)	$CH_3CH=CH_2$	机械强度高,电绝缘性好,耐化学腐蚀,无毒性;低温发脆	制薄膜、日常用品
聚氯乙烯 (PVC)	$CH_2=CHCl$	耐有机溶剂,耐化学腐蚀,抗水性好,易于染色;热稳定性差,冬天发硬	硬聚氯乙烯:制管道、作绝缘材料等; 软聚氯乙烯:制薄膜、电线包皮、软管、日常用品等; 聚氯乙烯泡沫塑料:作建筑材料、制日常用品等
聚苯乙烯 (PS)	$CH_2=CH{-}C_6H_5$	电绝缘性很好,透光性好,耐水,耐化学腐蚀,室温下发脆,温度较高时则逐渐变软,无毒性;耐溶剂性差	作高频率绝缘材料,制电视、雷达的绝缘部件,汽车、飞机部件,医疗卫生用具,日常用品,离子交换树脂等
聚甲基丙烯酸甲酯(有机玻璃) (PMMA)	$CH_2=C(CH_3)COOCH_3$	透光性好、质轻、耐水、耐酸、碱、抗霉、易加工;耐磨性较差,能溶于有机溶剂	制飞机、汽车用玻璃,光学仪器、医疗器械、软管等

续表

名称	单体	性能	用途
酚醛塑料（电木）（PF）	OH-C₆H₅ HCHO	电绝缘性好，耐热，抗水；能被强酸、强碱腐蚀	制电工器材、仪表外壳、日常用品等，用玻璃纤维增强的酚醛塑料可用于航天、航空等领域
聚四氟乙烯（塑料王）（PTFE）	$CF_2=CF_2$	优异的耐高、低温性（$-200\sim250\ ℃$），优异的耐化学腐蚀性（甚至可抗王水），优异的介电性能和低摩擦系数；强度低，加工困难	制工业垫圈、管道、阀门，作化工设备耐腐蚀材料、水下电器绝缘材料、原子能和航天工业用特种材料、防火涂层等

2. 合成纤维

纤维分为天然纤维和化学纤维，化学纤维可细分为人造纤维和合成纤维。

棉、麻、蚕丝和羊毛等属于天然纤维。以纤维素等天然纤维为原料经化学处理制成的纤维属于人造纤维，其品种并不多，主要有醋酸纤维等。市场上出现的人造棉、人造丝、人造毛等都属于人造纤维或以人造纤维为主的混纺制品。

合成纤维（图 11-13）是利用石油、天然气、煤和农副产品作原料制成单体，再由单体经聚合反应制成的。

涤纶纤维

腈纶纤维

图 11-13　合成纤维

合成纤维是在 20 世纪 30 年代开始生产的，它具有比天然纤维和人造纤维更优越的性能。合成纤维在工农业生产、国防和尖端技术方面都有十分重要的用途。合成纤维发展极为迅速，目前大规模生产的有三四十个品种，其中重点发展的有聚酯类（如涤纶）、聚酰胺类（如锦纶、尼龙）、聚丙烯腈（腈纶）、聚乙烯醇缩甲醛（维尼纶）、聚丙烯（丙纶）和聚氯乙烯（氯纶）等。几种主要的合成纤维及其性能和用途见表 11-7。

表 11-7　几种主要的合成纤维及其性能和用途

名　称	单　体	性　能	用　途
聚对苯二甲酸乙二酯（涤纶、的确良）（PETP）	HOCH$_2$CH$_2$OH HOOCC$_6$H$_4$COOH	抗折皱性强,弹性好,耐光性好,耐酸性好,耐磨性好;不耐浓酸,染色性较差	制衣料、运输带、渔网、绳索、人造血管,作绝缘材料等
聚酰胺-6（锦纶、尼龙-6）（PA）	$\overline{\text{HN(CH}_2)_5\text{CO}}$	强度高,弹性好,耐磨性好,耐碱性好,染色性好;不耐浓酸,耐光性差	制衣料、轮胎帘子线、绳索、渔网、降落伞等
聚丙烯腈（腈纶、人造羊毛）（PAN）	CH$_2$=CH | CN	耐光性极好,耐酸性好,弹性好,保暖性好;不易染色,耐碱性差	制衣料、工业用布、毛毯、滤布、炮衣、天幕等
聚乙烯醇缩甲醛（维尼纶）（PVA）	O ‖ CH$_3$—COCH=CH$_2$ HCHO	吸湿性好,耐光性好,耐腐蚀性好,柔软和保暖性好;耐热性不够好,染色性较差	制衣料、桌布、窗帘、渔网、滤布、军事运输盖布、炮衣、粮食袋等
聚丙烯纤维（丙纶）（PP）	CH$_3$CH=CH$_2$	机械强度高,耐腐蚀性极好,耐磨性好,电绝缘性好;染色性差,耐光性差	制绳索、网具、滤布、工作服、帆布等,制成的纱布不粘连在伤口上
聚氯乙烯纤维（氯纶）(PVC)	CH$_2$=CH | Cl	保暖性好,耐日光性好,耐腐蚀性好;耐热性差,染色性差	制工作服、毛毯、绒线、滤布、渔网、帆布等

合成纤维有许多优点,如强度大、弹性好、耐磨、耐化学腐蚀、不会发霉、不怕虫蛀、不缩水,用它做成的衣服美观大方,结实耐穿。但它的吸湿性、透气性差,穿着全部用合成纤维制成的衣服会使人感到闷气。为了改善透气性,常用一种或几种合成纤维与天然纤维或人造纤维制成混纺织物。这样制成的混纺织物兼有合成纤维、人造纤维和天然纤维的优点,深受人们欢迎。

3. 合成橡胶

天然橡胶由橡胶树或橡胶草中的胶乳加工制得,合成橡胶(图 11-14)是由分子量较小的二烯烃或烯烃作为单体经聚合而成。如 1,3-丁二烯聚合生成顺丁橡胶,化学反应式为

$$n\text{CH}_2\text{=CH—CH=CH}_2 \longrightarrow \left[\begin{array}{c} \text{H} \quad\quad \text{H} \\ \diagdown \;\, \text{C=C} \;\, \diagup \\ \text{CH}_2 \quad\quad \text{CH}_2 \end{array} \right]_n$$

1,3-丁二烯　　　　　顺丁橡胶

图 11-14　合成橡胶

常用的合成橡胶有丁苯橡胶、顺丁橡胶、氯丁橡胶等,它们都是通用橡胶。特种橡胶有耐油性很好的聚硫橡胶、耐严寒和高温的硅橡胶等。几种主要的合成橡胶及其性能和

用途列于表 11-8。

表 11-8　几种主要的合成橡胶及其性能和用途

名　称	单　体	性　能	用　途
顺丁橡胶（BR）	$CH_2\!=\!CH\!-\!CH\!=\!CH_2$	弹性好,耐磨,耐低温,耐老化;黏结性差	制轮胎、胶带、胶管、帘布胶、胶辊、胶鞋等
氯丁橡胶	$CH_2\!=\!\underset{\underset{Cl}{\vert}}{C}\!-\!CH\!=\!CH_2$	耐油性最佳,耐光,耐臭氧,耐燃烧,耐化学腐蚀;耐寒性差,生胶贮存期短	制输油、输送有机溶剂管道的密封圈,以及输送带、防毒面具、电缆外皮、轮胎等
丁苯橡胶（SBR）	$CH_2\!=\!CH\!-\!CH\!=\!CH_2$ $CH_2\!=\!CH\!-\!C_6H_5$	耐磨,耐老化,热稳定性、电绝缘性好;弹性较差	作电绝缘材料,制轮胎、一般橡胶制品等
丁腈橡胶（NBR）	$CH_2\!=\!CH\!-\!CH\!=\!CH_2$ $CH_2\!=\!\underset{\underset{CN}{\vert}}{CH}$	有优异的耐油性,耐热,耐磨,耐辐射;弹性和电绝缘性能以及耐寒性较差	制耐油的橡胶制品,如飞机油箱衬里等
硅橡胶	$R_n SiCl_{(4-n)}$ $(n=1,2,3)$	耐低温(-100 ℃)和高温(300 ℃),抗老化和抗臭氧性好,电绝缘性好;机械性差,耐化学腐蚀性差	制各种在高温、低温下使用的衬垫,医疗器械及人造关节,作电绝缘材料等

　　橡胶是制造飞机、军舰、拖拉机、收割机、汽车、水利排灌机械、医疗器械等必需的材料。日常生活中,许多用品的生产也离不开橡胶。但天然橡胶的产品远远不能满足需要。在长期的生产和科学实验中,人们逐渐认识了天然橡胶的结构,从中受到启发,成功地合成了多种合成橡胶。天然橡胶在性能方面比较全面,如弹性、电绝缘性和加工性能等都比较好。合成橡胶在某些性能上比较突出,如有的耐高温、耐低温,有的耐油,有的具有很好的气密性等。

三、高分子材料在医药领域的应用

　　高分子材料是医药领域的重要材料之一(图 11-15)。与其他材料相比,高分子材料有着广泛的适用性,易于制备,同时还具有良好的生物相容性和可降解性等特点。高分子材料在医药领域的应用主要包括生物材料、医用包装材料、药物传输和医用高分子设备等方面。

(a) 脚趾矫形器

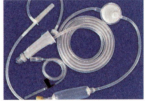
(b) 输液器

图 11-15　高分子材料在医药领域的应用

1. 生物材料

生物材料主要包括人工器官、组织工程、传感器、修复和再生材料等。这些生物材料不仅应具有良好的生物相容性，还需要具备可控性、可形状化以及生物学响应性等特征，如人工皮肤、血管和心脏瓣膜等。这些材料可以帮助修复、替代、重建和再生固体和软组织，并且有助于支持细胞生长和加速组织修复。高分子材料也可以用于制造各种类型、形状的支架和移植物材料，以解决和改善人体的不同临床问题。

2. 医用包装材料

医用包装材料可以用于包装和保存各种医疗产品，以保护患者免受交叉感染和其他风险。这些材料主要由聚乙烯、聚丙烯和聚氯乙烯等高分子材料制成。其中，聚氯乙烯（PVC）袋是最常见的医用包装材料，用于储存和输送血浆、血小板和其他血液制品等。医用包装材料不仅需要具备优秀的物理性能，还需要具备良好的医学性能。

3. 药物传输

高分子材料在药物传输方面的应用主要包括药物载体和药物控释体系。药物载体可以高效地将药物输送到目标部位，同时降低对其他组织的损伤。药物控释体系则可以实现药物的缓慢释放，提高药物的疗效和降低副作用。例如，聚乳酸和聚己内酯等生物降解性高分子材料被广泛应用于药物载体和药物控释体系的生产。

4. 医用高分子设备

医用高分子设备包括人体监测设备、诊断设备、试剂盒、医用电子产品和医用敷料等。例如，高分子材料可被用于生长板和人工骨科植入器的制造。这些高分子材料不仅有助于人体骨骼的生长和修复，还可以使设备具备良好的生物相容性和持久性。

医用高分子材料不仅技术含量和经济价值高，而且对人类的健康生活和社会发展具有重大意义。我国医用高分子材料研制和生产迅速发展，在国际上处于领先水平，推动了医用高分子材料领域不断向前发展。

四、新型高分子材料

现代工程技术的发展向高分子材料提出了更高的要求，新型高分子材料的研究和应用正快速发展。

世界上高分子的研究工作正在不断地加强和深入。一方面，对重要的通用高分子不断地改进和推广，使高分子材料的性能不断提高，应用范围不断扩大。另一方面，对特殊功能、仿生高分子的研究也在进一步加强，并且已经取得了一定的进展，使高分子材料从目前功能简单的结构材料向具有各种特殊物理、化学功能的"功能材料"发展。

1. 功能高分子材料

既有传统高分子材料的机械性能，又能满足光、电、磁、化学、生物、医学等某些功能需要的新型高分子材料，称为功能高分子材料。

(1) 可降解高分子材料

如果包装食品的塑料和泡沫塑料饭盒用可降解的塑料来生产,那么废弃的塑料将在一定条件下自行分解成为粉末,"白色污染"可望消除。人们提出了生物降解、光照降解和化学降解三种方法来降解高分子材料,经过艰苦努力已经合成了这三类塑料。这些材料将在解决环境污染方面起到重要作用。

(2) 吸水性高分子材料

这类材料可用于保鲜包装,也适宜制成人造皮肤。用这种高吸水性高分子材料做成的纸尿片,即使吸入 1 000 mL 水,依然滴水不漏、干爽透气。这类高分子材料是用淀粉、纤维素等与丙烯酸、苯乙烯碱酸或聚乙烯醇等进行聚合反应而得到的。

(3) 高分子分离膜

高分子分离膜是用具有特殊分离功能的高分子材料制成的薄膜。它一般只允许水及一些小分子物质通过,其余物质则被截留在膜的另一侧,达到对原液净化、分离和浓缩的目的。聚丙烯、聚四氟乙烯等高分子材料可用于生产分离膜。这类分离膜广泛应用于海水淡化,饮用水的制取以及生活污水、工业废水的处理中;分离膜也可用于食品工业中天然果汁、乳制品和酿酒生产中的分离,还可用于药物提纯、血液透析等领域。

(4) 高分子磁性材料

早期磁性材料源于天然磁石,以后才利用磁铁矿(铁氧体)烧结或铸造成磁性体。磁铁矿有既硬又脆,加工性差等缺点,而将磁粉混炼于塑料或橡胶中制成高分子磁性材料,可以克服这些缺陷。这样制成的复合型高分子磁性材料,具有密度小、易加工、可与其他元件一体成型等特点,受到人们越来越多的关注。

(5) 光功能高分子材料

光功能高分子材料,是指能够对光进行透射、吸收、储存、转换的一类高分子材料。目前,这一类材料已有很多,主要包括光导材料、光记录材料、光加工材料、光学用塑料(如塑料透镜、接触眼镜等)、光转换系统材料、光显示用材料、光导电用材料、光合作用材料等。利用高分子材料对光的透射,可以制成品种繁多的线性光学材料,像普通的安全玻璃、各种透镜、棱镜等;而利用高分子材料对光的储存特性,又可以制成先进的信息储存元件光盘。此外,利用高分子材料的光化学反应,可以开发出在电子工业和印刷工业上得到广泛使用的感光树脂、光固化涂料及胶黏剂;利用高分子材料的能量转换特性,可以制成光导电材料和光致变色材料等。目前,充分利用太阳能的新型光伏产业正在不断壮大。

2. 复合材料

随着社会的发展,单一材料已不能满足某些科技领域的需要,促使人们研制出各种复合材料。复合材料是指由两种或两种以上材料共同组成的材料。以某一种或几种材料作为基体,另一种或几种材料作为增强体,使复合材料既能保持原来每一种材料的长处,又能弥补短处。例如,金属材料易腐蚀,合成高分子材料易老化、不耐高温,陶瓷材料易碎裂等缺点,都可以通过复合材料予以改善和克服。

由于复合材料一般具有强度高、质量轻、耐高温等优异性能,在综合性质上超过单一材料,因此,复合材料广泛用于现代尖端科学技术、航空航天、汽车工业、船舶工业、机械工业、建筑和体育用品等行业之中。例如,玻璃钢是由玻璃纤维与聚酯类树脂复合而成的新型材料,由于它强度高、质量轻、耐腐蚀、抗冲击、绝缘性好,已经广泛用于飞机、汽车、船舶和家具制作等行业;碳纤维增强塑料也是种新型复合材料,它多应用于制造航天飞机外壳或火箭喷管,还用来制作新一代的羽毛球拍、网球拍、高尔夫球杆、滑雪杖、滑雪板、弓箭、撑杆等体育运动器材;由纤维增强陶瓷制成的陶瓷瓦片,用黏结剂贴在航天飞机机身上有助于航天飞机安全地穿越大气层而回到地球上。总之,复合材料的应用前景十分广阔,它将对人类的科技生产和生活带来越来越大的影响。

学习评价

1. 下列塑料耐高温性能最好的是(　　)
   A. 聚乙烯　　B. 聚丙烯　　C. 聚四氟乙烯　　D. 聚苯乙烯

2. 塑料变硬、开裂,橡胶发黏等高聚物的性能遭破坏的过程称为(　　)
   A. 变性　　B. 老化　　C. 可塑性　　D. 热固性

3. 常用于制作生活用品和餐具的塑料是(　　)
   A. 聚乙烯　　B. 聚苯乙烯　　C. 脲醛树脂　　D. 酚醛树脂

4. 在相同条件下焚烧下列物质,污染大气最严重的是(　　)
   A. 聚氯乙烯　　B. 聚乙烯　　C. 聚丙烯　　D. 氢气

5. 塑料是指在_____下,可_____的合成高分子材料。塑料的主要成分是_____。_____、_____、_____等都是合成树脂,可以用来生产塑料制品。

6. 天然橡胶由_____或_____中的_____加工制得,合成橡胶由_____作为单体经聚合而成。

7. 纤维分为_____和_____,化学纤维也可细分为_____和_____。棉、麻属于_____。醋酸纤维属于_____,涤纶属于_____。

附录一　常见酸、碱、盐的溶解性

氢氧根离子或酸根离子		H^+	K^+	Na^+	Ba^{2+}	Ca^{2+}	Mg^{2+}	Al^{3+}	Mn^{2+}	Zn^{2+}	Cr^{3+}	Fe^{2+}	Fe^{3+}	Sn^{2+}	Pb^{2+}	Bi^{3+}	Cu^{2+}	Hg_2^{2+}	Hg^{2+}	Ag^+
氢氧根	OH^-		溶	溶	溶	微	不	不	不	不	不	不	不	不	不	不	不	-	-	-
酸根	NO_3^-	溶、挥	溶	溶	溶	溶	溶	溶	溶	溶	溶	溶	溶	溶	溶	溶	溶	溶	溶	溶
	Cl^-	溶、挥	溶	溶	溶	溶	溶	溶	溶	溶	溶	溶	溶	溶	微	-	溶	不	溶	不
	SO_4^{2-}	溶	溶	溶	不	微	溶	溶	溶	溶	溶	溶	溶	溶	不	溶	溶	微	溶	微
	S^{2-}	溶、挥	溶	溶	溶	微	溶	-	不	不	不	不	-	不	不	不	不	不	不	不
	SO_3^{2-}	溶、挥	溶	溶	不	不	微	-	不	不	-	不	-	-	不	不	不	不	不	不
	CO_3^{2-}	溶、挥	溶	溶	不	不	不	-	不	不	-	不	-	不	不	不	不	不	不	不
	SiO_3^{2-}	微	溶	溶	不	不	不	不	不	不	不	不	不	不	不	不	不	-	不	不
	PO_4^{3-}	溶	溶	溶	不	不	不	不	不	不	不	不	不	不	不	不	不	不	不	不

注："溶"表示物质能溶于水,"不"表示不溶于水,"微"表示微溶于水,"挥"表示挥发性酸,"-"表示物质不存在或碰到水就分解。

附录二　国际单位制的基本单位

量的名称	单位名称	单位符号	量的名称	单位名称	单位符号
长度	米	m	热力学温度	开〔尔文〕	K
质量	千克	kg	物质的量	摩〔尔〕	mol
时间	秒	s	发光强度	坎〔德拉〕	cd
电流	安〔培〕	A			

注:〔〕内的字是在不致混淆的情况下可以省略的字。

附录三　用于构成十进倍数和分数单位的词头

所表示的因数	词头名称	词头符号	所表示的因数	词头名称	词头符号
10^{18}	艾〔可萨〕	E	10^{-1}	分	d
10^{15}	拍〔它〕	P	10^{-2}	厘	c
10^{12}	太〔拉〕	T	10^{-3}	毫	m
10^{9}	吉〔咖〕	G	10^{-6}	微	μ
10^{6}	兆	M	10^{-9}	纳〔诺〕	n
10^{3}	千	k	10^{-12}	皮〔可〕	p
10^{2}	百	h	10^{-15}	飞〔母托〕	f
10^{1}	十	da	10^{-18}	阿〔托〕	a

注:〔〕内的字是在不致混淆的情况下可以省略的字。